江西省教育科学“十四五”规划课题，工程教育认证背景下工科专业课程思政体系构建与实证研究——以电气工程专业为例（课题编号：21YB073）
江西省高等学校教学改革研究省级课题，工程教育认证背景下电气工程专业课程思政体系构建与实践（课题编号：JXJG-20-5-22）

高频电子线路

邓芳明　吴 翔　主编

華中科技大學出版社
http://press.hust.edu.cn
中国·武汉

图书在版编目（CIP）数据

高频电子线路 / 邓芳明，吴翔主编．-- 武汉：华中科技大学出版社，2023.9

ISBN 978-7-5680-9337-8

Ⅰ．①高…　Ⅱ．①邓…②吴…　Ⅲ．①高频－电子电路　Ⅳ．①TN710.2

中国国家版本馆 CIP 数据核字 (2023) 第 096737 号

高频电子线路
Gaopin Dianzi Xianlu

邓芳明　吴　翔　主编

出版发行：华中科技大学出版社（中国·武汉）　　电话：（027）81321913
地　　址：武汉市东湖新技术开发区华工科技园　　邮编：430223

策划编辑：张淑梅　王红梅　　封面设计：河北优盛文化传播有限公司
责任编辑：余　涛　　责任监印：朱　玢

印　　刷：三河市华晨印务有限公司
开　　本：787 mm × 1092 mm　1/16
印　　张：18.25
字　　数：307 千字
版　　次：2023 年 9 月第 1 版第 1 次印刷
定　　价：98.00 元

投稿邮箱：zhangsm@hustp.com
本书若有印装质量问题，请向出版社营销中心调换
全国免费服务热线：400-6679-118　竭诚为您服务

内容简介

ABSTRACT

本书本着“保证基础、体现先进、联系实际、便于教学”的编写原则，对信息的传输和处理过程中各高频电子线路基本单元电路的组成与工作原理进行了详细的理论分析。本书强调基本概念，注重理论与实践的结合，注重培养学生解决实际问题的能力。在内容上力求做到强调基本概念，重视电路分析方法，使学生在理论学习的同时能够建立起整机的概念。

全书共分 9 章，包括：绪论、高频小信号谐振放大器、非线性电路、谐振功率放大器、正弦波振荡器、振幅调制与解调、角度调制与解调、数字调制与解调、反馈控制电路。全书系统地介绍了无线通信系统发送和接收设备的主要单元电路，全面涵盖了高频电路与系统所有相关的组成部分。通过理论知识的学习，提高学生对高频电子线路的理解，使之能综合运用所学知识点，完成小型无线通信系统的设计制作与调试。每节后面有相应的习题，有助于学生知识的巩固和能力的提升。

本书注重电路与工程应用相结合，使知识内容更贴近于岗位需求。本书可作为本科院校电子、通信类及相关专业的教材或参考书，也可供从事相应工作的专业工程技术人员参考使用。

前　言
PREFACE

我国电子信息行业起步较晚，一直以来受到欧美发达国家的技术封锁，在国际市场中处于较弱势地位，但是我国电子信息行业的市场需求是非常巨大的。面对世界百年未有之大变局和新冠疫情大流行交织影响的复杂外部环境，我国电子信息全行业坚持以习近平新时代中国特色社会主义思想为指导，认真贯彻落实党中央、国务院决策部署，砥砺攻坚、奋发作为，实现了行业的稳定发展和“十四五”的良好开局。

电子信息产业正日益成为我国实现制造强国、网络强国的关键力量之一。“中国制造 2025”明确提出“以加快新一代信息技术与制造业深度融合为主线，以推进智能制造为主攻方向”。在党中央、国务院的高度重视下，我国电子信息产业整体发展平稳、效益稳步增长、结构调整明显，智能化、网络化、绿色化发展趋势突出，集成电路、智能终端、云计算、移动互联网等重点项目及新兴领域稳步推进。随着新技术、新业态、新模式的快速发展，电子信息产业变革、创新、融合的格局正在加快形成。

“高频电子线路”是电子信息工程、电子信息科学与技术、通信工程等专业一门重要的专业基础课程。“高频电子线路”课程的主要任务是对信息的传输和处理中基本单元电路的原理与设计分析进行研究。在本课程的学习中，学生通过对不同电路的功能和特点进行对比，掌握其基本原理和实现方法；除高频小信号放大电路外，其余均属非线性电子线路，需要选用与线性电子线路不同的分析方法去分析输入信号大小以及器件的工作状态。本课程旨在让学生了解高频电子线路的分析和设计方法，掌握一些典型的应用电路，为后续的相关专业课程打下基础；同时通过相关实验培养学生分析和解决问题的能力，要求学生紧密联系高频电子线路的理论与实践，学会通过理论知识来分析实验结果，从而得出实验结论。

高频电子技术与通信技术都将信息的无线传输作为研究的对象，无线通信以高频电子技术为基础，高频电子技术以无线通信的实现为目标。但高频电子技术与通信技术又有明显的差异，无线通信的研究对象包括基带信号发生、转换（调制），无线传输、接收及基带应用电路等，而高频电子技术着重研究无线信号的发射和接收，即包括基带信号的调制，无线信号发射、接收和解调等。

由此可知，高频电子技术是研究高频信号产生、发射、接收和处理的学科，是以无线通信系统为主要研究对象的。本书主要研究无线通信系统的组成、电路结构、工作原理、主要特性和应用，着重讨论无线电设备中的高频放大器和高频功率放大器、振荡器、调制与解调器、频率变换器等电子电路的基本原理和应用。

本书由华东交通大学邓芳明副教授等编写，其中邓芳明编写第 1~5 章，并负责全书的统编和定稿，吴翔编写第 6~9 章。另外，李帆、王翰轩、童杰、刘川、杨铭、刘龙平、黄林、徐家豪、王锦波、吴磊、陈琛等也参与了本书的编写工作。由于编者对这一领域的学习和研究水平还有待提高，书中难免存在不足之处，恳请广大读者批评指正。

编　者

2023 年 4 月

目　录
CONTENTS

第1章　绪论

1.1　高频电子线路的作用

“高频电子线路”是电子信息工程、电子信息科学与技术、通信工程等专业一门重要的专业基础课程。“高频电子线路”课程的主要任务是对信息传输和处理中基本单元电路的原理与设计分析进行研究。在本课程的学习中，学生通过对不同电路的功能和特点进行对比，掌握其基本原理和实现方法；除高频小信号放大电路外，其余电路均属非线性电子线路，需要选用与线性电子线路不同的分析方法去分析输入信号的大小以及器件的工作状态。

通过本课程的学习，学生应能了解到高频电子线路的分析和设计方法，掌握一些典型的应用电路，为后续相关专业课程的学习打下基础；同时通过相关实验培养学生分析和解决问题的能力。学生需要紧密联系高频电子线路的理论与实践，学会通过理论知识来分析实验结果，从而得出实验结论。

1.2　高频电子线路的研究对象

从无线电发明以来，无线电技术的首要任务就是传输信号。高频电子技术主要应用于通信，高频电子技术的发展与无线电通信技术的发展几乎是密不可分的，无线通信技术的发展历史也就是高频电子技术的发展历史。

高频电子技术是研究高频信号产生、发射、接收和处理的学科，是以无线通信系统为主要研究对象的，研究无线通信系统的组成、电路结构、工作原理、主要特性和应用，着重讨论无线电设备中的高频放大器和高频功率放大器、振荡器、调制与解调器、频率变换器等电子电路的基本原理和应用。

高频电子技术与通信技术都将信息的无线传输作为研究的对象，无线通信以高频电子技术为基础，高频电子技术以无线通信的实现为目标。

高频电子技术与通信技术两者又有明显的差异，无线通信的研究对象包括基带信号发生、转换（调制），无线传输、接收及基带应用电路等，而高频电子技术着重研究无线信号的发射和接收，即包括基带信号的调制，无线信号发射、接收和解调等。

1.3　通信系统的组成

通信系统既是人类社会生活的重要组成部分，又是社会发展和进步的重要因素。广义地说，凡是在发信者和收信者之间，以任何方式进行的消息传递都可称为通信。实现信息传递所需设备的总和称为通信系统。19 世纪末迅速发展起来的以电信号为消息载体的通信方式称为现代通信系统，其组成方框图如图 1-1 所示。

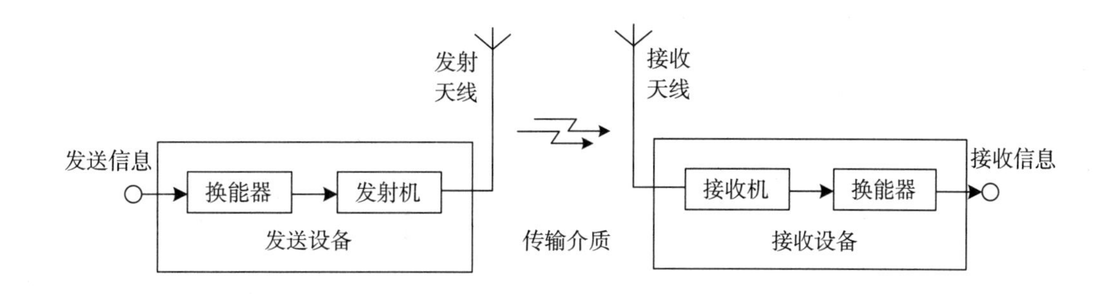

图 1-1　现代通信系统方框图

第2章　高频小信号谐振放大器

高频小信号谐振放大器是无线通信系统接收机的前端电路，主要用于高频小信号或微弱信号的线性放大。

我们知道，无线通信接收设备的接收天线接收从空间传来的电磁波并感应出的高频信号的电压幅度只有几微伏（μV）到几毫伏（mV），而接收电路中的解调电路（检波器或鉴频器）的输入电压的幅值要求较高（最好在 1 V 左右）。这就需要在解调前进行高频放大。为此，我们需要设计高频小信号谐振放大器，完成对天线所接收的微弱电磁波信号进行选择并放大，即从众多的无线电波信号中，选出需要的频率信号并加以放大，而对其他无用信号、干扰与噪声进行抑制，以提高信号的幅度与质量。

2.1　选频回路与阻抗变换

在通信系统中，信号在传输过程中不可避免地会受到各种噪声的干扰，干扰噪声包括自然界存在的各种电磁波源（闪电、宇宙星体、大气热辐射等）和其他无线通信设备发射的电信号等。接收设备的首要任务就是把所需的有用信号从众多无用信号和噪声中选取出来并放大，同时抑制和滤除无用信号和各种干扰噪声。

选频回路在高频电子电路中得到了广泛应用，它能选出我们所需要的频率分量，滤除不需要的频率分量，因此掌握各种选频网络的特性及分析方法是很重要的。

应用于高频电子电路中的选频网络可分为两大类：第一类是由电感和电容元件组成的谐振回路，它又可分为单谐振回路和耦合谐振回路；第二类是各种滤波器，如 LC 集中滤波器、石英晶体滤波器、陶瓷滤波器和声表面波滤波器等。

在通信系统中，多数情况下要传输的电信号并不是单一频率的信号，都含有很多频率成分，信号能量的主要部分总是集中在一定宽度的频带范围内，是占有一定频带宽度的频谱信号。这就要求选频电路的通频带宽度应与所传输信号的有效频谱宽度一致。为了不引起信号的幅度失真，理想的选频电路在通频带内的幅频特性 $H(f)$ 应满足以下条件：

$$\frac{\mathrm{d}H(f)}{\mathrm{d}f}=0 \tag{2-1}$$

为抑制通频带外的干扰，选频电路在通频带外的幅频特性 $H(f)$ 应满足以下条件：

$$H(f)=0 \tag{2-2}$$

显然，理想选频电路的幅频特性应是矩形，即一个关于频率的矩形窗函数，在通频带内各频率点的幅频特性相同，通频带之外各频率点的幅频特性为 0。图 2-1 所示的矩形为理想选频电路的幅频特性曲线，其纵坐标是 $\alpha(f)=H(f)/H(f_0)$，称为归一化幅频特性函数，f_0 为选频电路的谐振频率（也称为中心频率）。

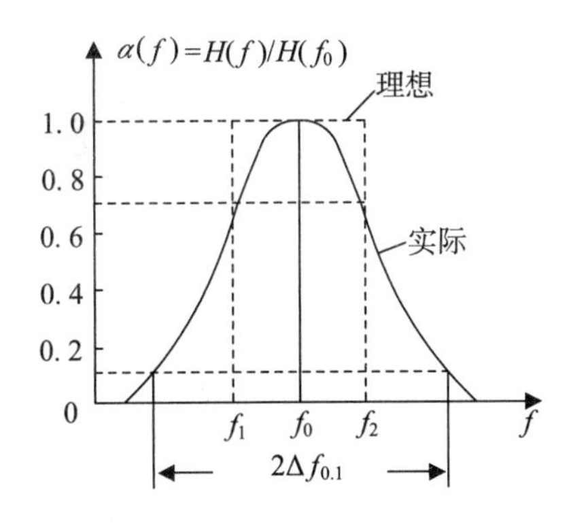

图 2-1　选频电路的幅频特性

由信号与系统的理论可知，幅频特性为矩形窗函数的选频电路是一个物理不可实现的系统，因此实际选频电路的幅频特性只能是接近矩形，如图 2-1 所示。接近的程度与选频电路本身的结构形式有关。通常用矩形系数 $K_{0.1}$ 表示实际选频特性接近矩形的程度，其定义为

$$K_{0.1}=\frac{2\Delta f_{0.1}}{2\Delta f_{0.7}} \tag{2-3}$$

$2\Delta f_{0.7}$ 为 $\alpha(f)$ 由 1 下降到 $1/\sqrt{2}$ 时，两边界频率 f_1 与 f_2 之间的频带宽度，称为通频带，通常用 B 表示，即

$$B=f_2-f_1=2(f_2-f_0)=2\Delta f_{0.7} \tag{2-4}$$

$2\Delta f_{0.1}$ 为 $\alpha(f)$ 下降到 0.1 处的频带宽度。显然，理想选频电路的矩形系数 $K_{0.1}=1$，而实际选频电路的矩形系数均大于 1，$K_{0.1}$ 越小，越接近 1，选频特性越好。

由于实际选频回路幅频特性曲线不是理想矩形，而且在通频带内有一定的不均匀性，所以具有一定频带宽度的信号作用于回路时，回路中的电流或回路端电压便会不可避免地产生频率失真。为了减小这种失真，必须使信号的频带处于幅频特性曲线变化比较均匀的部分。为此，引出通频带的概念。通常在通频带的范围内所产生的频率失真被认为是允许的。

另外，信号通过选频电路时，为了不引起信号的相位失真，要求在通频带范围内选频电路的相频特性应满足以下条件：

$$\frac{\mathrm{d}\varphi(f)}{\mathrm{d}f}=\tau_g \tag{2-5}$$

式中：τ_g 为各频率分量通过选频电路之后的群延迟时间，也称包络延迟时间。在理想条件下，信号有效频带宽度之内的各频率分量通过选频电路之后，都延迟一个相同的时间 $\tau_g=\tau$，这样才能保证输出信号中各频率分量之间的相对关系与输入信号完全相同。

实际选频回路的相频特性曲线如图 2-2 所示。在传送一定频带宽度的信号时，由于回路的相频特性不是一条直线，所以回路的电流或端电压对各个频率分量所产生的相移不成线性关系，这就不可避免地会产生相位失真，使选频回路输出信号的包络波形产生变化。对传输图像信号或数字信号的通信设备来说，必须考虑这种失真。实际上，完全满足上述要求并非易事，往往只能在一定的条件下进行合理的近似。

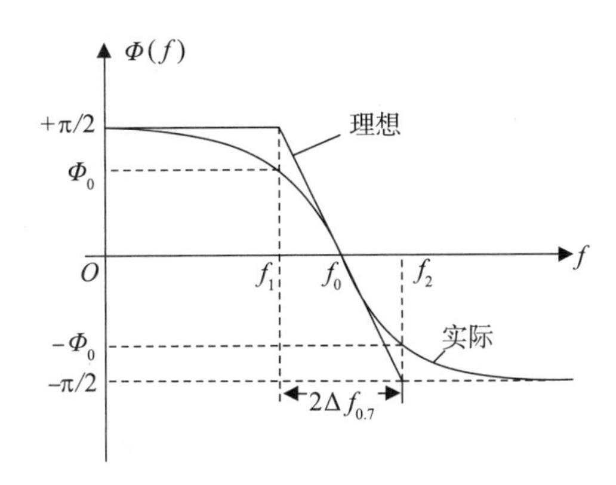

图 2–2　选频回路的相频特性曲线

2.1.1　LC 选频网络

LC 选频回路是高频电路里最基本的也是应用最广泛的选频网络，它是构成高频谐振放大器、正弦波振荡电路及各种选频电路的重要基础部件。所谓选频是指从各种输入频率分量中选出有用信号而屏蔽掉无用信号和噪声，这对于提高整个电路输出信号的质量和抗干扰能力是极其重要的。另外，用电感、电容元件还可以组成各种形式的阻抗变换电路。

LC 单谐振回路分为并联回路和串联回路两种形式，其中并联回路在实际电路中的用途更广泛，且二者之间具有一定的对偶关系，所以本书将着重介绍并联谐振回路，并通过对比的方法来分析并联回路和串联回路各自的特性及基本电路参数。

（1）电路结构。LC 单谐振回路就是由电感 L 和电容 C 并联或串联形成的回路，它具有谐振特性和频率选择作用。图 2–3 所示的为两种最简单的并联谐振回路和串联谐振回路。图中，R 是电感线圈中的损耗电阻，i_s 和 R_s 是串联谐振回路的外加信号源。

（2）回路阻抗。谐振回路的谐振特性可以从它们的阻抗频率特性看出。在图 2–3（a）所示的并联谐振回路中，当信号频率为 ω 时，其输入端口的并联阻抗为

$$Z_p=\frac{(R+j\omega L)\dfrac{1}{j\omega C}}{R+j\omega L+\dfrac{1}{j\omega C}}=\frac{(R+j\omega L)\dfrac{1}{j\omega C}}{R+j(\omega L-\dfrac{1}{\omega C})} \tag{2–6}$$

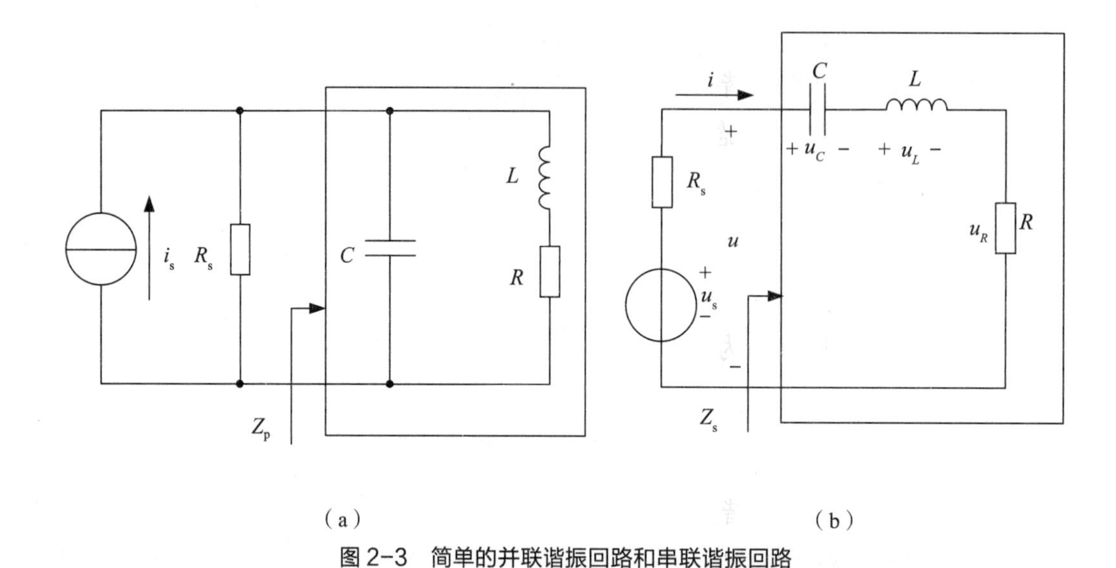

图 2–3 简单的并联谐振回路和串联谐振回路

在实际应用中，通常都满足 $\omega L \gg R$ 的条件（下面分析并联回路时都考虑此条件，除非另有说明）。因此，

$$Z_p \approx \frac{\frac{L}{C}}{R + j\omega L + \frac{1}{j\omega C}} = \frac{1}{\frac{RC}{L} + j(\omega C - \frac{1}{\omega L})} \tag{2–7}$$

由于采用导纳分析并联谐振回路比较方便，为此引入并联谐振回路的导纳：

$$Y_p = \frac{1}{Z_p} = \frac{RC}{L} + j(\omega C - \frac{1}{\omega L}) = G_p + jB \tag{2–8}$$

式中：$G_p = \frac{RC}{L}$ 为电导；$B = \omega C - \frac{1}{\omega L}$ 为电纳。

同理，在图 2–3（b）所示的串联谐振回路中，当信号频率为 ω 时，其输入端口的串联阻抗为

$$Z_s = R + j(\omega L - \frac{1}{\omega C}) = R_s + jX \tag{2–9}$$

式中：$R_s = R$ 为电阻；$X = \omega L - \frac{1}{\omega C}$ 为电抗。

由式（2–7）、式（2–8）和式（2–9）可以看出，LC 谐振回路的端口阻抗是信号频率 ω 的函数，且并联谐振回路的导纳和串联谐振回路的阻抗呈对偶关系。

（3）回路的谐振特性。

①谐振条件。当 LC 谐振回路的总电纳 B（并联回路）或总电抗 X（串联回路）为 0 时，所呈现的状态称为 LC 谐振回路对外加信号源频率 ω 谐振。显然并联回路的谐振条件为

$$B=\omega C-\frac{1}{\omega L}=0 \tag{2-10}$$

串联回路的谐振条件为

$$X=\omega L-\frac{1}{\omega C}=0 \tag{2-11}$$

②谐振频率。当 LC 谐振回路满足谐振条件时的工作频率称为 LC 谐振回路的谐振频率。显然由式（2-10）、式（2-11）可以推出并联回路和串联回路的谐振频率：

$$\omega_0=\frac{1}{\sqrt{\mathrm{LC}}} \text{ 或 } f_0=\frac{1}{2\pi\sqrt{\mathrm{LC}}} \tag{2-12}$$

③回路的品质因数 Q。由于回路谐振时，回路的感抗值和容抗值相等，即 $\omega_0 L=\dfrac{1}{\omega_0 C}$，我们把回路谐振时的感抗值（或容抗值）与回路的损耗电阻 R 之比称为回路的品质因数，简称为 Q 值。

$$Q=\frac{\omega_0 L}{R}=\frac{1}{\omega_0 RC}=\frac{1}{R}\sqrt{\frac{L}{C}} \tag{2-13}$$

值得注意的是，式（2-13）对并联回路及串联回路都适用。另外，品质因数 Q 实际上反映了 LC 谐振回路在谐振状态下储存能量与损耗能量的比值。利用回路电感 L 或电容 C 储存的最大能量与回路电阻损耗的平均能量的比，也可得与式（2-13）相同的结果。

④谐振阻抗。当并联回路谐振时，信号频率使回路的感抗与容抗相等，即总电纳 B 为零。此时并联回路的阻抗 Z_{p} 最大，并为一纯电阻 R_{p}。由式（2-7）可得

$$Z_{\mathrm{p}}=Z_{\mathrm{po}}=\frac{1}{\dfrac{RC}{L}+\mathrm{j}(\omega C-\dfrac{1}{\omega L})}=\frac{L}{RC}=R_{\mathrm{p}} \tag{2-14}$$

在实际应用中为了分析问题的方便，常将并联谐振回路等效为图 2-4 所示的电路，图中 R_p 即为谐振阻抗。

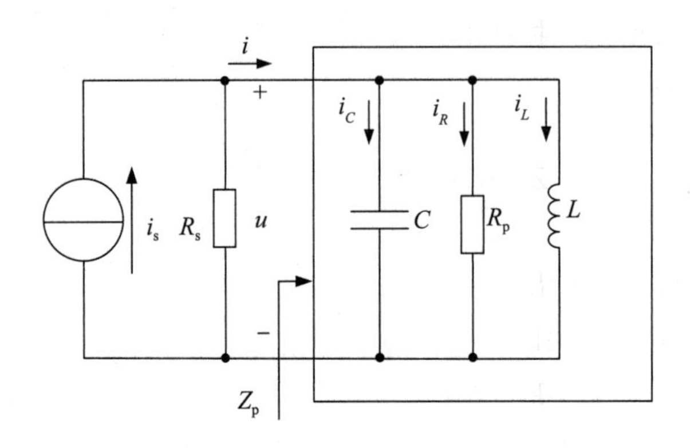

图 2-4　等效并联谐振回路

利用图 2-4 所示的电路可以方便地计算出并联谐振回路的阻抗 Z_p 及导纳 Y_p：

$$Z_p = \frac{1}{\frac{1}{R_p} + j(\omega C - \frac{1}{\omega L})} \tag{2-15}$$

$$Y_p = \frac{1}{R_p} + j(\omega C - \frac{1}{\omega L}) = G_p + j(\omega C - \frac{1}{\omega L}) \tag{2-16}$$

显然式（2-15）、式（2-16）与式（2-7）、式（2-8）是等效的，但图 2-4 所示的并联等效电路及式（2-15）、式（2-16）更便于对电路分析，是我们今后常用的工具。另外，根据图 2-4 所示的并联等效电路，利用谐振状态下储存能量与损耗能量的比值，也可以计算出并联回路的品质因数，即

$$Q_p = \frac{R_p}{\omega_0 L} = \omega_0 R_p C \tag{2-17}$$

式中：$R_p = \frac{L}{RC}$。显然式（2-17）与式（2-13）是等效的。另外由式（2-17）可得

$$R_p = \frac{Q_p}{\omega_0 C} = Q_p \omega_0 L \tag{2-18}$$

可见，并联回路的谐振电阻值是谐振时回路感抗值 $\omega_0 L$ 或回路容抗值 $1/(\omega_0 C)$ 的 Q_p 倍。

同理可得，当回路谐振时，串联回路的阻抗 Z_s 最小，并为一纯电阻 R_s。由式（2-9）可得

$$Z_{so} = R + j(\omega L - \frac{1}{\omega C}) = R = R_s \tag{2-19}$$

由以上的分析可以看出，谐振是 LC 谐振回路的重要特性，当回路谐振时，不论是并联回路还是串联回路，回路的总感抗与总容抗大小相等，回路的总阻抗等效为一纯电阻；但并联回路的谐振电阻取最大值，串联回路的谐振电阻取最小值。

⑤谐振时电压与电流的关系。在图 2-4 所示的并联等效电路中，发生并联谐振时，流过 L 支路的电流 $i_L(j\omega_0)$ 是感性电流，落后回路端电压 90°；流过 C 支路的电流 $i_C(j\omega_0)$ 是容性电流，超前回路端电压 90°；流过 R_p 支路的电流 $i_R(j\omega_0)$ 与回路端电压 $u(j\omega_0)$ 同相，电流与电压的矢量图如图 2-5 所示。

由于谐振时 $i_L(j\omega_0)$ 与 $i_C(j\omega_0)$ 大小相等、相位相反，因此流入回路输入端的电流 $i(j\omega_0)$ 正好就是流过谐振电阻 R_p 支路的电流 $i_R(j\omega_0)$。各支路电流与电压的关系如下。

谐振回路端电压取最大值：

$$u(j\omega_0) = i(j\omega_0) R_p \tag{2-20}$$

电感支路电流：

$$i_L(j\omega_0) = \frac{u(j\omega_0)}{j\omega_0 L} = -j\frac{R_p}{\omega_0 L} i(j\omega_0) = -jQi(j\omega_0) \tag{2-21}$$

电容支路电流：

$$i_C(j\omega_0) = u(j\omega_0) j\omega_0 C = j\omega_0 C R_p i(j\omega_0) = jQi(j\omega_0) \tag{2-22}$$

可见，并联谐振时，回路的输入端口电流 $i(j\omega_0)$ 并不大，但电感和电容支路上的电流却很大，等于输入端口电流 $i(j\omega_0)$ 的 Q 倍。所以，并联谐振又称为电流谐振。

同样在图 2-3（b）所示的串联谐振回路中，发生谐振时，因阻抗最小，流

过电路的电流最大。同时，因电流最大，电容 C 和电感 L 上的电压也最大。串联谐振时回路中电压与电流关系的矢量图如图 2-6 所示。

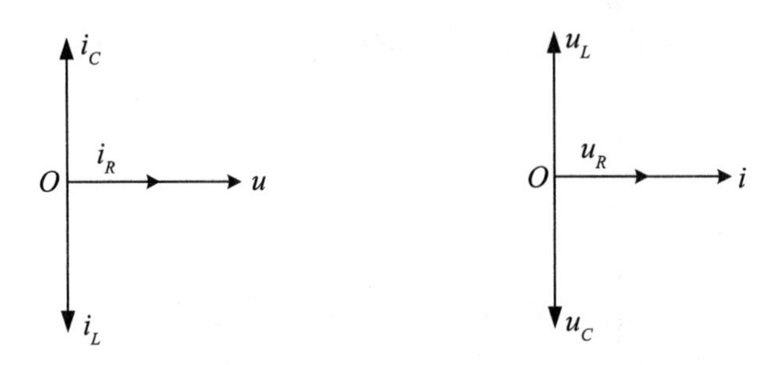

图 2-5　并联谐振矢量图　　　图 2-6　串联谐振矢量图

若设串联谐振时的频率为 ω_0，则有

回路电流取最大值：

$$i(\mathrm{j}\omega_0)=\frac{u(\mathrm{j}\omega_0)}{R}=\frac{u(\mathrm{j}\omega_0)}{R_\mathrm{s}} \tag{2-23}$$

电感端电压：

$$u_L(\mathrm{j}\omega_0)=i(\mathrm{j}\omega_0)\mathrm{j}\omega_0 L=\mathrm{j}\frac{\omega_0 L}{R_\mathrm{s}}u(\mathrm{j}\omega_0)=\mathrm{j}Qu(\mathrm{j}\omega_0) \tag{2-24}$$

电容端电压：

$$u_C(\mathrm{j}\omega_0)=\frac{i(\mathrm{j}\omega_0)}{\mathrm{j}\omega_0 C}=-\mathrm{j}\frac{1}{\omega_0 R_\mathrm{s} C}u(\mathrm{j}\omega_0)=-\mathrm{j}Qu(\mathrm{j}\omega_0) \tag{2-25}$$

可见，串联谐振时，回路的输入端口电压 $u(\mathrm{j}\omega_0)$ 并不大，但电感和电容上的端电压却很大，等于输入端口电压 $u(\mathrm{j}\omega_0)$ 的 Q 倍。一般 Q 值较大，若 Q=100，$|u(\mathrm{j}\omega_0)|$=100 V，则谐振时，L 或 C 两端的电压可高达 10000 V。因此，串联谐振时必须考虑元件的耐压问题，这是串联谐振特有的现象。所以串联谐振又称为电压谐振。这一特点与并联谐振的情况成对偶关系。

（4）回路的频率特性。

①阻抗频率特性。由式（2-7）、式（2-8）和式（2-9）可以看出，LC 谐振回路的端口阻抗是信号频率 ω 的函数。并联回路和串联回路的端口阻抗可分别表示为

$$Z_p = \frac{1}{\frac{1}{R_p} + j(\omega C - \frac{1}{\omega L})} = \frac{R_p}{1 + jR_p(\omega C - \frac{1}{\omega L})} = \frac{R_p}{1 + jR_p\omega_0 C(\frac{\omega}{\omega_0} - \frac{\omega_0}{\omega})} \quad (2-26)$$

$$Z_s = R_s + j(\omega L - \frac{1}{\omega C}) = R_s\left[1 + j\frac{\omega_0 L}{R_s}(\frac{\omega}{\omega_0} - \frac{\omega_0}{\omega})\right] \quad (2-27)$$

由于 $Q_p = R_p\omega_0 C$，$Q_s = \omega_0 L / R_s$，而实际应用中，外接信号源的工作频率 ω 与回路的谐振频率之差 $\Delta\omega = \omega - \omega_0$ 表示频率偏离谐振的程度，$\Delta\omega$ 称为失谐或失调。由于 LC 谐振回路在正常工作时通常要求工作在谐振状态，ω 与 ω_0 很接近，即 $\omega \approx \omega_0$，而 $\omega + \omega_0 \approx 2\omega$，因此，

$$\frac{\omega}{\omega_0} - \frac{\omega_0}{\omega} = \frac{\omega^2 - {\omega_0}^2}{\omega_0\omega} = \frac{(\omega - \omega_0)(\omega + \omega_0)}{\omega_0\omega} \approx \frac{2\Delta\omega}{\omega_0} \quad (2-28)$$

将式（2–28）代入式（2–26）和式（2–27），可得

$$Z_p = \frac{R_p}{1 + jQ_p\frac{2\Delta\omega}{\omega_0}} = \frac{R_p}{1 + j\xi} = |Z_p|e^{j\varphi_p} \quad (2-29)$$

$$Z_s = R_s(1 + jQ_s\frac{2\Delta\omega}{\omega_0}) = R_s(1 + j\xi) = |Z_s|e^{j\varphi_s} \quad (2-30)$$

式中：$\xi = Q\frac{2\Delta\omega}{\omega_0}$ 称为广义失谐；$|Z_p|$ 和 $|Z_s|$ 分别是并联回路和串联回路阻抗的模；φ_p 和 φ_s 是阻抗的相角，即

$$|Z_p| = \frac{R_p}{\sqrt{1 + \xi^2}}，\quad \varphi_p = -\arctan\xi \quad (2-31)$$

$$|Z_s| = R_s\sqrt{1 + \xi^2}，\quad \varphi_s = \arctan\xi \quad (2-32)$$

并联回路及串联回路的阻抗频率特性分别如图 2–7 和图 2–8 所示。

由图 2–7 和图 2–8 所示的阻抗频率特性曲线可以看出：

a. 当 $\omega < \omega_0$ 时，并联 LC 谐振回路呈电感性，即 $\varphi_p > 0$；串联 LC 谐振回路呈电容性，即 $\varphi_s < 0$。

b. 当 $\omega > \omega_0$ 时，并联 LC 谐振回路呈电容性，即 $\varphi_p < 0$；串联 LC 谐振回路呈电感性，即 $\varphi_s > 0$。

c. 当 $\omega = \omega_0$ 时，并联回路和串联回路均呈纯电阻性，但并联回路取最大值 R_p，串联回路取最小值 R_s。显然并联回路的阻抗频率特性与串联回路的阻抗频率特性成对偶关系。

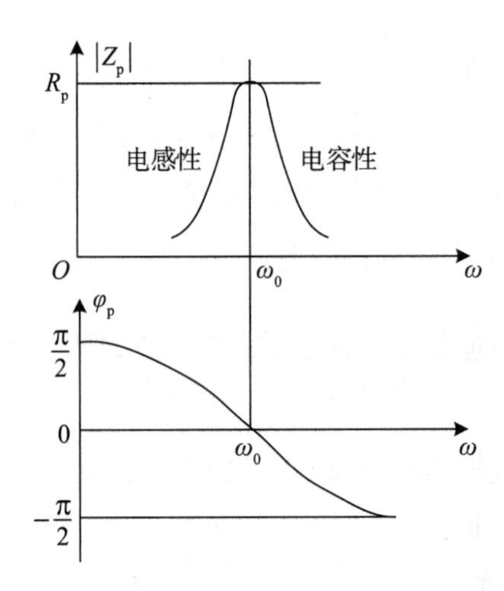

图 2-7　并联回路的阻抗频率特性

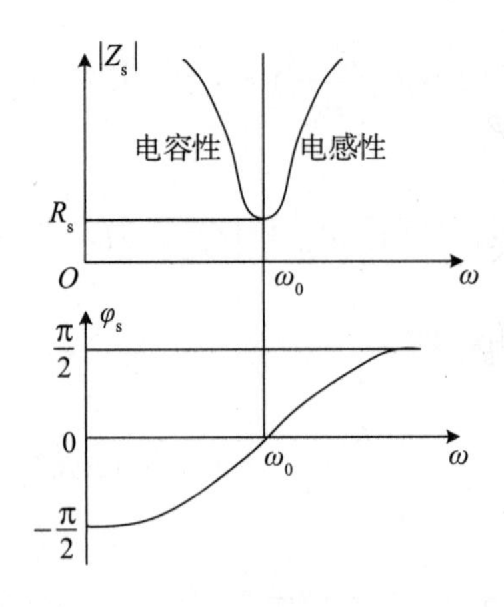

图 2-8　串联回路的阻抗频率特性

②幅频特性曲线与相频特性曲线。并联谐振回路的端电压振幅与工作频率之间的关系曲线称为并联谐振回路的幅频特性曲线；串联谐振回路的回路电流振幅与工作频率之间的关系曲线称为串联谐振回路的幅频特性曲线。

实际中常用的幅频特性曲线为归一化幅频特性曲线，即与谐振时的最大振

幅值之比的幅频特性曲线。利用式（2–14）、式（2–19）和式（2–31），并根据以上定义可得并联谐振回路的幅频特性：当保持端口电流 $|i(j\omega)|$ 不变，仅改变频率 ω 时，有

$$\alpha_p = \left|\frac{u(j\omega)}{u_0(j\omega_0)}\right| = \frac{1}{\sqrt{1+\xi^2}} \tag{2-33}$$

串联谐振回路的幅频特性：当保持端口电压 $|u(j\omega)|$ 不变，仅改变频率 ω 时，有

$$\alpha_s = \left|\frac{i(j\omega)}{i_0(j\omega_0)}\right| = \frac{1}{\sqrt{1+\xi^2}} \tag{2-34}$$

可以看出，尽管并联回路和串联回路幅频特性的定义有差异，但幅频特性的表达式却是相同的。

同样定义：并联谐振回路的端电压的相位与工作频率之间的关系曲线称为并联谐振回路的相频特性曲线；串联谐振回路的回路电流的相位与工作频率之间的关系曲线称为串联谐振回路的相频特性曲线。由以上定义和式（2–31）、式（2–32）可得，并联（串联）谐振回路端电压（电流）的相位 $\varPsi_p(\varPsi_s)$ 与回路阻抗相位 $\varphi_p(\varphi_s)$ 的关系为

$$\varPsi_p = \varphi_p = -\arctan\xi，\ \varPsi_s = -\varphi_s = -\arctan\xi \tag{2-35}$$

式中：$\xi = Q\dfrac{2\Delta\omega}{\omega_0}$ 为广义失谐。显然，相频特性的表达式是相同的。根据式（2–33）~ 式（2–35）绘出的幅频特性和相频特性曲线如图 2–9 所示。

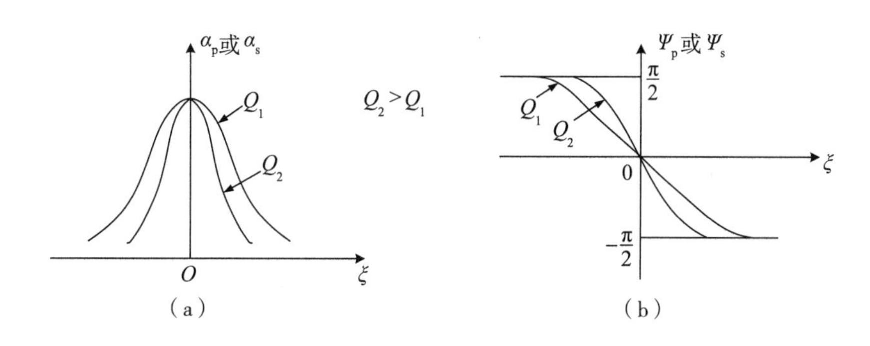

图 2–9　幅频特性和相频特性曲线

2.1.2 LC 阻抗变换与阻抗匹配网络

1. 串、并联阻抗等效互换

为了分析电路方便，常需要把串联电路变换为并联电路，如图 2–10 所示。其中 X_1 为电抗（纯电感或纯电容元件），R_X 为 X_1 的损耗电阻，R_1 为与 X_1 串联的外接电阻；X_2 为等效变换后的电抗元件，R_2 为转换后的电阻。

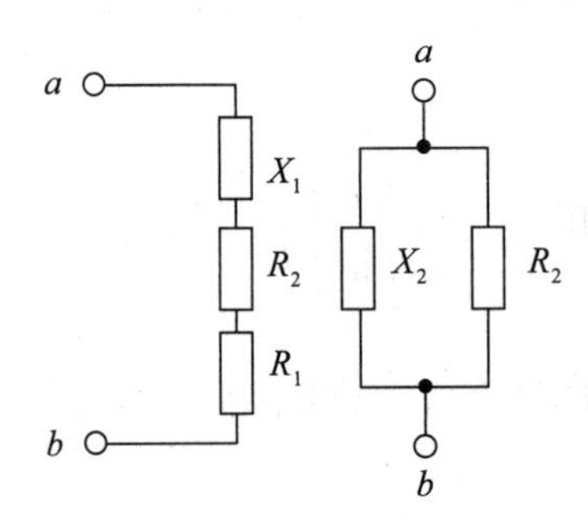

图 2–10 串、并联阻抗的等效互换

等效互换的原则：等效互换前的电路与等效互换后的电路阻抗相等，即

$$(R_1+R_X)+\mathrm{j}X_1=\frac{R_2(\mathrm{j}X_2)}{R_2+\mathrm{j}X_2}=\frac{R_2X_2^{\ 2}}{R_2^{\ 2}+X_2^{\ 2}}+\mathrm{j}\frac{R_2^{\ 2}X_2}{R_2^{\ 2}+X_2^{\ 2}} \tag{2-36}$$

所以有

$$R_1+R_X=\frac{R_2X_2^{\ 2}}{R_2^{\ 2}+X_2^{\ 2}} \tag{2-37}$$

$$X_1=\frac{R_2^{\ 2}X_2}{R_2^{\ 2}+X_2^{\ 2}} \tag{2-38}$$

由于等效互换前后回路的品质因数应相等，即

$$Q_1=\frac{X_1}{R_1+R_X}=Q_2=\frac{R_2}{X_2} \tag{2-39}$$

所以

$$R_2=(R_1+R_X)(1+Q_1^{\ 2}) \tag{2-40}$$

$$X_2 = X_1(1+\frac{1}{Q_1^2}) \tag{2-41}$$

当$Q_1 >> 10$时，由式（2-40）、式（2-41）可得

$$R_2 \approx (R_1 + R_X)Q_1^2, \ X_2 \approx X_1 \tag{2-42}$$

式（2-42）的结果表明：串联电路转换成并联电路后，X_2的电抗特性与X_1的相同。当Q_1较大时，$X_2 = X_1$基本不变，而R_2是$(R_1 + R_X)$的Q_1^2倍。

2. 变压器阻抗变换电路

变压器阻抗变换电路如图 2-11 所示。

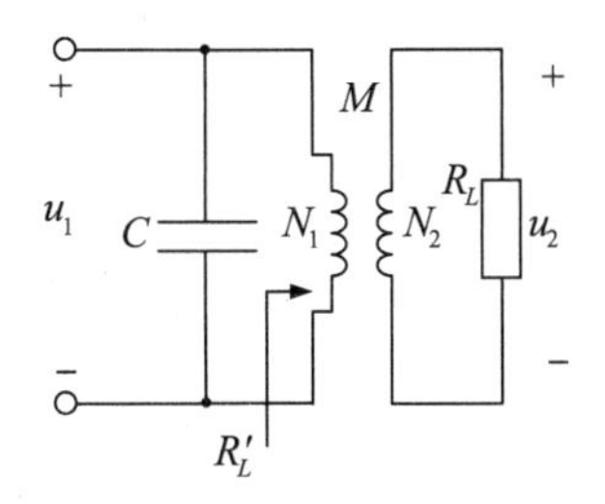

图 2-11　变压器阻抗变换电路

假设初级电感线圈的圈数为N_1，次级电感线圈的圈数为N_2，且初次级间为全耦合（k=1），线圈损耗忽略不计，则等效到初级回路的电阻R_L'上所消耗的功率应和次级负载R_L上所消耗功率相等，即

$$\frac{u_1^2}{R_L'} = \frac{u_2^2}{R_L} \text{或} \frac{R_L'}{R_L} = \frac{u_1^2}{u_2^2} \tag{2-43}$$

又因全耦合变压器初次级电压比u_1 / u_2等于相应圈数比N_1 / N_2，故有

$$R_L' = \left(\frac{N_1}{N_2}\right)^2 R_L \tag{2-44}$$

若$\frac{N_1}{N_2} > 1$，则$R_L' > R_L$；若$\frac{N_1}{N_2} < 1$，则$R_L' < R_L$。可通过改变$\frac{N_1}{N_2}$的比值来调整R_L'的大小。

3. 部分接入回路的阻抗变换

在高频电路的实际应用中，常用到激励信号源或负载与并联谐振回路中的

电感或电容采用部分接入的回路，一般称为部分接入并联谐振回路。典型实用的部分接入并联谐振回路，如图 2-12 所示。图中 C_1 、C_2 和 L_1 、L_2 共同构成并联谐振回路，激励信号源 i_s 、R_s 与负载 R_L 采用部分接入方式接入并联谐振回路。常用的部分接入方式有电感抽头部分接入和电容分压部分接入。

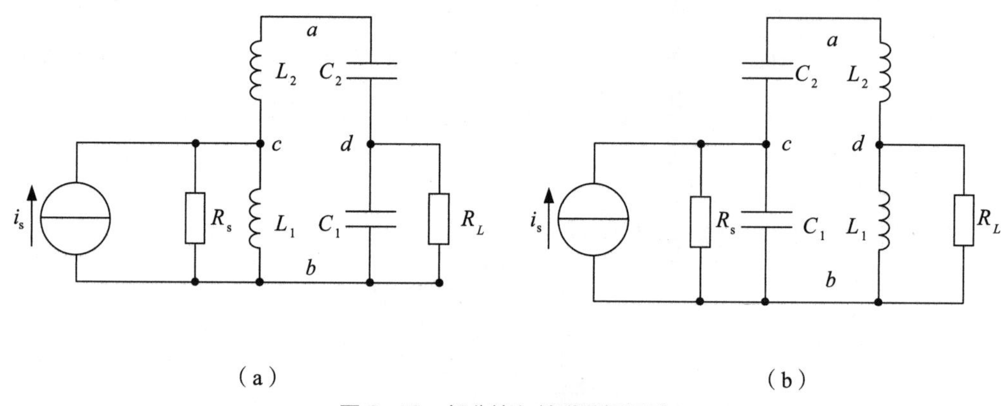

图 2-12　部分接入并联谐振回路

2.2　高频小信号调谐放大器

2.2.1　小信号调谐放大器的分类

小信号谐振放大器的类型很多，按调谐回路可分为单调谐回路放大器、双调谐回路放大器和参差调谐放大器；按所用器件可分为晶体管放大器、场效应管放大器和集成电路放大器；按器件连接方法可分为共基极放大器、共发射极放大器和共集电极放大器及共源、共漏和共栅放大器等。

2.2.2　晶体管的高频小信号等效模型

晶体管是非线性元件，一般情况下，必须考虑其非线性特点，但是在小信号应用或动态范围不超出晶体管特性曲线的线性区的情况下，可将晶体管视为线性元件，并可用线性元件组成的等效模型来模拟晶体管。

另外，晶体管在高频段应用时，必须考虑 PN 结电容的影响。频率更高时，还必须考虑引线电感和载流子渡越时间的影响。显然高频等效电路与低频等效电路是不同的。

晶体管高频小信号等效模型可从两种不同途径得到：一是根据晶体管内部发生的物理过程来拟定的模型；二是把晶体管视为一个二端口网络，列出电流、电压方程式，拟定满足方程的网络模型。由此便可得到两类模型等效电路，前者称为物理参数模型等效电路，后者称为网络参数模型等效电路。同一个晶体管应用在不同场合可用不同的等效电路来表示，这是人们用不同的形式表达同一事物的方法。当然，同一晶体管的各种等效电路之间又应该是互相等效的，各等效电路中的参数应能互相转换，不过转换公式有的简单，有的较复杂而已。

1. 物理参数模型

晶体三极管由两个 PN 结组成，且具有放大作用。其结构示意图如图 2-13（a）所示。如果忽略集电区和发射区体电阻 r_{cc} 和 r_{ee}，则电路如图 2-13（b）所示，称为混合 π 形等效电路。

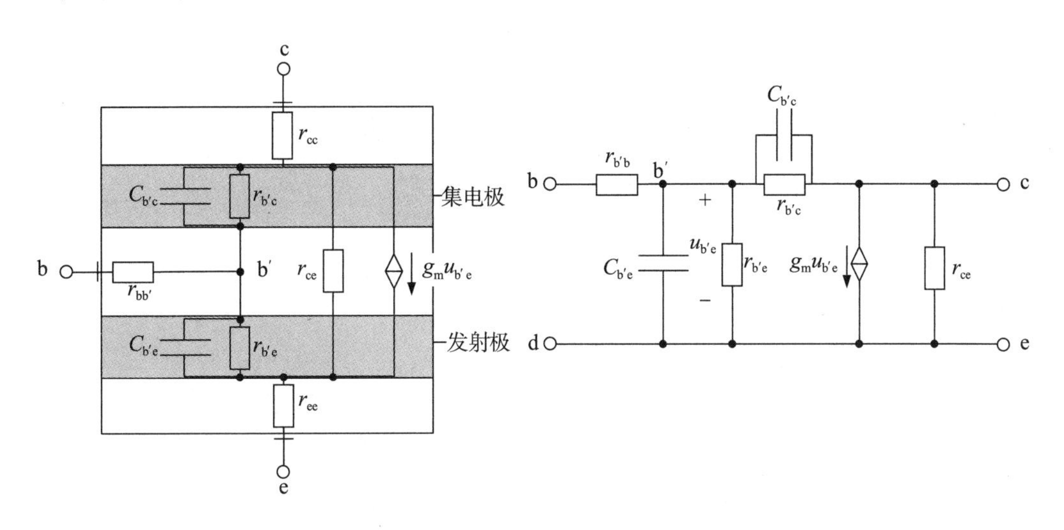

（a）结构示意图　　（b）混合 π 形等效电路

图 2-13　晶体三极管

这个等效电路考虑了结电容效应，因此它适用的频率范围可以到高频段。如果频率再高，引线电感和载流子渡越时间不能忽略，这个等效电路也就不适用了。一般来说，它适用的最高频率约为 $f_T/5$。f_T 为晶体管的特征频率。

混合 π 形等效电路的突出优点是各参数与频率无关，它是晶体管的宽频带模型。在晶体管手册中可以查到晶体管的混合 π 参数，它适用于宽频带放大器的分析。其缺点主要是电路复杂，计算麻烦。

2. 网络参数等效电路

根据二端口网络的理论，可在两个端口的四个变量中任选两个做自变量，由所选的不同自变量和参变量，可得六种不同的参数系，但最常用的只有 H、Y、Z 三种参数系。

在高频电子电路中常采用 Y 参数系等效电路。因为晶体管是电流受控元件，输入和输出都有电流，采用 Y 参数系较方便，另外导纳的并联可直接相加，使运算简单。

如果在图 2-14 所示的 BJT 共发射极组态有源双口网络的四个参数中选择电压 u_{be} 和 u_{ce} 为自变量，电流 i_b 和 i_c 为参数量，可得 Y 参数（模型）等效电路，如图 2-15 所示。

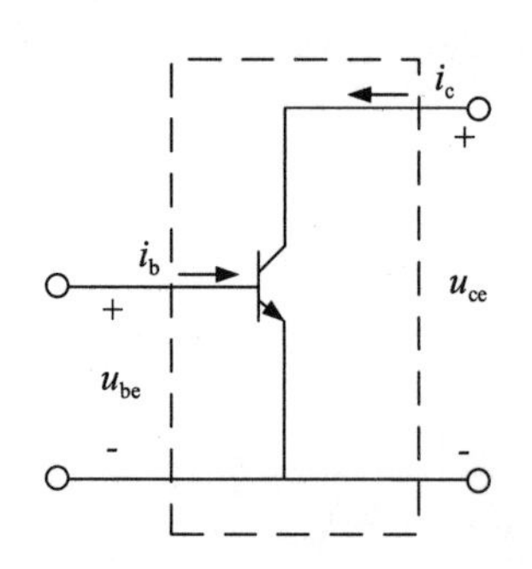

图 2-14　BJT 共发射极组态有源双口网络

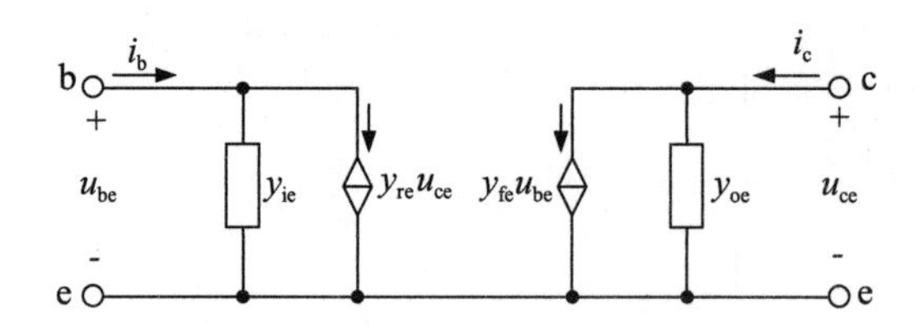

图 2-15　Y 参数（模型）等效电路

Y 参数等效电路的优点是电路简单，计算方便。其缺点是参数随频率的变化而变化。因 Y 参数属短路参数，对高频电路而言，参数的测量很方便。再加上谐振电路与晶体管都是并联的，利用导纳可直接相加，使计算更加方便。由于其参数随频率的变化而变化，晶体管手册无法给出所有频率的 Y 参数，所以，Y 参数等效电路属于晶体管的窄带模型，一般只适用于对谐振放大器的分析。

3. 晶体管的高频参数

为了分析和设计各种高频等效电路，必须了解晶体管的高频特性。下面介绍几个表征晶体管高频特征的参数。

（1）截止频率 f_β。由于发射结与集电结电容等因素的影响，当工作频率较高时，晶体管电流放大系数 β 将随信号频率的变化而变化，是频率的函数。β 与工作频率 f 之间的关系可近似表示为

$$\beta(f)=\frac{\beta_0}{1+\mathrm{j}\dfrac{f}{f_\beta}} \tag{2-45}$$

式中：β_0 为直流（或低频）电流放大系数；f_β 为共发射极电流放大系数的截止频率，表示共发射极电流放大系数由 β_0 下降 3 dB（$1/\sqrt{2}$ 倍）时所对应的频率。晶体管电流放大系数 β 的频率特性如图 2-16 所示。

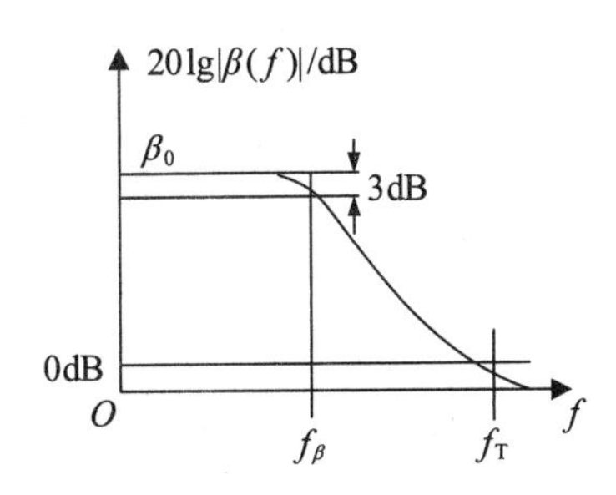

图 2-16　β 的频率特性

（2）特征频率 f_T。特征频率 f_T 是双极型晶体管最重要的频率参数。其定义为，高频 β 的模等于 1 dB（或 0 dB）时所对应的频率称为双极型晶体管的特征频率。也就是说，当 $|\beta(f)|=1$ 时，集电极电流增量与基极电流增量相等，共发射极接法的晶体管失去电流放大能力。利用式（2-45），根据 f_T 的定义可知

$$|\beta(f_\mathrm{T})|=\frac{\beta_0}{\sqrt{1+\left(\dfrac{f_\mathrm{T}}{f_\beta}\right)^2}}=1 \tag{2-46}$$

由于大部分晶体管的 β_0 均大于 10，所以

$$f_\mathrm{T}\approx\beta_0 f_\beta \tag{2-47}$$

根据f_T的不同，晶体管可以分为低频管、高频管和微波管。目前，先进的硅半导体工艺已经可以将双极型晶体管的f_T做到 10 GHz 以上。另外，特征频率也与工作点电流有关。f_T的值可以测量，也可以用晶体管高频小信号模型来估算。

（3）最高振荡频率f_{max}。晶体管的功率增益$A_p=1$时的工作频率称为晶体管的最高振荡频率f_{max}。f_{max}表示一个晶体管所适用的最高极限频率。在此频率工作时，晶体管已得不到功率放大。一般当$f>f_{max}$时，无论用什么方法都不能使晶体管产生振荡。可以证明：

$$f_{max}\approx\frac{1}{2\pi}\sqrt{\frac{g_m}{4r_{bb'}C_{b'e}C_{b'c}}} \tag{2-48}$$

以上三个频率参数的大小顺序为$f_{max}>f_T>f_\beta$。

2.2.3 单调谐回路谐振放大器

图 2-17 所示的为单调谐回路谐振放大器原理性电路，图中为了突出所要讨论的中心问题，略去了在实际电路中所必加的附属电路（如偏置电路）等。由图 2-17 可知，由 LC 单回路构成集电极的负载，它调谐于放大器的中心频率。LC 回路与本级集电极电路的连接采用自耦变压器形式（抽头电路），与下级负载Y_L的连接采用变压器耦合。这种自耦变压器－变压器耦合形式，可以减弱本级输出导纳与下级晶体管输入导纳Y_L对 LC 回路的影响，同时适当选择初级线圈抽头位置与初次级线圈的匝数比，可以使负载导纳与晶体管的输出导纳相匹配，以获得最大的功率增益。

图 2-17 中g_{o1}、C_{o1}代表晶体管的输出电导与输出电容；$Y_L=g_{i2}+j\omega C_{i2}$代表负载导纳，通常也就是下一级晶体管的输入导纳。

本章所讨论的是小信号放大器，因而都工作于甲类，晶体管的作用可用上节所讨论的 Y 参数等效电路来表示。此处只画出集电极部分的 Y 参数等效电路，如图 2-17（b）所示。

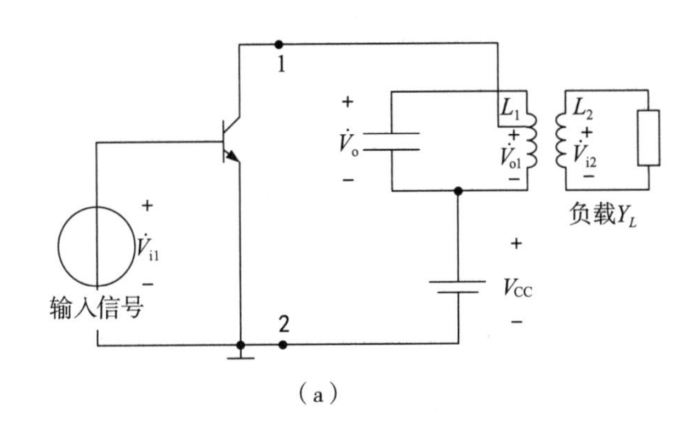

（a）

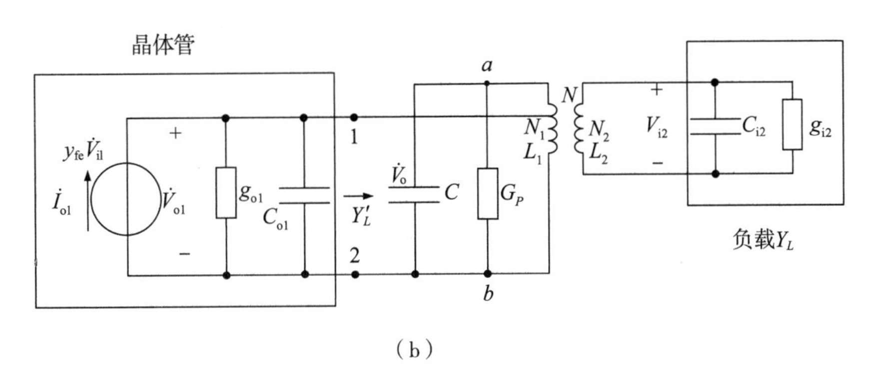

（b）

图 2-17　单调谐回路谐振放大器原理性电路

1. 电压增益 $\dot{A}_v$

放大器的电压增益为

$$\dot{A}_v = \frac{\dot{V}_{o1}}{\dot{V}_{i1}} = \frac{-y_{fe}}{y_{oe} + Y_L'} \tag{2-49}$$

式中：$y_{oe} = y_{o1} = g_{o1} + j\omega C_{o1}$ 为晶体管的输出导纳；Y_L' 为晶体管在输出端 1、2 两点之间看来的负载导纳，即下级晶体管输入导纳与 LC 谐振回路折算至 1、2 两点间的等效导纳。

显然，$y_{oe} + Y_L'$ 可以看作 1、2 两点之间的总等效导纳。

为了获得最大的功率增益，应适当选取 p_1 与 p_2 的值，使负载导纳 Y_L 能与晶体管电路的输出导纳相匹配。匹配时的电压增益为

$$(A_{v0})_{max} = -\frac{y_{fe}}{2\sqrt{g_{o1}g_{i2}}} \tag{2-50}$$

2. 功率增益 A_p

在非谐振点计算功率增益是很复杂的，一般用处不大。因此，下面只讨论谐振时的功率增益。

在谐振时，图 2–17（b）可简化为图 2–18。

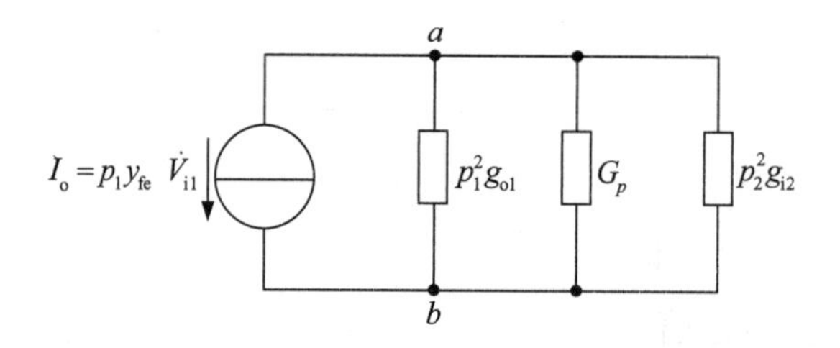

图 2–18 谐振时的简化等效电路

此时的功率增益为

$$A_{p0} = \frac{P_o}{P_i} \tag{2–51}$$

式中：P_i 为放大器的输入功率；P_o 为输出端负载 g_{i2} 上获得的功率。

由图 2–17 可知

$$P_i = V_{i1}^2 g_{i1} \tag{2–52}$$

由图 2–18 可知

$$P_o = V_{ab}^2 p_2^2 g_{i2} = \left(\frac{p_1 |y_{fe}| V_{i1}}{G'_p} \right)^2 p_2^2 g_{i2} \tag{2–53}$$

因此，谐振时的功率增益为

$$A_{p0} = \frac{P_o}{P_i} = A_{v0}^2 \frac{g_{i2}}{g_{i1}} \tag{2–54}$$

式中：g_{i1} 为本级放大器的输入端电导；g_{i2} 为下一级晶体管的输入电导。

若采用相同的晶体管，则 $g_{i1} = g_{i2}$，因此，得

$$A_{p0} = A_{v0}^2 \tag{2–55}$$

最后应说明，从功率传输的观点来看，希望满足匹配条件，以获得 $\left(A_{p0}\right)_{max}$。

但从降低噪声的观点来看，必须使噪声系数最小，这时可能不能满足最大功率增益条件。可以证明，采用共发射极电路时，最大功率增益与最小噪声系数可近似地同时获得满足。而在工作频率较高时，则采用共基极电路可以同时获得最小噪声系数与最大功率增益。

2.2.4　双调谐回路谐振放大器

双调谐回路谐振放大器具有频带较宽、选择性较好的优点。图 2–19（a）所示的是一种常用的双调谐回路放大器电路。集电极电路采用互感耦合的谐振回路做负载，被放大的信号通过互感耦合加到次级放大器的输入端。晶体管 VT_1 的集电极在初级线圈的接入系数为 p_1，下一级晶体管 VT_2 的基极在次级线圈的接入系数为 p_2。另外，假设初、次级回路本身的损耗都很小（回路 Q 较大，G_P 很小，这是符合实际情况的），可以忽略。

图 2–19（b）所示的为双调谐回路放大器的高频等效电路。为了讨论方便，把图 2–19（b）中的电流源 $y_{fe}\dot{V}_i$ 及输出导纳 $g_{oe}C_{oe}$ 折合到 L_1C_1 的两端，负载导纳即下一级的输入导纳 $g_{ie}C_{ie}$ 折合到 L_2C_2 的两端。变换后的等效电路和元件数值如图 2–19（c）所示。

在实际应用中，初、次级回路都调谐到同一中心频率 f_0。为了分析方便，假设两个回路元件参数都相同，即电感 $L_1 = L_2 = L$；初、次级回路总电容 $C_1 + p_1^2 C_{oe} \approx C_2 + p_2^2 C_{ie} = C$；折合到初、次级回路的导纳 $p_1^2 g_{oe} \approx p_2^2 g_{ie} = g$；回路谐振角频率 $\omega_1 = \omega_2 = \omega_0 = \dfrac{1}{\sqrt{LC}}$；初、次级回路有载品质因数 $Q_{L_1} = Q_{L_2} \approx \dfrac{1}{g\omega_0 L} = \dfrac{\omega_0 C}{g}$。由图 2–19（c）可知，它是一个典型的并联型互感耦合回路。考虑到抽头系数 p_1、p_2，可以得出电压增益的表达式：

$$A_v = \frac{p_1 p_2 |y_{fe}|}{g} \cdot \frac{\eta}{\sqrt{(1-\xi^2+\eta^2)^2 + 4\xi^2}} \qquad (2\text{–}56)$$

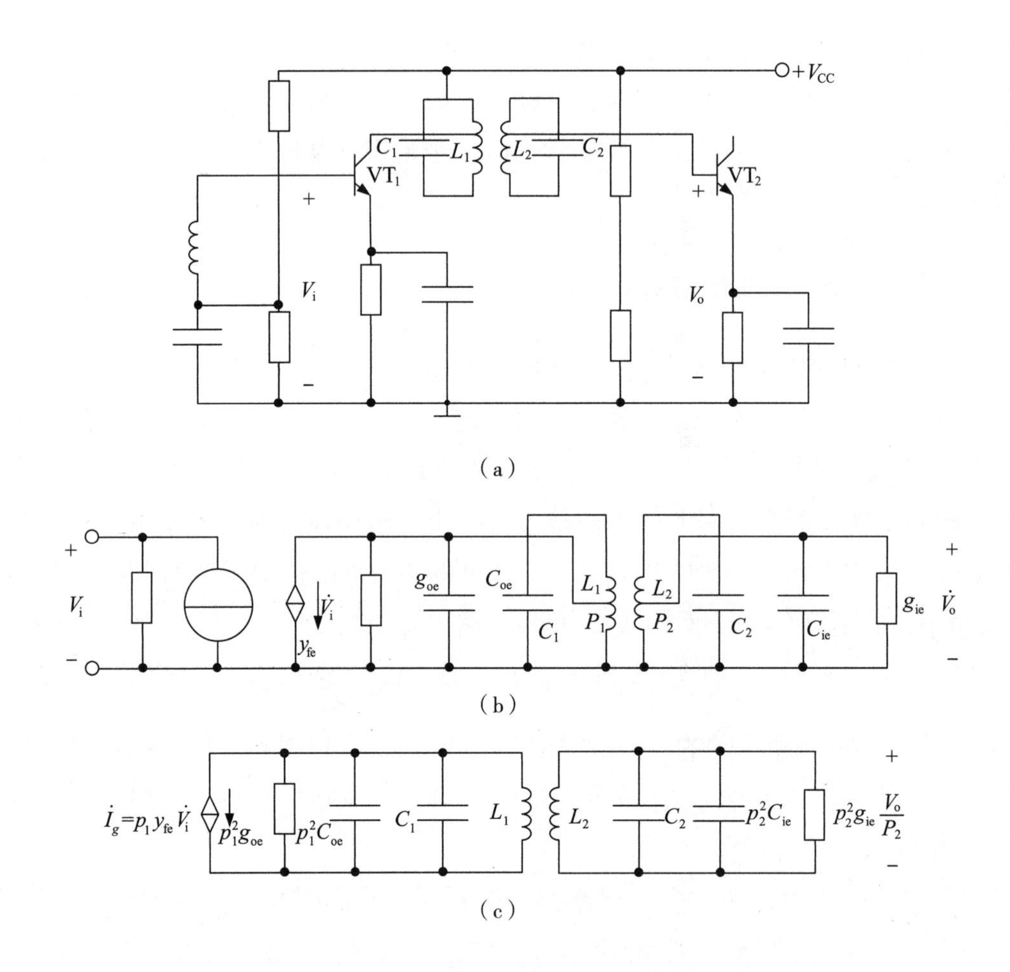

图 2-19　双调谐回路放大器电路

谐振时，$\xi=0$，得

$$A_{v0}=\frac{\eta}{1+\eta^2}\cdot\frac{p_1 p_2|y_{fe}|}{g} \tag{2-57}$$

由式（2-57）可见，双调谐回路放大器的电压增益也与晶体管的正向传输导纳$|y_{fe}|$成正比，与回路的电导 g 成反比。另外 A_{v0} 与耦合参数 η 有关，如图 2-20 所示。

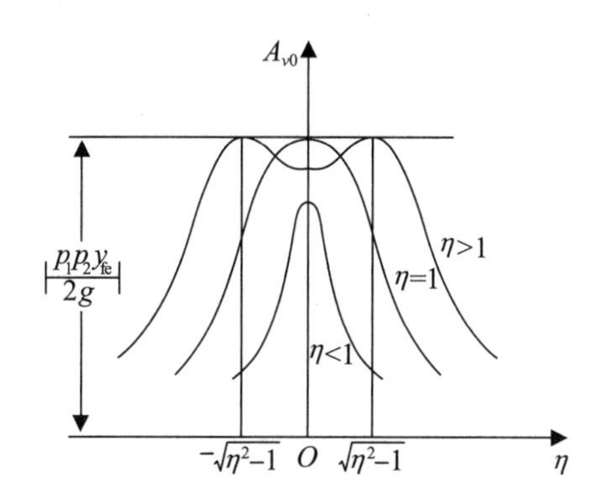

图 2-20　A_{v0} 与耦合参数 η 的关系曲线

临界耦合的情况在实际中应用较多。弱耦合时，放大器的谐振曲线和单调谐回路放大器的相似，通频带较窄，选择性也较差。强耦合时，虽然通频带变得更宽，矩形系数也更好，但谐振曲线顶部出现凹陷，回路的调节也较麻烦。因此，只在与临界耦合级配合时或特殊场合才采用。

2.2.5　调谐放大器的稳定性

前面已指出，小信号放大器的工作稳定性是重要的质量指标之一，这里将进一步讨论和分析谐振放大器工作不稳定的原因，并提出一些提高放大器稳定性的措施。

上面所讨论的放大器都是假定工作于稳定状态的，即输出电路对输入端没有影响 ($y_{re}=0$)。或者说，晶体管是单向工作的，输入可以控制输出，而输出则不影响输入。但实际上，由于晶体管存在着反向传输导纳 y_{re}（或称 y_{12}），输出电压 V_o 可以反作用到输入端，引起输入电流 I_i 的变化。这就是反馈作用。

放大器输入导纳：

$$Y_i = y_{ie} - \frac{y_{fe}y_{re}}{y_{oe}+Y_L'} = y_{ie} + Y_F \tag{2-58}$$

式中：第一部分 y_{ie} 是输出端短路时晶体管（共射连接时）本身的输入导纳；第二部分 Y_F 是通过 y_{re} 的反馈引起的输入导纳，它反映了负载导纳 Y_L' 的影响。

如果放大器输入端也接有谐振回路（或前级放大器的输出谐振回路），那么放大器输入导纳 Y_i 并联在放大器输入端回路后的电路如图 2-21 所示。当没有反馈导纳 Y_F 时，输入端回路是调谐的。

$$Y_{ie} = g_{ie} + jb_{ie} \tag{2-59}$$

其中，电纳部分 b_{ie} 的作用已包括在 L 或 C 中；而 Y_{ie} 或电导部分 g_{ie} 以及信号源内电导 g_s 的作用则是使回路有一定的等效品质因数 Q_L 值。然而反馈导纳 Y_F 的存在，改变了输入端回路的正常情况。

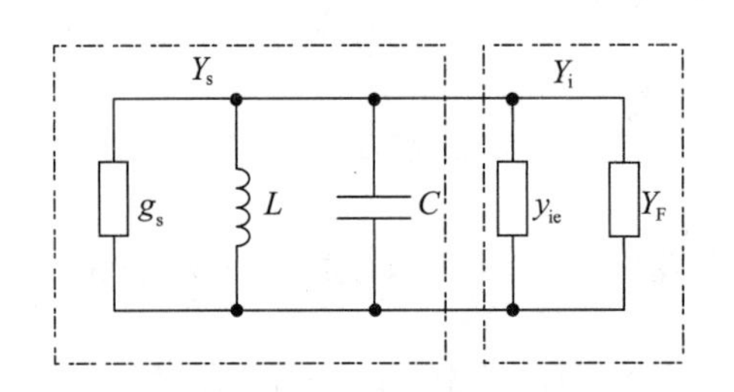

图 2-21　放大器等效输入端回路

Y_F 可写成

$$Y_F = g_F + jb_F \tag{2-60}$$

式中：g_F 和 b_F 分别为电导部分和电纳部分。它们除与 y_{fe}、y_{re}、y_{oe} 和 Y_L' 有关外，还是频率的函数；随着频率的不同，其值也不同，且可能为正或负。

下面分析放大器不产生自激和远离自激的条件。

回到图 2-21，这时总导纳为 $Y_s + Y_i$。当总导纳 $Y_s + Y_i = 0$ 时，表示放大器反馈的能量抵消了回路损耗的能量，且电纳部分也恰好抵消。这时放大器产生自激。所以，放大器产生自激的条件是

$$Y_s + y_{ie} - \frac{y_{fe} y_{re}}{y_{oe} + Y_L'} = 0 \tag{2-61}$$

即

$$\frac{(Y_s + y_{ie})(y_{oe} + Y_L')}{y_{fe} y_{re}} = 1 \tag{2-62}$$

晶体管反向传输导纳 y_{re} 越大，则反馈越强，上式左边数值就越小。它越接近 1，放大器越不稳定。反之，上式左边数值越大，则放大器越稳定。因此，上式左边数值的大小可作为衡量放大器稳定与否的标准。

下面对上式的复数形式表示法作进一步推导，找出实用的稳定条件。有

$$Y_s + y_{ie} = g_s + g_{ie} + j\omega C + \frac{1}{j\omega L} + j\omega C_{ie} = (g_s + g_{ie})(1 + j\xi_1) \tag{2-63}$$

式中：$\xi_1 = Q_1(\frac{f}{f_0} - \frac{f_0}{f})$，$f_0 = \frac{1}{2\pi\sqrt{L(C + C_{ie})}}$，$Q_1 = \frac{\omega_0(C + C_{ie})}{g_s + g_{ie}}$。

若用幅值与相角形式表示，则

$$Y_s + y_{ie} = (g_s + g_{ie})\sqrt{1 + \xi_1^2}\,e^{j\Psi_1} \tag{2-64}$$

式中：

$$\Psi_1 = \arctan\xi_1$$

假设放大器输入、输出回路相同，即$\xi = \xi_1 = \xi_2$，$\Psi_1 = \Psi_2 = \psi$，可得

$$\frac{(g_s + g_{ie})(g_{oe} + G_L)(1 + \xi^2)}{|y_{fe}||y_{re}|} = 1 \tag{2-65}$$

和

$$2\psi = \varphi_{fe} + \varphi_{re} \tag{2-66}$$

由式（2-66）相位条件可得

$$2\arctan\xi = \varphi_{fe} + \varphi_{re} \tag{2-67}$$

$$\xi = \tan\frac{\varphi_{fe} + \varphi_{re}}{2} \tag{2-68}$$

说明：只有在晶体管的反向传输导纳$|y_{re}|$足够大时，式（2-65）左边部分才可能减小到 1，满足自激的幅值条件。而当$|y_{re}|$较小时，式（2-65）左边的分数值总是大于 1 的。$|y_{re}|$越小，分数值越大，离自激条件越远，放大器越稳定。因此，通常采用式（2-65）的左边量

$$S = \frac{(g_s + g_{ie})(g_{oe} + G_L)(1 + \xi^2)}{|y_{fe}||y_{re}|} \tag{2-69}$$

作为判断谐振放大器工作稳定性的依据，S 称为谐振放大器的稳定系数。若 S=1，放大器将自激，只有当 $S \gg 1$ 时，放大器才能稳定工作。一般要求稳定系数 $S \approx 510$。

实际上，放大器工作频率远低于晶体管的特征频率，这时 $y_{fe}=|y_{fe}|$，即 $\varphi_{fe}=0$。并且反向传输导纳 y_{re} 中，电纳起主要作用，即 $y_{re}\approx -j\omega_0 C_{re}$，$\varphi_{re}\approx -90°$。将这些条件代入式（2–68），可得自激的相位条件为 $\xi=-1$。这说明当放大器调谐于 f_0 时，在低于 f_0 的某一频率上（$\xi=-1$），满足相位条件，可能产生自激。这是由于当 $\xi=-1$ 时放大器的输入和输出回路（并联回路）都呈感性，再经反馈电容 C_{re} 的耦合，形成电感反馈三端振荡器。

将上述近似条件（$y_{fe}=|y_{fe}|$，$\varphi_{fe}=0$，$y_{re}\approx -j\omega_0 C_{re}$，$\varphi_{re}\approx -90°$）代入式（2–69），并假定 $g_s+g_{ie}=g_1$，$g_{oe}+G_L=g_2$，则得

$$S=\frac{2g_1g_2}{\omega_0 C_{re}|y_{fe}|} \tag{2–70}$$

式（2–70）表明，要使 S 远大于 1，除选用 C_{re} 尽可能小的放大管外，回路的谐振电导 g_1 和 g_2 应越大越好。

如前所述，放大器的电压增益可写成

$$A_{v0}=\frac{|y_{fe}|}{g_2} \tag{2–71}$$

由此可见，放大器的稳定与增益的提高是相互矛盾的，增大 g_2 以提高稳定系数，必然降低增益。

当 $g_1=g_2$ 时，可得

$$A_{v0}=\sqrt{\frac{2|y_{fe}|}{S\omega_0 C_{re}}} \tag{2–72}$$

取 S=5，得

$$(A_{v0})_S=\sqrt{\frac{|y_{fe}|}{2.5\omega_0 C_{re}}} \tag{2–73}$$

式中：$(A_{v0})_S$ 是保持放大器稳定工作所允许的电压增益，称为稳定电压增益。通常，为保证放大器能稳定工作，其电压增益 A_{v0} 不允许超过 $(A_{v0})_S$。因此，式（2–73）可用于检验放大器是否稳定工作。

需要指出的是，上面只讨论了 y_{re} 的内部反馈所引起的放大器不稳定，并没有考虑外部其他途径反馈的影响。这些影响有输入端、输出端之间的空间电磁

耦合、公共电源的耦合等。外部反馈的影响在理论上是很难讨论的，必须在去耦电路和工艺结构上采取措施。

2.3　放大电路的电噪声

目前电子设备的性能在很大程度上与干扰和噪声有关。例如，接收机的理论灵敏度可以非常高，但是考虑了噪声以后，实际灵敏度就不可能做得很高。而在通信系统中，提高接收机的灵敏度比增加发射机的功率更为有效。在其他电子仪器中，它们工作的准确性、灵敏度等也与噪声有很大的关系。另外，各种干扰的存在，大大影响了接收机的工作。因此，研究各种干扰和噪声的特性，以及降低干扰和噪声的方法是十分必要的。

干扰与噪声的分类如下：

干扰一般指外部干扰，可分为自然的和人为的干扰。自然干扰有天电干扰、宇宙干扰和大地干扰等。人为干扰主要有工业干扰和无线电台的干扰。

噪声一般指内部噪声，也可分为自然的和人为的噪声。自然噪声有热噪声、散粒噪声和闪烁噪声等。人为噪声有交流噪声、感应噪声、接触不良噪声等。

2.3.1　电噪声的来源与特点

放大器的内部噪声主要是由电路中的电阻、谐振回路和电子器件（电子管、晶体管、场效应管、集成块等）内部所具有的带电微粒无规则运动产生的。这种无规则运动具有起伏噪声的性质，它是一种随机过程，即在同一时间（$0\sim T$）内，两次观察会得出不同的结果，如图 2-22 所示。对于随机过程，不可能用某一确定的时间函数来描述。但是，它却遵循某一确定的统计规律，可以利用其本身的概率分布特性来充分描述它的特性。对于起伏噪声，可以用正弦波形的瞬时值、振幅值、有效值等来计量。通常用它的平均值、均方值、频谱或功率谱来表示。

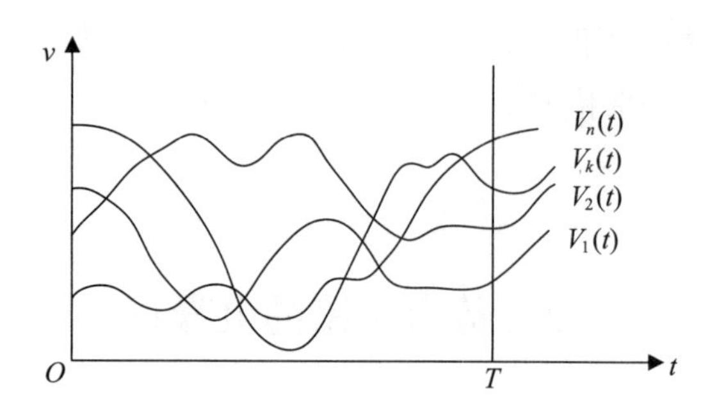

图 2-22　放大器的内部噪声

1. 起伏噪声电压的平均值

起伏噪声电压的平均值可表示为

$$\overline{v}_n = \lim_{T \to \infty} \int_0^T v_n(t) \mathrm{d}t \tag{2-74}$$

式中：$v_n(t)$ 为起伏噪声电压，如图 2-23 所示；$\overline{v}_n$ 为平均值，它代表的直流分量由于起伏噪声电压的变化是不规则的，没有一定的周期，因此应在长时间（$T \to \infty$）内取平均值才有意义。

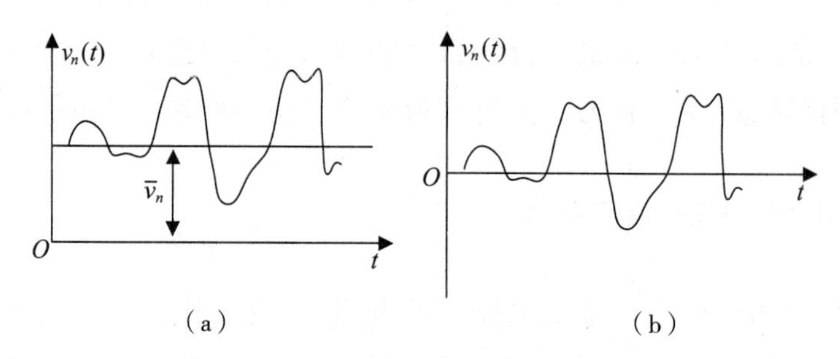

图 2-23　起伏噪声电压

2. 起伏噪声电压的均方值

一般用起伏噪声电压的均方值来表示噪声的起伏强度。均方值的求法如下：

由图 2-23（a）可见，起伏噪声电压 $v_n(t)$ 是在其平均值 $\overline{v}_n$ 上下起伏的，在某一瞬间 t 的起伏强度为

$$\Delta v_n(t) = v_n(t) - \overline{v}_n \tag{2-75}$$

显然，$\Delta v_n(t)$ 也是随机的，并且有时为正，有时为负，所以从长时间来看，

$\Delta v_n(t)$ 的平均值应为零。但是，将 $\Delta v_n(t)$ 平方后再取其平均值，就具有一定的数值，称为起伏噪声电压的均方值，或称方差，用 $\overline{\Delta v_n^2(t)}$ 表示，有

$$\overline{\Delta v_n^2(t)} = \overline{\left[v_n(t) - \bar{v}_n\right]^2} = \lim_{T\to\infty}\frac{1}{T}\int_0^T\left[\Delta v_n(t)\right]^2 \mathrm{d}t = \lim_{T\to\infty}\frac{1}{T}\int_0^T\left[v_n(t) - \bar{v}_n\right]^2 \mathrm{d}t = \overline{v_n^2}$$

（2–76）

由于 $\bar{v}_n$ 代表直流分量，不表示噪声电压的起伏强度，因此可将图 2–23（a）向上移动一个数值 $\bar{v}_n$，如图 2–23（b）所示。这时起伏噪声电压的均方值为

$$\overline{v_n^2} = \lim_{T\to\infty}\frac{1}{T}\int_0^T v_n^2(t)\mathrm{d}t \tag{2-77}$$

式中：$\overline{v_n^2}$ 表示起伏噪声电压的均方值，它代表功率的大小。均方根值 $\sqrt{\overline{V_n^2}}$ 则表示起伏噪声电压交流分量的有效值，通常用它与信号电压的大小作比较，称为信号噪声比，简称信噪比。

3. 非周期噪声电压的频谱

本节开始时即指出，起伏噪声是由电路中的电阻、电子器件等内部所具有的带电微粒无规则运动产生的，这些带电微粒做无规则运动所形成的起伏噪声电流和电压可看成无数个持续时间 τ 极短（ $10^{-13}\sim10^{-14}$ s 的数量级）的脉冲叠加起来的结果。这些短脉冲是非周期性的，因此，我们可首先研究单个脉冲的频谱，然后求整个起伏噪声电压的频谱。

对于一个脉冲宽度为 τ、振幅为 1 的单个噪声脉冲，波形如图 2–24（a）所示，可用下式求得其振幅频谱密度：

$$|F(\omega)| = \tau\frac{\sin\dfrac{\omega\tau}{2}}{\dfrac{\omega\tau}{2}} = \frac{1}{\pi f}\sin(\pi f\tau) \tag{2-78}$$

式（2–78）表示的 $|F(\omega)|$ 与频率 f 的关系曲线如图 2–24（b）所示，它的第一个零值点在 $1/\tau$ 处。由于电阻和电子器件噪声所产生的单个脉冲宽度 τ 极小，在 整个无线电频率 f 范围内，τ 远小于信号周期 T, T=1/f，因此 $\pi f\tau = \pi\tau / T = 1$，这时式（2–78）变为 $|F(\omega)| \gg \tau$。

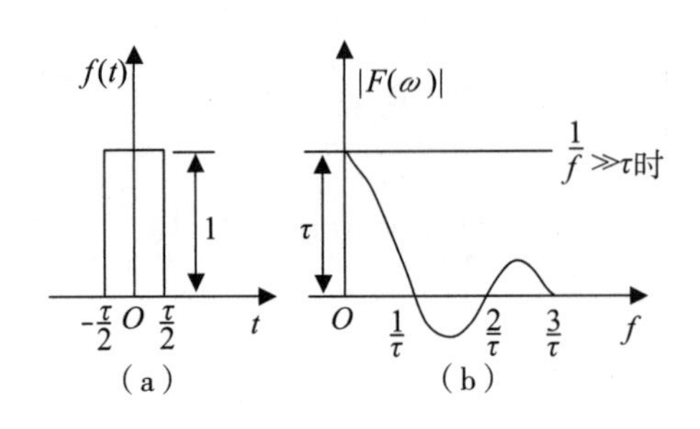

图 2-24　单个噪声脉冲

这表明单个噪声脉冲电压的振幅频谱密度 $|F(\omega)|$ 在整个无线电频率范围内可看成均等的。

噪声电压是由无数个单脉冲电压叠加而成的，按理说，整个噪声电压的振幅频谱是把每个脉冲的振幅频谱中相同频率分量直接叠加而得到的，然而由于噪声电压是个随机值，各脉冲电压之间没有确定的相位关系，各个脉冲的振幅频谱中相同频率分量之间也就没有确定的相位关系，因此不能通过直接叠加得到整个噪声电压的振幅频谱。

虽然整个噪声电压的振幅频谱无法确定，但其功率频谱是完全能够确定的（将噪声电压加到 1 Ω 电阻上，电阻内损耗的平均功率即为不同频率的振幅频谱的平方在 1 Ω 电阻内所损耗功率的总和）。由于单个脉冲的振幅频谱是均等的，其功率频谱也是均等的，由各个脉冲的功率频谱叠加得到的整个噪声电压的功率频谱也是均等的。因此，常用功率频谱（简称功率谱）来说明起伏噪声电压的频率特性。

4. 起伏噪声的功率谱

$$\overline{\Delta v_n^2(t)}=\overline{v_n^2}=\lim_{T\to\infty}\frac{1}{T}\int_0^T v_n^2(t)\mathrm{d}t \tag{2-79}$$

可表明噪声功率。因为 $\int_0^T v_n^2(t)\mathrm{d}t$ 表示 $\Delta v_n(t)$ 在 1 Ω 电阻上于时间区间（0，T）内的全部噪声能量。它被 T 除，即得平均功率 P。对于起伏噪声而言，当时间无限延长时，平均功率 P 趋近于一个常数，且等于起伏噪声电压的均方值（方差），亦即

$$\overline{v_n^2}=\lim_{T\to\infty}P=\lim_{T\to\infty}\frac{1}{T}\int_0^T v_n^2(t)\,\mathrm{d}t \tag{2-80}$$

若以 $S(f)\mathrm{d}f$ 表示频率在 f 与 $f+\mathrm{d}f$ 之间的平均功率，则总的平均功率为

$$P=\int_0^{\infty}S(f)\mathrm{d}f \tag{2-81}$$

因此，最后得

$$\overline{v_n^2}=\lim_{T\to\infty}\frac{1}{T}\int_0^{T}v_n^2(t)\,\mathrm{d}t=\int_0^{\infty}S(f)\,\mathrm{d}f \tag{2-82}$$

式中：$S(f)$ 称为噪声功率谱密度，单位为 W/Hz。

根据上面的讨论可知，起伏噪声的功率谱在极宽的频带内具有均匀的密度，如图 2–25 所示。在实际无线电设备中，只有位于设备的通频带内的噪声功率才能通过。

由于起伏噪声的频谱在极宽的频带内具有均匀的功率谱密度，因此起伏噪声也称白噪声。“白”字来自光学，即白（色）光在整个可见光的频带内具有平坦的频谱。必须指出，真正的白噪声是没有的，白噪声意味着有无穷大的噪声功率。因为从式（2–82）可见，当 $S(f)$ 为常数时无穷大。这当然是不可能的。因此，白噪声是指在某一个频率范围内，$S(f)$ 保持常数。

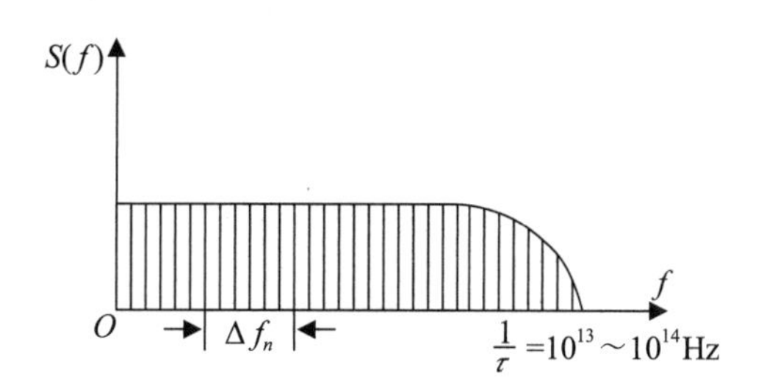

图 2–25　起伏噪声的功率谱

2.3.2　噪声系数计算方法

在高频电路中，为了使放大器能够正常工作，除了要满足增益、通频带、选择性等要求之外，还应对放大器的内部噪声进行限制。一般是对放大器的输出端提出满足一定信噪比的要求。

所谓信噪比是指放大器输入端或输出端端口处信号功率与噪声功率之比。信噪比通常用分贝（dB）数表示，可写为

$$\frac{S}{N}=10\lg\frac{P_{\mathrm{s}}}{P_{\mathrm{n}}}(\mathrm{dB}) \tag{2-83}$$

式中：P_{s}、P_{n}分别为信号功率与噪声功率。

1. 放大器噪声系数的定义

如果放大器内部不产生噪声，当输入信号与噪声通过它时，二者都将得到同样的放大，则放大器的输出信噪比与输入信噪比相等。而实际放大器是由晶体管和电阻等元器件组成的，热噪声和散弹噪声构成其内部噪声，所以输出信噪比总是小于输入信噪比。为了衡量放大器噪声性能的好坏，提出了噪声系数这一性能指标。

放大器的噪声系数N_{F}（noise figure）定义为输入信噪比与输出信噪比的比，即

$$N_{\mathrm{F}}=\frac{\dfrac{P_{\mathrm{si}}}{P_{\mathrm{ni}}}}{\dfrac{P_{\mathrm{so}}}{P_{\mathrm{no}}}} \tag{2-84}$$

上述定义可推广到所有线性二端口网络。如果用分贝数表示，则写为

$$N_{\mathrm{F}}=10\lg\frac{\dfrac{P_{\mathrm{si}}}{P_{\mathrm{ni}}}}{\dfrac{P_{\mathrm{so}}}{P_{\mathrm{no}}}}(\mathrm{dB}) \tag{2-85}$$

从式（2-84）可以看出，N_{F}是一个大于或等于1的数。其值越接近于1，表示该放大器的内部噪声性能越好。

图2-26所示的是描述放大器噪声系数的等效电路。设P_{si}为信号源的输入信号功率，P_{ni}为信号源内阻R产生的噪声功率；放大器的功率增益为G_P，带宽为B，其内部噪声在负载上产生的功率为P_{nao}；而P_{so}和P_{no}分别为信号和信号源内阻在负载R_L上所产生的输出功率和输出噪声功率。任何放大系统都是由导体、电阻、电子器件等构成的，其内部一定存在噪声。由此不难看出，放大器以功率放大增益G_P放大信号功率P_{i}的同时，它也以同样的增益放大输入噪声功率P_{ni}。此外，由于放大器系统内部有噪声，它必然对输出端产生影响。因此，输出信噪比要比输入信噪比低。N_{F}反映了放大系统内部噪声的大小。

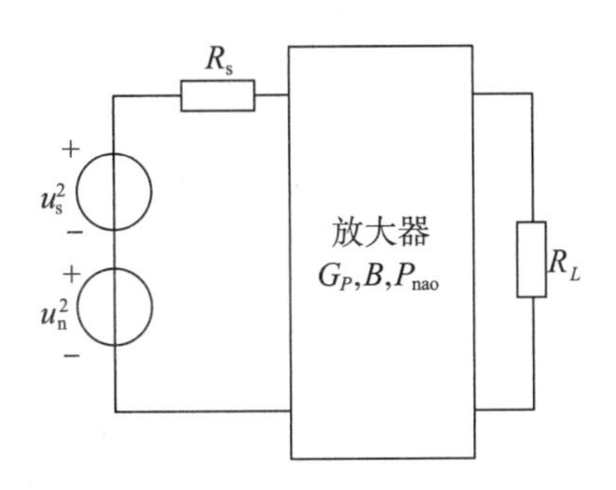

图 2–26　放大器噪声系数的等效电路

噪声系数通常只适用于线性放大器。非线性电路会产生信号和噪声的频率变换，噪声系数不能反映系统附加的噪声性能。由于线性放大器的功率增益 $G_P=\dfrac{P_{so}}{P_{si}}$，所以式（2–84）可写成

$$N_F=\frac{\dfrac{P_{si}}{P_{ni}}}{\dfrac{P_{so}}{P_{no}}}=\frac{P_{si}}{P_{so}}\frac{P_{no}}{P_{ni}}=\frac{P_{no}}{G_P P_{ni}} \tag{2–86}$$

式中：$G_P P_{ni}$ 为信号源内阻 R_s 产生的噪声经放大器放大后，在输出端产生的噪声功率。放大器输出端的总噪声功率 P_{no} 应等于 $G_P P_{ni}$ 和放大器内部噪声在输出端产生的噪声功率 P_{nao} 之和，即

$$P_{no}=P_{nao}+G_P P_{ni} \tag{2–87}$$

显然 $P_{no}>G_P P_{ni}$，故放大器的噪声系数总是大于 1。理想情况下，$P_{nao}=0$，噪声系数 N_F 才可能等于 1。将式（2–87）代入式（2–86），则得

$$N_F=1+\frac{P_{nao}}{G_P P_{ni}} \tag{2–88}$$

2. 多级放大器噪声系数的计算

先考虑两级放大器，其噪声系数的等效电路如图 2–27 所示。

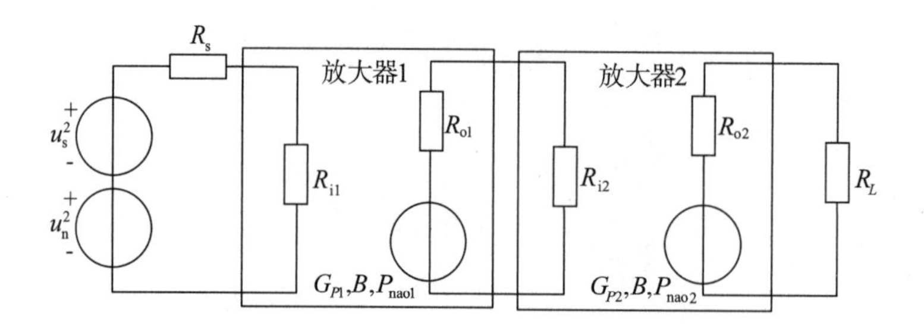

图 2-27 两级放大器噪声系数的等效电路

设两级放大器匹配，它们的噪声系数和功率增益分别为 N_{F1}、N_{F2} 和 G_{P1}、G_{P2}，且假定通频带也相同。利用式（2-87）和式（2-88），式中 N_F 和 G_P 分别看作是两级放大器总的噪声系数和总的功率增益，而总输出噪声功率 P_{no} 由三部分组成，即

$$P_{no}=P_{ni}G_{P1}G_{P2}+P_{nao1}G_{P2}+P_{nao2} \tag{2-89}$$

式中：P_{nao1} 和 P_{nao2} 分别是第一级放大器和第二级放大器的内部噪声功率。由式（2-88）可写出

$$P_{nao1}=(N_{F1}-1)\ P_{ni1}G_{P1} \tag{2-90}$$

$$P_{nao2}=(N_{F2}-1)\ P_{ni2}G_{P2} \tag{2-91}$$

式中：P_{ni1} 和 P_{ni2} 分别表示信号源内阻 R_s 与 R_{o1} 产生的热噪声功率。由于设电路匹配，则 $P_{ni1}=P_{ni2}=kTB$。将式（2-90）、式（2-91）代入式（2-89），最后由式（2-86）可求得两级放大器总噪声系数：

$$N_F=N_{F1}+\frac{N_{F2}-1}{G_{P1}} \tag{2-92}$$

对于 n 级放大器，将其前 n-1 级看成是第一级，第 n 级看成第二级，利用式（2-92）可推导出 n 级放大器总的噪声系数：

$$N_F=N_{F1}+\frac{N_{F2}-1}{G_{P1}}+\frac{N_{F3}-1}{G_{P1}G_{P2}}+\cdots+\frac{N_{Fn}-1}{G_{P1}G_{P2}\cdots G_{P(n-1)}} \tag{2-93}$$

可见，在多级放大器中，各级噪声系数对总噪声系数的影响是不同的，前级的影响比后级的影响大，而且总噪声系数还与各级的功率增益有关。所以，为了减小多级放大器的总噪声系数，必须降低前级放大器（尤其是第一级）的噪声系数，并增大前级放大器（尤其是第一级）的功率增益。以上关于放大器噪声系数的分析结果也适用于所有线性二端口网络。

2.3.3　降低噪声系数的措施

1. 选用低噪声元器件

在放大电路或其他电路中，电子器件的内部噪声起着重要作用。因此，改进电子器件的噪声性能和选用低噪声的电子器件，就能大大降低电路的噪声系数。

对晶体管而言，应选用$r_b\left(r_{bb'}\right)$和噪声系数 N_F 小的管子（可由手册查得，但 N_F 必须是高频工作时的数值）。除采用晶体管外，目前还广泛采用场效应管做放大器和混频器，因为场效应管的噪声电平低，尤其是最近发展起来的砷化镓金属－半导体场效应管（MESFET），它的噪声系数可低到 0.5 ～ 1 dB。

在电路中，还必须谨慎地选用其他能引起噪声的电路元件，其中最主要的是电阻元件，宜选用结构精细的金属膜电阻。

2. 正确选择晶体管放大级的直流工作点

图 2-28 所示的是某晶体管的 N_F 与 I_E 的关系曲线，从图中可以看出，对于一定的信号源内阻 R_s，存在着一个使 N_F 最小的最佳电流 I_E 值。因为 I_E 改变时，直接影响晶体管的参数。当参数为某一值，满足最佳条件时，可使 N_F 达到最小值。另外，如 I_E 太小，晶体管功率增益太低，使 N_F 上升；如 I_E 太大，又由于晶体管的散粒和分配噪声增加，也使 N_F 上升。所以 I_E 为某一值时，N_F 可以达到最小值。从图 2-28 还可以看出，对于不同的信号源内阻 R_s，最佳的 I_E 值也不同。

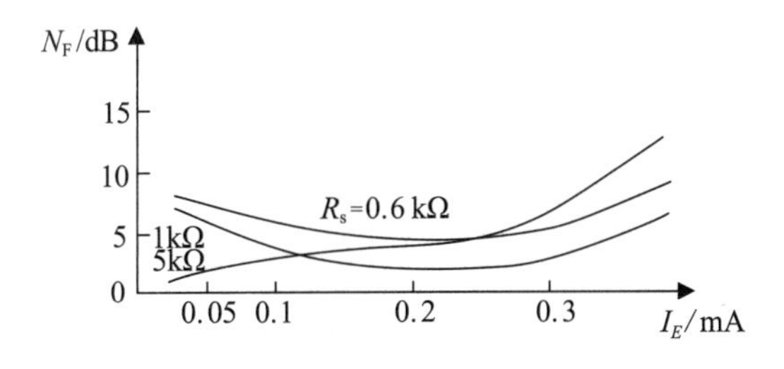

图 2-28　某晶体管的 N_F 与 I_E 的关系曲线

除此之外，N_F 还与晶体管的 V_{CB} 和 V_{CE} 有关。但通常 V_{CB} 和 V_{CE} 对 N_F 影响不大。电压低时，N_F 略有下降。

3. 选择合适的信号源内阻 R_s

信号源内阻 R_s 变化时，也影响 N_F 的大小。当 R_s 为某一最佳值时，N_F 可达到最小值。晶体管共射和共基电路在高频工作时，这个最佳内阻为几十到 400 Ω（当频率更高时，此值更小）。在较低频率范围内，这个最佳内阻为 500 ～ 2000 Ω，此时最佳内阻和共发射极放大器的输入电阻相近。因此，可以用共发射极放大器获得最小噪声系数的同时，亦能获得最大功率增益。在较高频工作时，最佳内阻和共基极放大器的输入电阻相近，因此，可用共基极放大器使最佳内阻值与输入电阻相等，这样就同时获得了最小噪声系数和最大功率增益。

4. 选择合适的工作带宽

根据上面的讨论，噪声电压都与通带宽度有关。接收机或放大器的带宽增大时，接收机或放大器的各种内部噪声也会增大。因此，必须严格选择接收机或放大器的带宽，使之既不过窄，以满足信号通过时对失真的要求，又不至于过宽，以免信噪比下降。

5. 选用合适的放大电路

以前介绍的共射－共基级联放大器、共源－共栅级联放大器都是优良的高稳定和低噪声电路。

热噪声是内部噪声的主要来源之一，所以降低放大器特别是接收机前端主要器件的工作温度，对减小噪声系数是有意义的。对灵敏度要求特别高的设备来说，降低噪声温度是一个重要措施。例如，卫星地面站接收机中常用的高频放大器就采用“冷参放”（制冷至 20 ～ 80 K 的参量放大器）。其他器件组成的放大器制冷后，噪声系数也会明显降低。

习题 2

1. 试定性分析图 P2.1 所示的电路在什么情况下呈串联谐振或并联谐振状态。

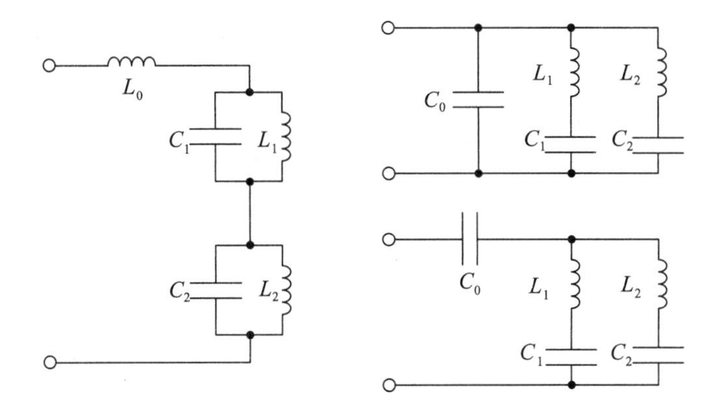

图 P2.1

2. 有一并联回路在某频段内工作，频段最低频率为 535 kHz，最高频率为 1605 kHz。现有两个可变电容器：一个电容器的最小电容量为 12 pF，最大电容量为 100 pF；另一个电容器的最小电容量为 15 pF，最大电容量为 450 pF。试问：

（1）应采用哪一个可变电容器？为什么？

（2）回路电感应等于多少？

（3）绘出实际的并联回路图。

3. 提高高频放大器的效率与功率应从哪几方面入手？

4. 晶体管放大器工作于临界状态，$R_p = 200\,\Omega$，$I_{co} = 90\text{ mA}$，$E_C = 30\text{ V}$，$\theta_C = 90^\circ$。试求 P_o 与 η。

5. 已知谐振功率放大电路的导通角 θ_C 分别为 180°、90° 和 60° 时，都工作在临界状态，且三种情况下的 E_C、$I_{C\max}$ 也都相同。试计算三种情况下效率 η 的比值和输出功率 P_o 的比值。

6. 某一晶体管谐振功率放大器，已知 $E_C = 24\text{ V}$，$I_{co} = 250\text{ mA}$，$P_o = 5\text{ W}$，电压利用系数 $\xi = 1$。试求 P_D、η、R_p、I_{cm1} 和电流导通角 θ_C。

7. 如图 P2.2 所示。已知 $L = 0.8\,\mu\text{H}$，$Q_0 = 100$，$C_1 = C_2 = 20\text{ pF}$，$C_i = 5\text{ pF}$，$R_i = 10\text{ k}\Omega$，$C_0 = 20\text{ pF}$，$R_0 = 5\text{ k}\Omega$。试计算回路谐振频率、谐振阻抗（不计 R_0 与 R_i 时）、有载 Q_L 值和通频带。

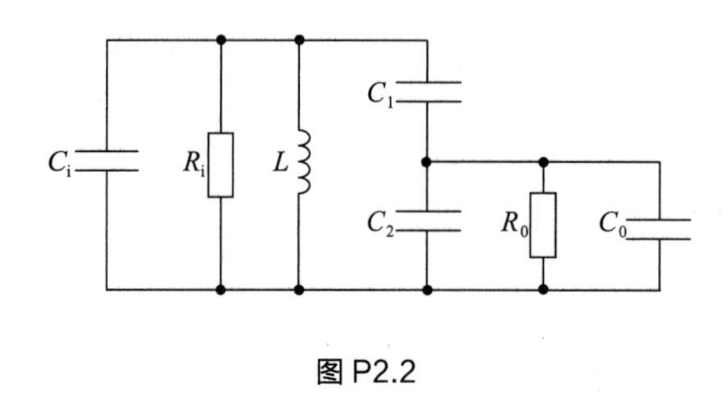

图 P2.2

8. 有一耦合回路，如图 P2.3 所示。已知 $f_{01}=f_{02}=1\,\mathrm{MHz}$，$\rho=\omega_0 L=\dfrac{1}{\omega_0 C}$（$\rho_1=\rho_2=1\,\mathrm{k\Omega}$ 称为回路的特性阻抗），$R_1=R_2=20\,\Omega$，$\eta=1$。试求：

（1）回路参数 L_1、L_2、C_1、C_2 和 M；

（2）图中 a、b 两端的等效谐振阻抗 Z_p；

（3）初级回路的等效品质因数 Q_1；

（4）回路的通频带 BW。

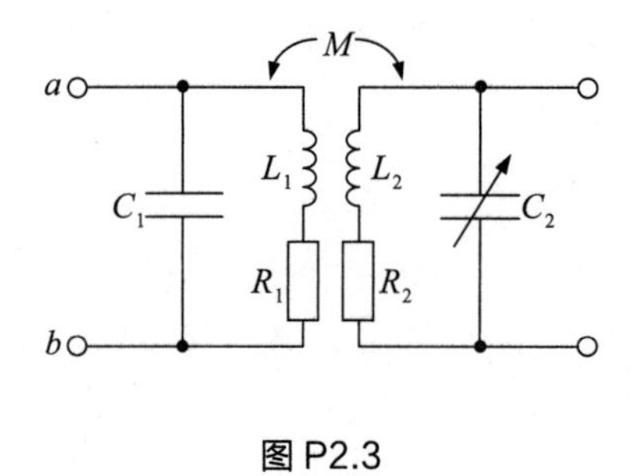

图 P2.3

9. 试证明，在并联（或串联）谐振电路中，电容 C 所储存能量最大值与电感 L 所储存能量最大值相等。

10. 高频功率放大器中提高集电极效率的主要意义是什么？

第3章　非线性电路

3.1　非线性元件的特性

非线性元件是频率变换电路的基本单元。高频电路中常用的非线性元件包括晶体二极管、晶体三极管（双极型 BJT 或单极型 FET）、变容二极管等。这些器件在适当的静态工作点条件和小信号激励下可以表现出一定的线性特性，可用于构成高频小信号谐振放大器等线性电子电路。通常来说，当静态工作点和外加激励信号的幅值发生变化时，非线性器件的参数也会随之变化，从而使输入激励信号的输出信号中出现不同的频率分量，完成频率变换的功能。从信号波形上看，非线性器件表现为输出信号的波形失真（不同于线性失真引起的波形失真）。此外，与线性组件不同，非线性组件的参数是工作电压和电流的函数。

本节简要介绍非线性元件和非线性电子电路的基本特性和分析方法。非线性元件的基本特性如下：①工作特性是非线性的，即伏安特性曲线不是一条直线；②具有频率变换功能，产生新的频率分量；③非线性电路不满足叠加原理。

3.1.1　非线性元件的工作特性

通常在电子线路中大量使用的电阻元件属于线性元件，通过元件的电流 i 与元件两端的电压成正比，即

$$R=\frac{v}{i} \tag{3-1}$$

这是众所周知的欧姆定律。比例常数 R 就是电阻值，它取决于元件的材料和几何尺寸，而与 v 或 i 无关。

根据式（3-1）画出的曲线称为该电阻元件的工作特性或伏安特性曲线。它是通过坐标原点的一条直线，如图 3-1 所示。

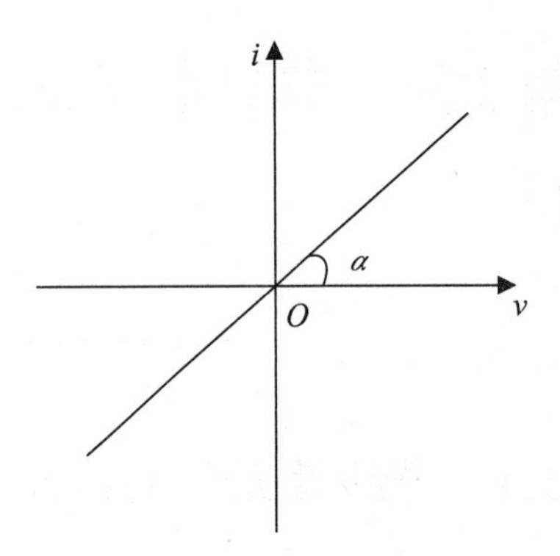

图 3-1　电阻元件的伏安特性

该直线的斜率的倒数就等于电阻值 R，即

$$R=\frac{1}{\tan\alpha} \tag{3-2}$$

式中：α 是该直线与横坐标轴 v 之间的夹角。

与线性电阻不同，非线性电阻的伏安特性曲线不是一条直线。例如，半导体二极管是非线性电阻元件，其两端的电压 v 与流过它的电流 i 不成比例（不满足欧姆定律）。其伏安特性曲线如图 3-2 所示，其正向工作特性按指数规律变化，反向运行特性非常接近横轴。

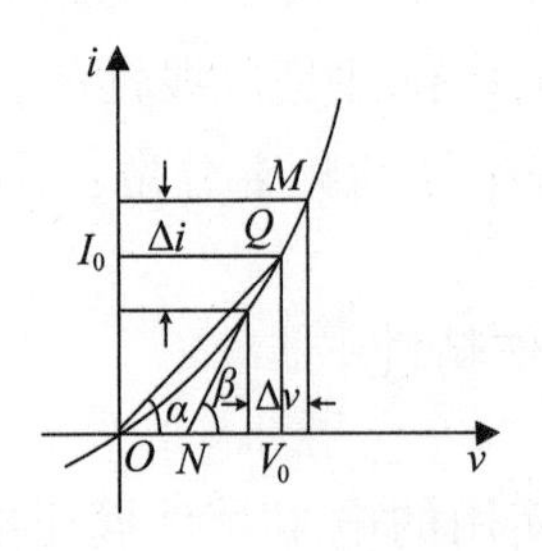

图 3-2　二极管的伏安特性

如果在二极管上加一个直流电压 V_0，根据图 3–2 所示的伏安特性曲线可以得到直流电流 I_0，二者之比称为直流电阻，用 R 表示，即

$$R=\frac{V_0}{I_0}=\frac{1}{\tan\alpha} \tag{3–3}$$

在图 3–2 上，R 的大小等于割线 OQ 的斜率之倒数，即 $\frac{1}{\tan\alpha}$。这里 α 是割线 OQ 与横轴之间的夹角。显然，R 值与外加直流电压 V_0 的大小有关。

如果在直流电压 V_0 之上再叠加一个微小的交变电压，其峰 – 峰振幅为 Δv，则它在直流电流 I_0 之上引起一个交变电流，其峰 – 峰振幅为 Δi。当 Δv 取得足够小时，我们把下列极限称为动态电阻，以 r 表示，即

$$r=\lim_{\Delta v\to 0}\frac{\Delta v}{\Delta i}=\frac{\mathrm{d}v}{\mathrm{d}i}=\frac{1}{\tan\beta} \tag{3–4}$$

在图 3-2 上某点的动态电阻 r 等于特性曲线在该点切线斜率之倒数，即 $\frac{1}{\tan\beta}$。这里 β 是切线 MN 与横轴之间的夹角。显然，r 也与外加直流电压 V_0 的大小有关。

由外加直流电压 V_0 确定的 Q 点称为静态工作点。因此，无论是静态电阻，还是动态电阻，都与所选的工作点有关。也就是说，在伏安特性曲线上的每一点，静态电阻与动态电阻的大小不同；在伏安特性曲线上的不同点，静态电阻与动态电阻的大小也不同。

图 3–3 所示的为隧道二极管的伏安特性曲线。隧道二极管是非线性电阻的另一个实际例子。由图可见，在伏安特性曲线的 AB 部分，随着电压 v 的增加，电流 i 反而减小。根据式（3–4），当 $\Delta v>0$，$\Delta i<0$ 时，即动态电阻为负值，称为负电阻。负电阻的概念十分重要。

从以上两个非线性电阻的例子可以看出，非线性电阻有静态和动态两个电阻值，它们都与工作点有关。动态电阻可能是正的，也可能是负的。在无线电技术中，实际用到的非线性电阻元件除上面所举的半导体二极管外，还有许多其他器件，如晶体管、场效应管等。在一定的工作范围内，它们均属于非线性电阻元件。

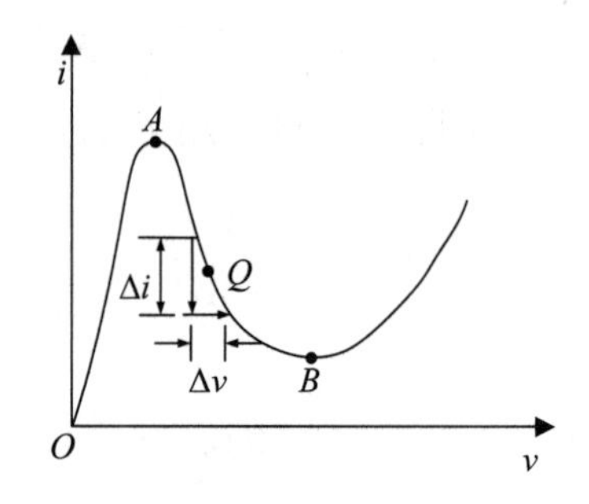

图 3–3　隧道二极管的伏安特性曲线

此外，还有非线性电抗元件，如磁心电感线圈和介质是钛酸钡材料的电容器。前者的动态电感与通过电感线圈电流 i 的大小有关，而后者的动态电容与电容器上所加电压 v 的大小有关。

3.1.2　非线性元件的频率变换作用

叠加原理是分析线性电路的重要基础，线性电路中的许多行之有效的分析方法，如傅里叶分析法等都是以叠加原理为基础的。但是，对于非线性电路来说，叠加原理就不再适用了。

如果在一个线性电阻元件上加某一频率的正弦电压，那么在电阻中就会产生同一频率的正弦电流。反之，给线性电阻通入某一频率的正弦电流，则在电阻两端就会得到同一频率的正弦电压。既可用式（3–3）的欧姆定律计算解析法，也可以用图 3–4 所示的图解法表示。此时，线性电阻上的电压和电流具有相同的波形与频率。

对于非线性电阻来说，情况就大不相同了。例如，图 3–5（a）所示的为半导体二极管的伏安特性曲线。

当某一频率的正弦电压 $v = V_{\mathrm{m}}\sin(\omega t)$ 作用于该二极管时，根据图 3–5（b）所示 $v(t)$ 的波形和二极管的伏安特性曲线，即可用作图的方法求出通过二极管的电流 $i(t)$ 的波形，如图 3–5（c）所示。显然，它已不是正弦波形（但它仍然是一个周期性函数）。所以非线性元件上的电压和电流的波形是不相同的。

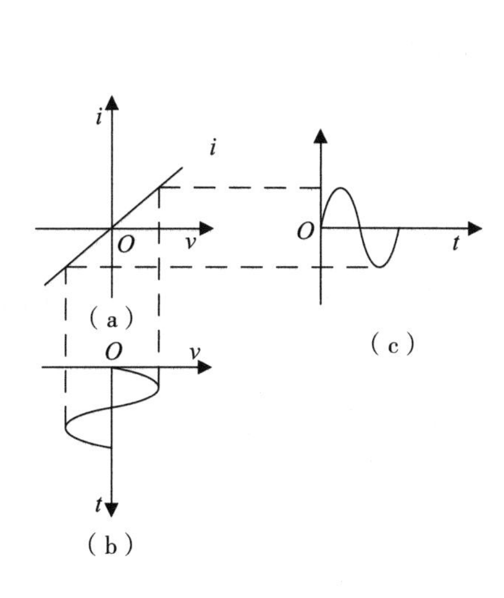

图 3-4　线性电阻上的电压和电流

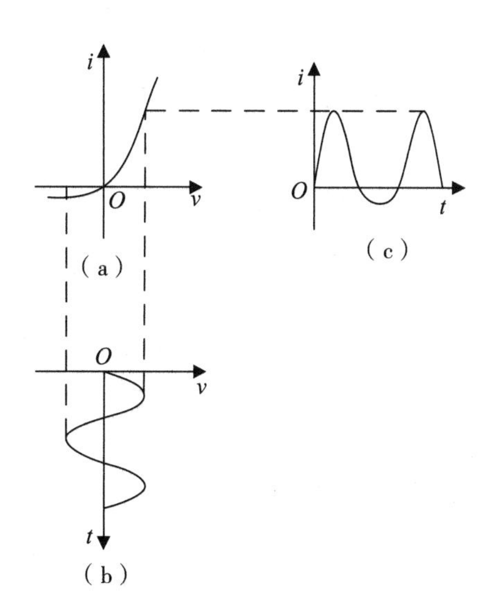

图 3-5 半导体二极管产生非正弦周期电流

如果将电流 $i(t)$ 用傅里叶级数展开，它的频谱中除包含电压 $v(t)$ 的频率成分（基波）外，还会有各次谐波及直流成分。也就是说，二极管会产生新的频率分量，具有频率变换的能力。一般来说，非线性元件的输出信号比输入信号具有更丰富的频率成分。许多重要的通信技术正是利用非线性元件的这种频率变换作用才得以实现的。

3.2　非线性电路的工程分析方法

分析非线性电路时，首先需要写出非线性元件特性曲线的数学表示式。常用的各种非线性元件，有的已经找到了比较准确的数学表示式，有的则还没有，只能选择某些函数来近似地表示。在工程上所选择的近似函数既要尽量准确，又应当尽量简单，避免复杂烦冗的严格解析；要根据电路的实际工作条件，对描述非线性元件的数学表示式给予合理的近似，以简化计算，获得有实际意义的分析结果。

高频电路中常用的非线性电路分析方法有图解法、幂级数分析法、开关函数分析法、线性时变电路分析法等。

晶体管是高频电路中最重要的非线性元件，表征其非线性特性应以 PN 结的特性为基础，以下的各种分析方法都是其具体应用。

3.2.1 幂级数分析法

常用的非线性元件的特性曲线均可用幂级数表示。当作用于二极管 PN 结的电压、电流值较小时，用指数函数表示其伏安特性比较准确，如图 3-6 所示。

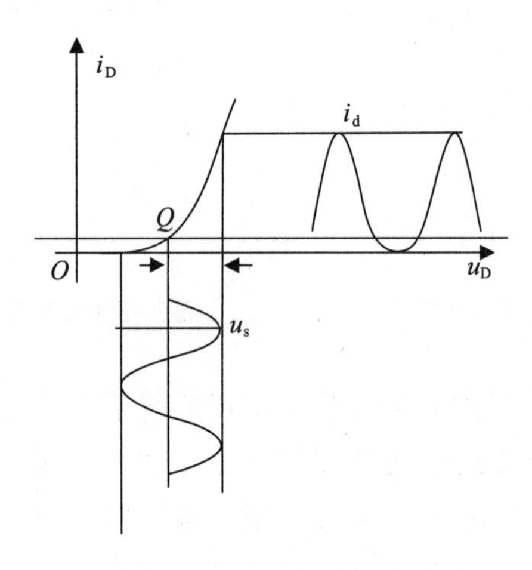

图 3-6 二极管的非线性电流

流过二极管的电流 $i_d(t)$ 可写为

$$i_d(t)=I_s(e^{\frac{U_d}{U_T}}-1) \tag{3-5}$$

如果加在二极管上的激励信号电压

$$U_d=U_Q+U_{sm}\cos(\omega_s t) \tag{3-6}$$

且 U_{sm} 较小，$U_Q \gg U_T$，则流过二极管的电流为

$$i_d(t)\approx I_s e^{\frac{U_d}{U_T}}=I_s e^{\frac{1}{U_T}[U_Q+U_{sm}\cos(\omega_s t)]} \tag{3-7}$$

式中：$U_T=\dfrac{kT}{q}$。令 $X=\dfrac{1}{U_T}[U_Q+U_{sm}\cos(\omega_s t)]$，则 $i_d(t)\approx I_s e^X$。利用

$$e^X=1+X+\frac{1}{2!}X^2+\cdots+\frac{1}{n!}X^n+\cdots \tag{3-8}$$

可以将 $i_{\mathrm{d}}(t)$ 写为

$$i_{\mathrm{d}}(t) \approx I_{\mathrm{s}} + \frac{I_{\mathrm{s}}}{U_{\mathrm{T}}}\left[U_Q + U_{\mathrm{sm}}\cos(\omega_{\mathrm{s}}t)\right] + \frac{1}{2}\frac{I_{\mathrm{s}}}{U_{\mathrm{T}}}\left[U_Q + U_{\mathrm{sm}}\cos(\omega_{\mathrm{s}}t)\right]^2 + \cdots + \frac{1}{n!}\frac{I_{\mathrm{s}}}{U_{\mathrm{T}}}\left[U_Q + U_{\mathrm{sm}}\cos(\omega_{\mathrm{s}}t)\right]^n + \cdots \tag{3-9}$$

根据二项式定理 $(u_1+u_2)^n = \sum\limits_{m=0}^{n} \mathrm{C}_n^m u_1^{n-m} u_2^m$ ，将式（3–9）进一步展开。其中，$\mathrm{C}_n^m = \dfrac{n!}{m!(n-m)!}$ ，然后根据三角函数

$$\cos^n(\omega_{\mathrm{s}}t) = \begin{cases} \dfrac{1}{2^n}\left[\mathrm{C}_n^{n/2} + \sum\limits_{k=0}^{\frac{n}{2}-1} \mathrm{C}_n^k \cos(n-2k)\omega_{\mathrm{s}}t\right], & n\text{为偶数} \\ \dfrac{1}{2^n}\left[\sum\limits_{k=0}^{(n-1)/2} \mathrm{C}_n^k \cos(n-2k)\omega_{\mathrm{s}}t\right], & n\text{为奇数} \end{cases} \tag{3-10}$$

可以将 $i_{\mathrm{d}}(t)$ 表示为

$$i_{\mathrm{d}}(t) = \sum_{n=0}^{+\infty} \alpha_n \cos(n\omega_{\mathrm{s}}t) \tag{3-11}$$

可见，$i_{\mathrm{d}}(t)$ 中不但含有直流和 ω_{s} 的频率分量，还含有 ω_{s} 的二次及高次谐波分量，有新的频率分量产生，表现出频率变换的作用。以上分析进一步表明：单一频率的信号电压作用于非线性元件时，在电流中不仅含有输入信号的频率分量 ω_{s} ，还含有各次谐波频率分量 $n\omega_{\mathrm{s}}$ 。当两个信号电压 $u_{\mathrm{d1}} = U_{\mathrm{d}m1}\cos(\omega_1 t)$ 和 $u_{\mathrm{d2}} = U_{\mathrm{d}m2}\cos(\omega_2 t)$ 同时作用于非线性元件时，根据以上的分析可得简化后的 $i_{\mathrm{d}}(t)$ 表达式为

$$i_{\mathrm{d}}(t) = \sum_{n=0}^{\infty}\sum_{m=0}^{n} \alpha_{nm} \cos^{n-m}(\omega_1 t)\cos^m(\omega_2 t) \tag{3-12}$$

利用积化和差公式

$$\cos(\omega_1 t)\cos(\omega_2 t) = \frac{1}{2}\cos(\omega_1+\omega_2)t + \frac{1}{2}\cos(\omega_1-\omega_2)t \tag{3-13}$$

可以推出 $i_d(t)$ 中所含有的频率成分为 $p\omega_1$， $q\omega_2$， $|p\omega_1 \pm q\omega_2|$。其中，$p$，$q$=1，2，3，…。

最后需要指出，实际工作中非线性元件总要与一定性能的线性网络相互配合使用。非线性元件的主要作用在于进行频率变换，线性网络的主要作用在于选频，或者说是滤波。因此，为了完成一定的功能，常常用具有选频作用的某种线性网络作为非线性元件的负载，以便从非线性元件的输出电流中取出所需要的频率成分，同时滤掉不需要的各种干扰频率成分。

3.2.2 折线分析法

当输入信号足够大时，若用幂级数分析，就必须选取比较多的项，这将使分析计算变得很复杂。在这种情况下，折线分析法是一种比较好的分析方法。信号较大时，所有实际的非线性元件几乎都会进入饱和或截止状态。此时，元件的非线性特性的突出表现是截止、导通、饱和等几种不同状态之间的转换。在大信号条件下，忽略 $i_c - v_g$ 非线性特性尾部的弯曲，用由 AB、BC 两个直线段所组成的折线来近似代替实际的特性曲线，而不会造成多大的误差，如图 3-7 所示。由于折线的数学表示式比较简单，所以折线近似后使分析大大简化。当然，如果作用于非线性元件的信号很小，而且运用范围又正处在我们忽略了的特性曲线的弯曲部分，这时若采用折线法进行分析，就必然产生很大的误差。所以折线法只适用于大信号情况，如功率放大器和大信号检波器的分析。

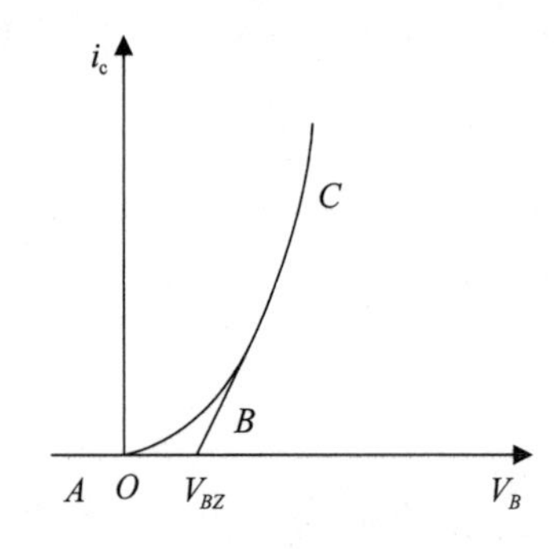

图 3-7　晶体管伏安特性折线近似

当晶体管的转移特性曲线运用范围很大时，如运用于图 3-7 中的 AOC 整个范围时，可以用 AB 和 BC 两条直线段所构成的折线来近似。折线的数学表示式为

$$\begin{cases} i_c = 0, & V_B \leqslant V_{BZ} \\ i_c = g_c(V_B - V_{BZ}), & V_B > V_{BZ} \end{cases} \tag{3-14}$$

式中：V_{BZ} 是晶体管特性曲线折线化后的截止电压；g_c 是跨导，即直线 BC 的斜率。

应该指出，图 3-7 与式（3-14）都是在 $v_{CE} > v_{CE(sat)}$ 的条件下成立的。

3.3　模拟乘法器的基本单元电路

在通信系统中最常用也是最基本的频率变换电路为具有频谱搬移功能的电路，即从频域上看，具有把输入信号的频谱通过一定的方式（线性或非线性）搬移到所需的频率范围上的功能。显然非线性电路具有频率变换的功能，当两个信号作用于非线性器件时，由于器件的非线性特性，其输出端不仅包含输入信号的频率分量，还有输入信号频率的各次谐波分量，以及输入信号的组合频率分量。在这些频率分量中，通常只有组合频率分量如 $\omega_o + \omega_s$ 项是完成频谱搬移功能所需要的，其他绝大多数频率分量是不需要的。因此，利用非线性器件实现频谱搬移的电路必须具有选频功能，以滤除不必要的频率分量，减小输出信号的失真。可以说，大多数频谱搬移电路所需的是非线性函数展开式中的平方项，即两个输入信号的乘积项。或者说，频谱搬移电路的主要运算功能是实现两个输入信号的相乘运算。因此，在实际中减少无用的组合频率分量的数目和强度，实现接近理想的乘法运算，就成为人们追求的目标。

下面首先介绍模拟乘法器的特性及基本工作原理，在此基础上介绍几种典型的单片模拟集成乘法器及其外围元件的设计、计算和调整，并简要介绍模拟集成乘法器在运算方面的应用。

3.3.1　模拟乘法器的基本概念

模拟乘法（相乘）器能实现两个互不相关模拟信号间的相乘运算功能。它不仅应用于模拟运算方面，而且广泛地应用于无线电广播、电视、通信、测量仪表、医疗仪器及控制系统，进行模拟信号的变换及处理。目前，模拟乘法器已成为一种普遍应用的非线性模拟集成电路。

3.3.2 模拟乘法器的基本单元电路

在通信系统及高频电子电路中实现模拟乘法的方法很多，常用的有环形二极管相乘法和变跨导相乘法等。其中，变跨导相乘法采用差分电路为基本电路，其工作频带宽、温度稳定性好、运算精度高、速度快、成本低、便于集成，得到了广泛应用。目前单片模拟集成乘法器大多采用变跨导乘法器。

1. 二象限变跨导模拟乘法器

图 3-8 所示的为二象限变跨导模拟乘法器，从电路结构上看，它是一个恒流源差分放大电路，不同之处在于恒流源管 VT_3 的基极输入了信号 $u_y(t)$，即恒流源电流 I 受 $u_y(t)$ 控制。由图 3-8 可知

$$u_x = u_{\text{be1}} - u_{\text{be2}} \tag{3-15}$$

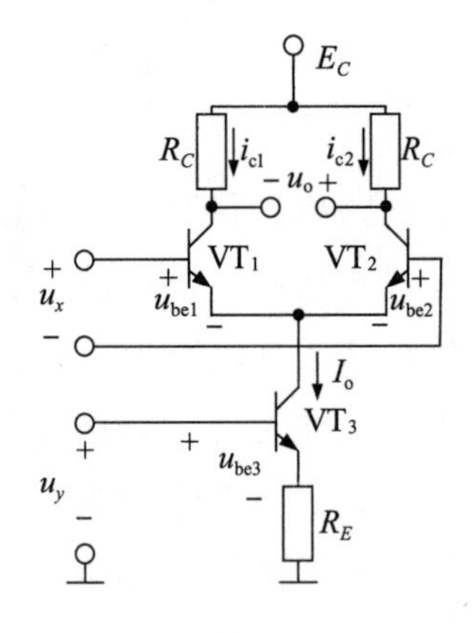

图 3-8 二象限变跨导模拟乘法器

根据晶体三极管特性，工作在放大区的晶体管 VT_1、VT_2 集电极电流分别为

$$i_{c1} \approx i_{e1} = I_s e^{u_{\text{be1}}/U_T}\text{，}\ i_{c2} \approx i_{e2} = I_s e^{u_{\text{be2}}/U_T} \tag{3-16}$$

式中：$U_T = KT/q$ 为 PN 结内建电压；I_s 为饱和电流。VT_3 的集电极电流可表示为

$$I_{\mathrm{o}}=i_{\mathrm{e1}}+i_{\mathrm{e2}}=i_{\mathrm{e1}}\left(1+\frac{i_{\mathrm{e2}}}{i_{\mathrm{e1}}}\right)=i_{\mathrm{e1}}(1+\mathrm{e}^{-u_x/U_{\mathrm{T}}}) \quad (3\text{-}17)$$

由式（3-17）可得

$$i_{\mathrm{e1}}=\frac{I_{\mathrm{o}}}{1+\mathrm{e}^{-\frac{u_x}{U_T}}}=\frac{I_{\mathrm{o}}}{2}\left[1+\tanh\left(\frac{u_x}{2U_{\mathrm{T}}}\right)\right] \quad (3\text{-}18)$$

同理可得

$$i_{\mathrm{e2}}=\frac{I_{\mathrm{o}}}{1+\mathrm{e}^{\frac{u_x}{U_{\mathrm{T}}}}}=\frac{I_{\mathrm{o}}}{2}\left[1-\tanh\left(\frac{u_x}{2U_{\mathrm{T}}}\right)\right] \quad (3\text{-}19)$$

式中：$\tanh\left(\frac{u_x}{2U_{\mathrm{T}}}\right)$为双曲正切函数。

根据式（3-18）和式（3-19）可得差分电路的转移特性曲线，如图 3-9 所示。

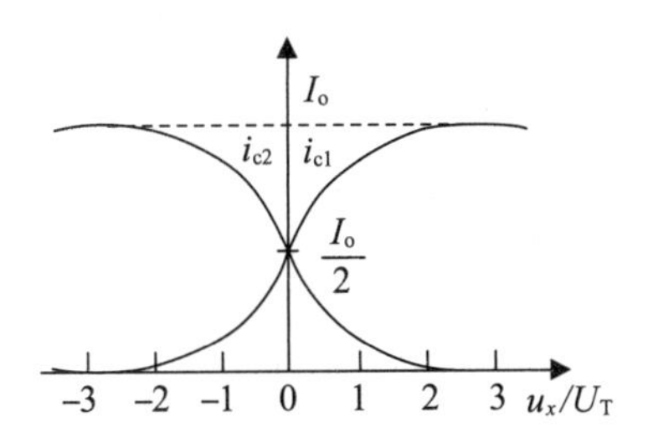

图 3-9　差分电路的转移特性曲线

差分输出电流为

$$i_{\mathrm{od}}=i_{\mathrm{c1}}-i_{\mathrm{c2}}=I_{\mathrm{o}}\tanh\left(\frac{u_x}{2U_{\mathrm{T}}}\right) \quad (3\text{-}20)$$

由图 3-9 可以看出，当 $u_x \ll 2U_{\mathrm{T}}$ 时，$\tanh\left(\frac{u_x}{2U_{\mathrm{T}}}\right)\approx\frac{u_x}{2U_{\mathrm{T}}}$，即 $\left|\frac{u_x}{U_{\mathrm{T}}}\right|\ll 1$ 时差分放大器工作在线性放大区域内，i_{e1}、i_{e2} 与 $\frac{u_x}{U_{\mathrm{T}}}$ 近似成一次函数线性关系。

式（3-20）可近似为

$$i_{\mathrm{od}} \approx I_{\mathrm{o}} \frac{u_x}{2U_{\mathrm{T}}} \tag{3-21}$$

由模拟电子电路的相关知识可知，差分放大电路的跨导为

$$g_{\mathrm{m}} = \frac{\partial i_{\mathrm{od}}}{\partial u_x} = \frac{I_{\mathrm{o}}}{2U_{\mathrm{T}}} \tag{3-22}$$

另外，由图 3-8 所示的电路可以看出，恒流源电流为

$$I_{\mathrm{o}} = \frac{u_y - u_{\mathrm{be3}}}{R_{\mathrm{E}}}\left(u_y > u_{\mathrm{be3}} > 0\right) \tag{3-23}$$

由式（3-22）和式（3-23）可以看出，当 u_y 的大小变化时，I_{o} 的值随之变化，从而使 g_{m} 随之变化。此时，输出电压为

$$u_{\mathrm{o}} = i_{\mathrm{od}} R_C = g_{\mathrm{m}} R_C u_x = \frac{R_C}{2U_{\mathrm{T}} R_{\mathrm{E}}} u_x u_y - \frac{R_C}{2U_{\mathrm{T}} R_{\mathrm{E}}} u_{\mathrm{be3}} u_x \tag{3-24}$$

由式（3-24）可知，由于 u_y 控制了差分电路的跨导 g_{m}，使输出 u_{o} 中含有 $u_x u_y$ 相乘项，故称为变跨导乘法器。但变跨导乘法器输出电压 u_{o} 中存在非相乘项，而且要求 $u_y \geqslant u_{\mathrm{be3}}$，只能实现二象限相乘。此外，恒流源管 $\mathrm{VT_3}$ 的温漂并没有进行补偿，因而在集成模拟乘法器中应用较少。

2. Gilbert 乘法器单元电路

图 3-10 所示的为 Gilbert 乘法器单元电路，又称双平衡模拟乘法器，是一种四象限模拟乘法器，也是大多数集成乘法器的核心基础电路。电路中，六只双极型三极管分别组成三个差分电路：$\mathrm{VT_1} \sim \mathrm{VT_4}$ 为双平衡的差分对，$\mathrm{VT_5}$、$\mathrm{VT_6}$ 差分对分别作为 $\mathrm{VT_1}$、$\mathrm{VT_2}$ 和 $\mathrm{VT_3}$、$\mathrm{VT_4}$ 两差分对的射极恒流源。

根据式（3-18）、式（3-19）、式（3-20）及差分电路的转移特性曲线可得各差分电路的差动输出电流为

$$\begin{cases} i_1 - i_2 = i_5 \tanh\left(\dfrac{u_x}{2U_{\mathrm{T}}}\right) \\ i_4 - i_3 = i_6 \tanh\left(\dfrac{u_x}{2U_{\mathrm{T}}}\right) \\ i_5 - i_6 = I_{\mathrm{o}} \tanh\left(\dfrac{u_x}{2U_{\mathrm{T}}}\right) \end{cases} \tag{3-25}$$

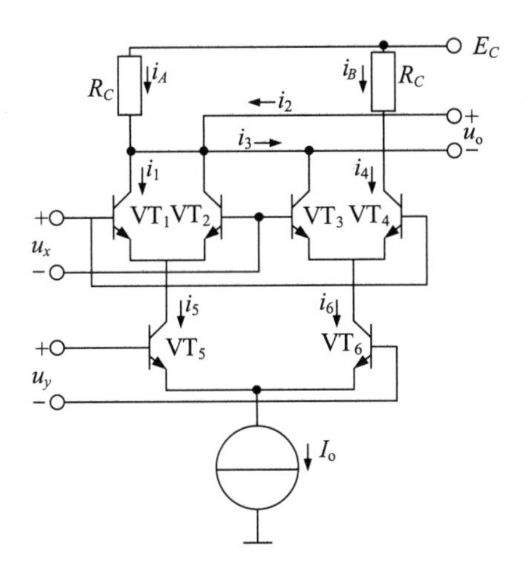

图 3-10　Gilbert 乘法器单元电路

由式（3-25）可求得输出电压

$$
\begin{aligned}
u_o &= (i_A - i_B)R_C = \left[(i_1 + i_3) - (i_2 + i_4)\right]R_C \\
&= (i_5 - i_6)R_C \tanh\left(\frac{u_x}{2U_T}\right) = I_o R_C \tanh\left(\frac{u_x}{2U_T}\right)\tanh\left(\frac{u_y}{2U_T}\right)
\end{aligned} \tag{3-26}
$$

由式（3-26）可知，当输入信号较小，并满足 $u_x < 2U_T$ =52 mV， $u_y <$ $2U_T$ =52 mV 时，则有

$$
\tanh\left(\frac{u_x}{2U_T}\right) \approx \frac{u_x}{2U_T}，\tanh\left(\frac{u_y}{2U_T}\right) \approx \frac{u_y}{2U_T} \tag{3-27}
$$

将式（3-27）代入式（3-26）可得

$$
u_o = \frac{I_o R_C}{4U_T^2} u_x u_y = K u_x u_y \tag{3-28}
$$

式中：相乘系数 $K = \dfrac{I_o R_C}{4U_T^2}$。

只有当输入信号较小时，Gilbert 乘法器单元电路才具有较理想的相乘作用，u_x、u_y 均可取正、负两种极性，故为四象限乘法器电路。但因其线性范围小，不能满足实际应用的需要。

3. 具有射极负反馈电阻的 Gilbert 乘法器

如图 3-11 所示，在 VT_5、VT_6 的发射极之间接一负反馈电阻 R_y 可扩展 u_y 的线性范围。在实际应用中，R_y 的取值应远大于晶体管 VT_5、VT_6 的发射结正向偏置电阻，即

$$R_y \gg r_{e5} = \frac{U_T}{I_o} = \frac{26\ \text{mV}}{I_o}, \quad R_y \gg r_{e6} = \frac{U_T}{I_o} = \frac{26\ \text{mV}}{I_o} \tag{3-29}$$

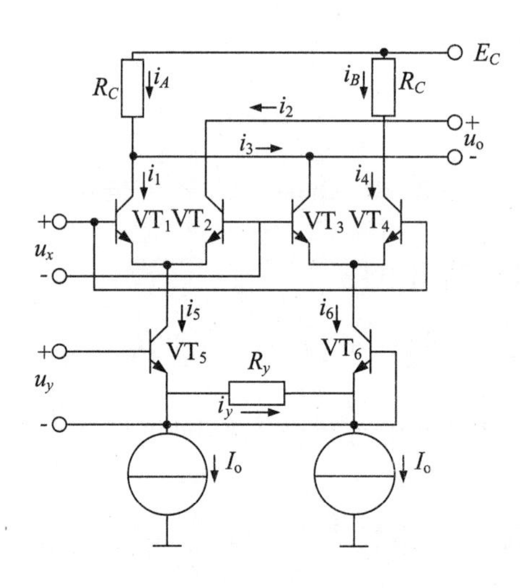

图 3-11　具有射极负反馈电阻的 Gilbert 乘法器

分析图 3-11 所示的电路可以看出，当电路处于静态（u_y =0）时，由于 VT_5 和 VT_6 基极电位相同，所以 $i_5 = i_6 = I_o$，$i_y = 0$。而当输入信号 u_y 后，流过 R_y 的电流为

$$i_y = \frac{u_y}{R_y + r_{e5} + r_{e6}} \approx \frac{u_y}{R_y} \tag{3-30}$$

关于 i_y 的交流等效电路如图 3-12 所示。

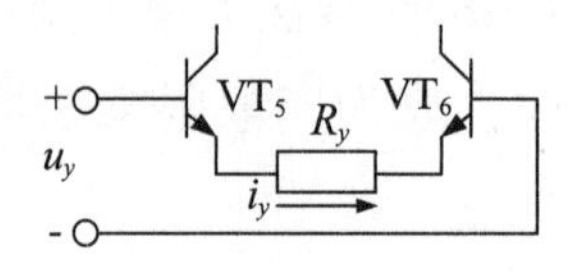

图 3-12　i_y 的交流等效电路

所以有

$$\begin{cases} i_5 = I_o + i_y \\ i_6 = I_o - i_y \\ i_5 - i_6 = 2i_y = \dfrac{2u_y}{R_y} \end{cases} \tag{3-31}$$

将式（3–31）代入式（3–26）可得

$$u_o = (i_5 - i_6)R_C \tanh\left(\frac{u_x}{2U_T}\right) = \frac{2R_C}{R_y}u_y \tanh\left(\frac{u_x}{2U_T}\right) \tag{3-32}$$

当 $u_x \ll 2U_T = 52\,\text{mV}$ 时，由式（3–32）得

$$u_o = \frac{R_C}{U_T R_y}u_y u_x = K u_y u_x \tag{3-33}$$

式中：相乘系数 $K=\dfrac{R_C}{R_y U_T}$。

由以上分析可知，具有射极负反馈电阻 R_y 的 Gilbert 乘法器，输入信号 u_y 的线性范围在一定程度上得到了扩展；温度对 VT_5、VT_6 差分电路的影响小；可通过调节 R_y 来控制相乘系数 K。但这种电路中，输入信号 u_x 的线性范围仍然很小（$u_x < 2U_T$），而且相乘系数 K 与温度有关（K 与 U_T 成反比），受温度的影响较大。

4. 线性化 Gilbert 乘法器电路

具有射极负反馈电阻的双平衡 Gilbert 乘法器，尽管扩大了输入信号 u_y 的线性动态范围，但输入信号 u_x 的线性动态范围仍较小，在此基础上需做进一步改进。图 3–13 所示的为改进后的线性双平衡 Gilbert 模拟乘法器的原理电路，其中，VT_7 ～ VT_{10} 构成一个反双曲正切函数电路。

图 3–13 所示电路中 VT_7、VT_8、R_x、I_o 构成线性电压 – 电流变换器，其作用和图 3–11 中的 VT_5、VT_6、R_y、I_o 相同。由式（3–30）和式（3–31）可得

$$i_{c7} = I_{ox} + i_x = I_{ox} + \frac{u_x}{R_x},\ i_{c8} = I_{ox} - i_x = I_{ox} - \frac{u_x}{R_x} \tag{3-34}$$

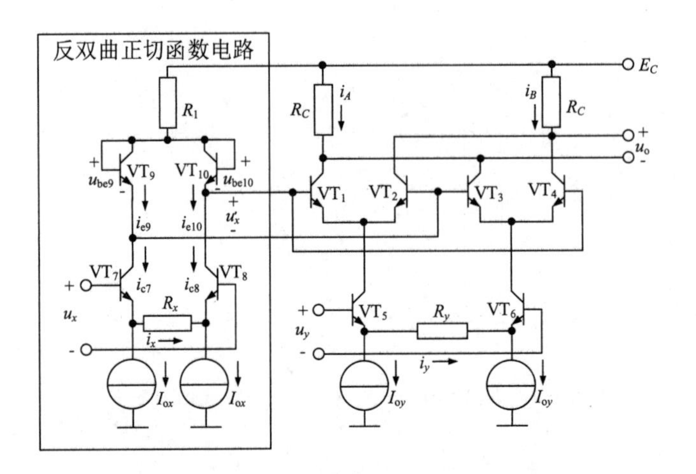

图 3-13　改进后的线性双平衡 Gilbert 模拟乘法器的原理电路

由于 u'_x 为 VT_9 和 VT_{10} 发射结上的电压差，即 $u'_x = u_{be9} - u_{be10}$，而

$$u_{be9} = U_T \ln\frac{i_{e9}}{I_s} \approx U_T \ln\frac{i_{c7}}{I_s}, u_{be10} = U_T \ln\frac{i_{e10}}{I_s} \approx U_T \ln\frac{i_{c8}}{I_s} \tag{3-35}$$

由式（3-34）和式（3-35）可得

$$u'_x = U_T\left(\ln\frac{i_{c7}}{I_s} - \ln\frac{i_{c8}}{I_s}\right) = U_T \ln\frac{i_{c7}}{i_{c8}} = U_T \ln\left(\frac{I_{ox} + \frac{u_x}{R_x}}{I_{ox} - \frac{u_x}{R_x}}\right) = U_T \ln\left(\frac{1 + \frac{u_x}{I_{ox}R_x}}{1 - \frac{u_x}{I_{ox}R_x}}\right) \tag{3-36}$$

利用数学关系 $\frac{1}{2}\ln\frac{1+x}{1-x} = \text{arctanh}x$，则式（3-36）可改写成

$$u'_x = 2U_T \text{arctanh}\frac{u_x}{I_{ox}R_x} \tag{3-37}$$

把式（3-37）的 u'_x 代换成式（3-32）中的 u_x 可得

$$u_o = \frac{2R_C}{R_y} u_y \tanh\frac{u'_x}{2U_T} = \frac{2R_C}{I_{ox}R_x R_y} u_x u_y = K u_x u_y \tag{3-38}$$

式中：相乘系数 $K = \dfrac{2R_C}{I_{ox}R_x R_y}$。

由上述分析可知：

（1）当反馈电阻 R_x 、$R_y > r_e$ 时，u_o 与 u_x 和 u_y 的乘积成正比，电路更接近理想相乘特性。

（2）相乘系数 K 可通过改变电路参数 R_x 、R_y 或 I_{ox} 确定，一般可通过调节 I_{ox} 来调整 K 的数值，而且 K 与温度无关，电路温度稳定性好。

（3）输入信号 u_x 的线性范围得到扩大，其极限值为 $U_{xm} < I_{ox}R_x$ ，否则反双曲正切函数无意义。

3.3.3　非线性器件的相乘作用

半导体二极管、三极管等都是非线性器件，其伏安特性都是非线性的，因而它们都有实现相乘的作用。下面以二极管为例讨论非线性器件的相乘作用。

1. 非线性器件特性幂级数分析法

二极管电路如图 3–14（a）所示，图中 U_Q 用来确定二极管的静态工作点，使之工作在伏安特性曲线的弯曲部分，如图 3–14(b）所示。u_1 、u_2 为交流信号。

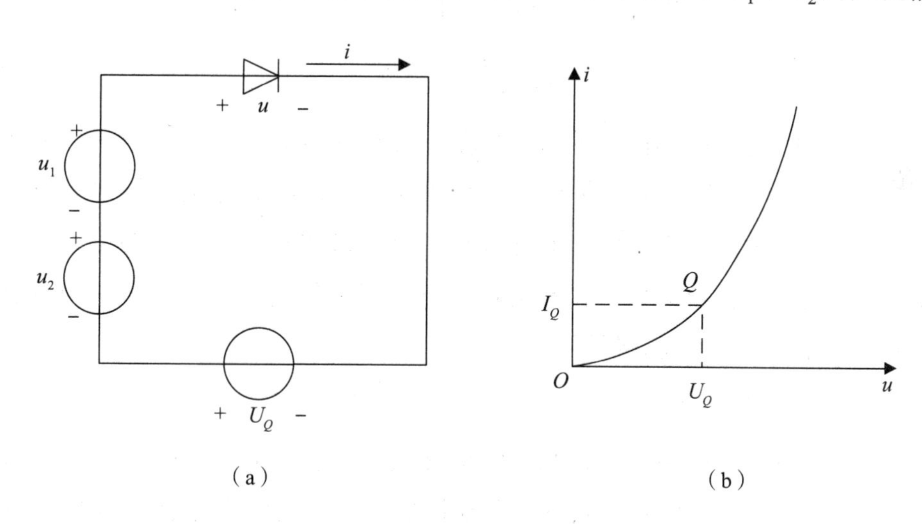

图 3–14　二极管电路及其伏安特性

由于二极管的伏安特性曲线是非线性的，其伏安特性曲线可表示为

$$i = f(u) = f(U_Q + u_1 + u_2) \tag{3-39}$$

若在静态工作点 U_Q 附近的各阶导数都存在，式（3–39）可在静态工作点附近用幂级数逼近，其泰勒级数展开式为

$$i = a_0 + a_1(u_1 + u_2) + a_2(u_1 + u_2)^2 + a_3(u_1 + u_2)^3 + \cdots + a_n(u_1 + u_2)^n \quad (3\text{–}40)$$

式中：$a_0 = I_Q$，当 $u = U_Q$ 时是电流值；$a_1 = \frac{\mathrm{d}i}{\mathrm{d}u}|_{u=U_Q} = g$，为静态工作点处的增量电导；$a_n = \frac{1}{n!}\frac{\mathrm{d}^n i}{\mathrm{d}u^n}|_{u=U_Q}$，$\frac{\mathrm{d}^n i}{\mathrm{d}u^n}|_{u=U_Q}$ 是 $u = U_Q$ 处 i 的 n 次导数值。

将式（3–40）右边各幂级数项展开得

$$i = a_0 + a_1(u_1 + u_2) + \left(a_2 u_1^2 + a_2 u_2^2 + 2a_2 u_1 u_2\right) + \left(a_3 u_1^3 + a_3 u_2^3 + 3a_3 u_1^2 u_2 + 3a_3 u_1 u_2^2\right) + \cdots \quad (3\text{–}41)$$

由式（3–41）可见，二极管电流中出现了两个电压的相乘项 $2a_2u_1u_2$，它是由特性的二次方项产生的；同时出现了众多无用的高阶相乘项。因此，一般来说非线性器件的相乘作用是不理想的。

令 $u_1 = U_{1\mathrm{m}}\cos(\omega_1 t)$，$u_2 = U_{2\mathrm{m}}\cos(\omega_2 t)$，代入式（3–40），并进行三角函数变换，不难得到 i 中所含组合频率分量的通式：

$$\omega_{p\times q} = |\pm p\omega_1 \pm q\omega_2| \quad (3\text{–}42)$$

式中：p 和 q 是包括零在内的正整数，其中 p=1、q=1 的组合频率分量 $\omega_{1\times1} = |\pm p\omega_1 \pm q\omega_2|$ 是有用相乘项产生的和频和差频，而其他组合频率分量都是无用相乘项所产生的。为了减少非线性器件产生的无用组合频率分量，可选择合适的静态工作点，使器件工作在特性接近于平方律的区段，也可选用具有平方律特性的器件，如场效应管等。

2. 线性时变工作状态

为有效减小高阶相乘项及其产生的组合频率分量幅度，可以减小 u_1 或 u_2 的幅度，使器件工作在线性时变状态。非线性器件时变工作状态如图 3–15 所示。

U_Q 为静态工作点电压，u_2 幅度很小，远小于 u_1。由图 3–15 可见，非线性器件的工作点按大信号 u_1 的变化规律随着时间变化，在伏安特性曲线上来回移动，称为时变工作点。在任一工作点（如图 3–15 中 Q、Q_2、Q_2 等点）上，由于叠加在其上的 u_2 很小，因此，在 u_2 的变化范围内，非线性器件特性可近似看成一段直线，不过对于不同的时变工作点，直线段的斜率（称为线性参量）是不同的。由于工作点是随 u 的变化而变化的，而 u 是时间的函数，所以非线性器件的线性参量也是时间的函数，这种随时间变化的参量称为时变参量，这种工作状态称为线性时变工作状态。

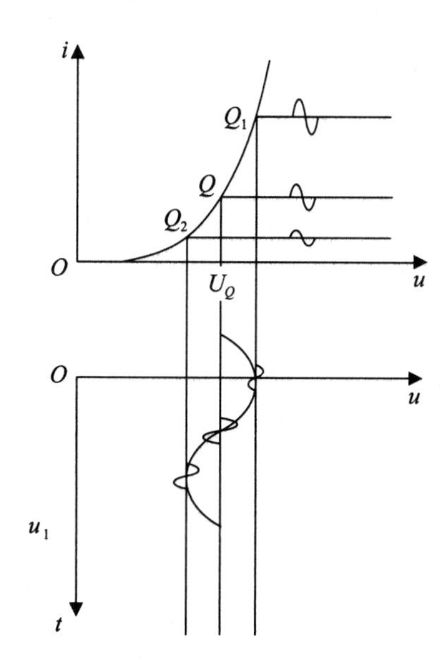

图 3-15　非线性器件时变工作状态

若 u_2 足够小，式（3-40）中含有 u_2 二次方及其以上各次方的各项可忽略，则得

$$i=\left(a_0+a_1u_1+a_2u_1^2+a_3u_1^3+\cdots\right)+\left(a_1+2a_2u_1+3a_3u_1^2+\cdots\right)u_2=I_0\left(u_1\right)+g\left(u_1\right)u_2 \tag{3-43}$$

式（3-43）说明，非线性器件的电流 i 与输入电压 u_2 的关系是线性的，类似于线性器件，但它们的系数 $I_0\left(u_1\right)$ 和 $g\left(u_1\right)$ 是时变的。

若 $u_1=U_{1\mathrm{m}}\cos\left(\omega_1 t\right)$，$I_0\left(u_1\right)$ 和 $g\left(u_1\right)$ 是角频率为 ω_1 的周期性函数，$I_0\left(u_1\right)$ 和 $g\left(u_1\right)$ 均可用傅里叶级数展开，则

$$I_0\left(u_1\right)=I_0+I_{1\mathrm{m}}\cos\left(\omega_1 t\right)+I_{2\mathrm{m}}\cos\left(2\omega_1 t\right)+\cdots \tag{3-44}$$

$$g\left(u_1\right)=g_0+g_1\cos\left(\omega_1 t\right)+g_2\cos\left(2\omega_1 t\right)+\cdots \tag{3-45}$$

式中：I_0、$I_{1\mathrm{m}}$、$I_{2\mathrm{m}}$ 分别为电流 $I_0\left(u_1\right)$ 的直流分量、基波、二次谐波等分量的振幅；g_0、g_1、g_2 分别为 $g\left(u_1\right)$ 的直流分量、基波和二次谐波等分量的幅度。

将 $u_2=U_{2m}\cos(\omega_1 t)$ 和式（3-44）、式（3-45）代入式（3-43），得

$$\begin{aligned} i &= I_0(u_1)+\left[g_0+g_1\cos(\omega_1 t)+g_2\cos(\omega_1 t)+\cdots\right]U_{2m}\cos(\omega_2 t) \\ &= I_0+I_{1m}\cos(\omega_1 t)+I_{2m}\cos(2\omega_1 t)+\cdots+ \\ & g_0 U_{2m}\cos(\omega_2 t)+\frac{1}{2}g_1 U_{2m}\left\{\cos[(\omega_1+\omega_2)t]+\cos[(\omega_1-\omega_2)t]\right\}+ \\ & \frac{1}{2}g_2 U_{2m}\left\{\cos[(\omega_1+\omega_2)t]+\cos[(\omega_1-\omega_2)t]\right\}+\cdots \end{aligned} \tag{3-46}$$

可见，输出电流中含有直流、ω_2、ω_1 及其各次谐波分量、ω_1 及其各次谐波与 ω_2 的组合频率分量，而消除了 ω_2 的各次谐波与 ω_1 及其各次谐波的组合频率分量，亦即式（3-42）中消除了 p 为任意值、$q>1$ 的众多无用组合频率分量。此外，作为频率搬移电路，可以看到式（3-45）中的无用频率分量与所需频率分量之间的频率间隔很大，很容易用滤波器将无用分量滤除并取出所需频率分量。非线性器件工作在线性时变工作状态下，可以显著减少非线性器件产生的组合频率分量，因此，大多数频谱搬移电路都工作在线性时变工作状态，从而有利于系统性能指标的提高。同时，线性时变分析法是在非线性器件特性级数分析法的基础上，在一定条件下的近似，所以采用线性时变分析法可以大大简化非线性电路的分析。

3. 开关工作状态

二极管电路如图 3-16 所示，图中，u_2 为小信号，u_1 足够大（$U_{1m}>0.5\text{ V}$），且 $U_{1m}\gg U_{2m}$，二极管工作在大信号状态，即在 u_1 的作用下工作在管子的导通区和截止区。

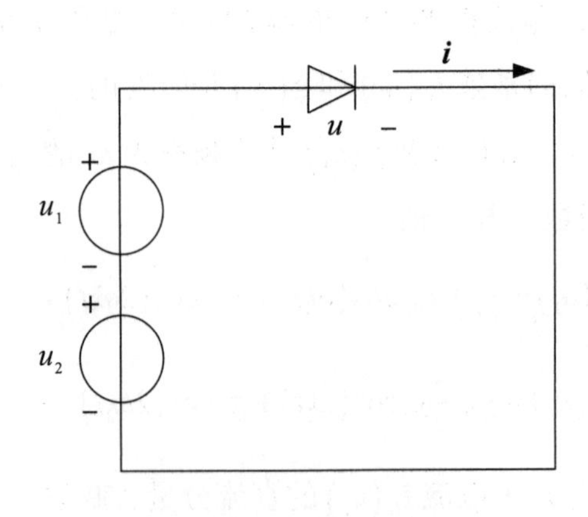

图 3-16　二极管电路开关工作状态

由于曲线的弯曲部分只占整个工作范围中很小的一部分，如图 3-17（a）所示，这样，二极管特性可以用两段折线来逼近它（图中的粗实线），图 3-17（c）中 $U_{D(on)}$ 为二极管的导通电压。又由于 u_1 电压振幅 U_{1m} 较大，其值远大于 $U_{D(on)}$，因此可忽略 $U_{D(on)}$ 的影响，则二极管的特性可以进一步用从坐标原点出发的两段折线逼近，如图 3-17（b）所示。二极管的导通与截止取决于 u_1 大于零或小于零，即 $u_1 \geqslant 0$ 时，二极管导通，导通时电导为 g_D； $u_1 <0$ 时，二极管截止，电流 $i=0$。

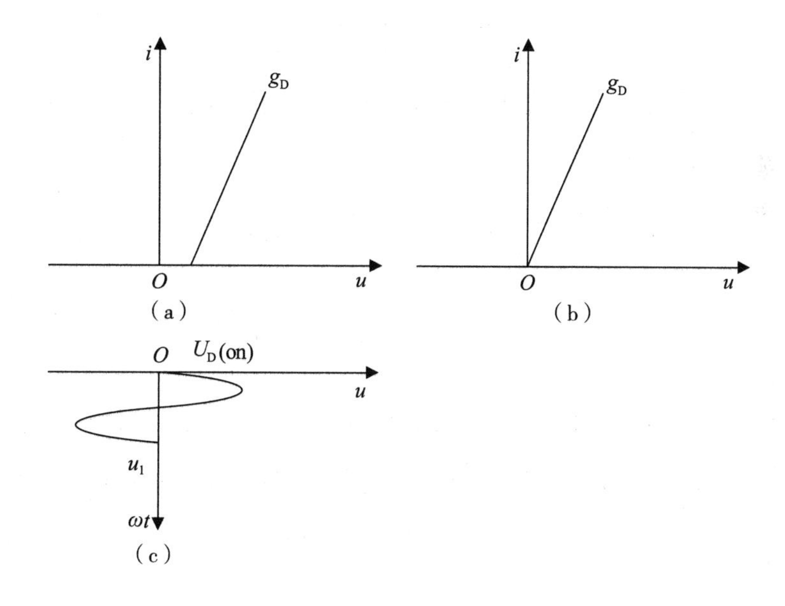

图 3-17　二极管伏安特性折线

由此可见，二极管相当于受 u_1 控制的开关，因而可将其视为受开关函数控制的时变电导 $g_D(t)$，其表示式为

$$g_D(t) = g_D K_1(\omega_1 t) \tag{3-47}$$

式中：$K_1(\omega_1 t)$ 为开关函数，它的波形如图 3-18 所示。当 u_1 在正半周时，开关导通，$K_1(\omega_1 t)=1$；当 u_1 在负半周时，开关断开，$K_1(\omega_1 t)=0$。若用数学式表示，则

$$K_1(\omega_1 t) = \begin{cases} 1, & \cos(\omega_1 t) \geqslant 0 \\ 0, & \cos(\omega_1 t) < 0 \end{cases} \tag{3-48}$$

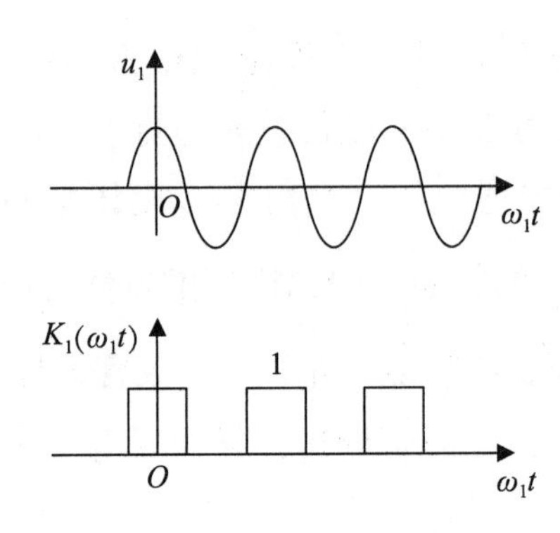

图 3-18 开关函数波形

因此，开关函数 $K_1(\omega_1 t)$ 是一个幅度为 1、频率为 ω_1 /（ 2π ）的矩形脉冲，将其用傅里叶级数展开，得

$$\begin{aligned} K_1(\omega_1 t) &= \frac{1}{2} + \frac{2}{\pi}\cos(\omega_1 t) - \frac{2}{3\pi}\cos(3\omega_1 t) + \cdots \\ &= \frac{1}{2} + \sum_{n=1}^{\infty}(-1)^{n-1}\frac{2}{(2n-1)\pi}\cos\left[(2n-1)\omega_1 t\right] \end{aligned} \tag{3-49}$$

在图 3-16 所示的电路中，将二极管用时变电导 $g_D(t)$ 代入，便可得到图 3-19 所示的开关等效电路。这样便可得到通过二极管电流 i 的表示式：

$$i = g_D(t)u = g_D(u_1 + u_2)K_1(\omega_1 t) \tag{3-50}$$

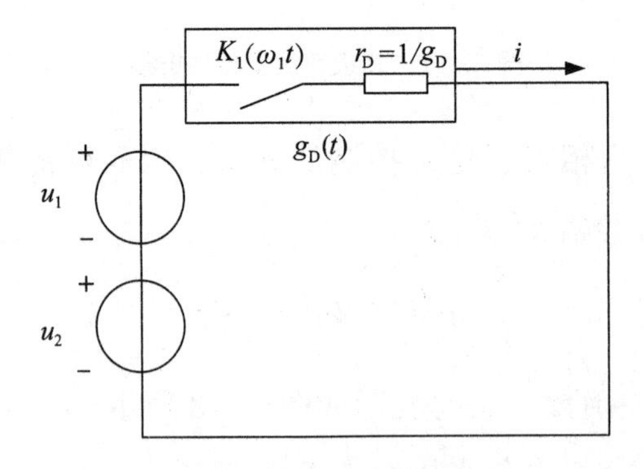

图 3-19 开关等效电路

将式（3-49）和 $u_1 = U_{1m}\cos(\omega_1 t)$， $u_2 = U_{2m}\cos(\omega_2 t)$ 代入式（2-50），得

$$
\begin{aligned}
i &= g_{\mathrm{D}}\left[\frac{1}{2}+\frac{2}{\pi}\cos(\omega_1 t)-\frac{2}{3\pi}\cos(3\omega_1 t)+\cdots\right]\left[U_{1\mathrm{m}}\cos(\omega_1 t)+U_{2\mathrm{m}}\cos(\omega_2 t)\right] \\
&= \frac{1}{2}g_{\mathrm{D}}\left[U_{1\mathrm{m}}\cos(\omega_1 t)+U_{2\mathrm{m}}\cos(\omega_2 t)\right]+ \\
&\quad \frac{2}{\pi}g_{\mathrm{D}}U_{1\mathrm{m}}\cos^2(\omega_1 t)+\frac{2}{\pi}g_{\mathrm{D}}U_{2\mathrm{m}}\cos(\omega_1 t)\cos(\omega_2 t)- \\
&\quad \frac{2}{3\pi}g_{\mathrm{D}}U_{1\mathrm{m}}\cos(3\omega_1 t)\cos(\omega_1 t)-\frac{2}{3\pi}g_{\mathrm{D}}U_{2\mathrm{m}}\cos(3\omega_1 t)\cos(\omega_2 t)+\cdots
\end{aligned}
\tag{3-51}
$$

利用三角函数关系并加以整理，可得

$$
\begin{aligned}
i &= \frac{g_{\mathrm{D}}}{\pi}U_{1\mathrm{m}}+\frac{g_{\mathrm{D}}}{2}U_{1\mathrm{m}}\cos(\omega_1 t)+\frac{g_{\mathrm{D}}}{2}U_{2\mathrm{m}}\cos(\omega_2 t)+ \\
&\quad \frac{g_{\mathrm{D}}}{\pi}U_{2\mathrm{m}}\cos[(\omega_1+\omega_2)t]+\frac{g_{\mathrm{D}}}{\pi}U_{2\mathrm{m}}\cos[(\omega_1-\omega_2)t]+ \\
&\quad \frac{2g_{\mathrm{D}}}{3\pi}U_{1\mathrm{m}}\cos(2\omega_1 t)-\frac{g_{\mathrm{D}}}{3\pi}U_{1\mathrm{m}}\cos(4\omega_1 t)- \\
&\quad \frac{g_{\mathrm{D}}}{3\pi}U_{2\mathrm{m}}\cos[(3\omega_1+\omega_2)t]-\frac{g_{\mathrm{D}}}{3\pi}U_{2\mathrm{m}}\cos[(3\omega_1-\omega_2)t]+\cdots
\end{aligned}
\tag{3-52}
$$

由此可见，输出电流中只含有直流、ω_2、ω_1 及其偶次谐波、ω_1 及其奇次谐波与 ω_2 的组合频率分量。

习题 3

1. 线性与非线性电阻器件有何区别？非线性电子线路有何主要作用？

2. 非线性电路有何基本特点？它在通信设备中有哪些用途？

3. 我们知道，通过电感 L（设为常量）的电流 i 与其上的电压 v 之间有如下关系：$v=L\dfrac{\mathrm{d}i}{\mathrm{d}t}$，为什么说电感 L 是一个线性元件？你是如何理解的？同样，对于线性电容 C 来说，有 $v=\dfrac{1}{C}\int i\mathrm{d}t$，应如何理解它的“线性”？

4. 若非线性元件伏安特性为 $i=kv^2$，式中 k 为常数。所加电压为

$v = V_0 + V_m\cos(\omega_0 t)$，式中 V_0 为直流电压。应如何选取 V_0 和 V_m 才能使该非线性元件能更近似地当成线性元件来处理？试从物理意义上加以说明。

5. 非线性器件的伏安特性为 $i = a_1 u + a_2 u^2$，其中的信号电压为

$$u = U_{cm}\cos(\omega_c t) + U_{\Omega m}\cos(\Omega t) + \frac{1}{2}U_{\Omega m} 2\cos(\Omega t)$$

式中：$\omega_c \gg \Omega$。求电流 i 中的组合频率分量。

6. 非线性器件的伏安特性为

$$i = \begin{cases} g_d u, & u > 0 \\ 0, & u < 0 \end{cases}$$

式中：$u = U_Q + U_{1m}\cos(\omega_1 t) + U_{2m}\cos(\omega_2 t)$。设 U_{2m} 很小，满足线性时变条件，且 $U_Q = \frac{1}{2}U_{1m}$，求时变电导 $g(t)$ 的表达式，并讨论 i 中的组合频率分量。

7. 某非线性器件的伏安特性曲线为 $i = a_0 + a_1 u + a_2 u^2 + a_3 u^3$。式中，$u = U_Q + U_{1m}\cos(\omega_1 t) + U_{2m}\cos(\omega_2 t) + U_{3m}\cos(\omega_3 t)$。

试写出电流 i 中组合频率分量的频率通式，说明它们是由 i 中的哪些乘积项产生的，并求出其中 ω_1、$2\omega_1 + \omega_2$、$\omega_1 + \omega_2 - \omega_3$ 频率分量的振幅。

8. 理想模拟乘法器的增益系数 $A_M = 0.1\,\text{V}^{-1}$，若 u_x、u_y 分别输入下列各信号，试写出输出电压表示式并说明输出电压的特点。

（1）$u_x = u_y = 3\cos\left(2\pi \times 10^6 t\right)\text{V}$；

（2）$u_x = 2\cos\left(2\pi \times 10^6 t\right)\text{V}$，$u_y = 2\cos\left(2\pi \times 1.465 \times 10^6 t\right)\text{V}$；

（3）$u_x = 3\cos\left(2\pi \times 10^6 t\right)\text{V}$，$u_y = 2\cos\left(2\pi \times 10^3 t\right)\text{V}$；

9. 理想模拟乘法器中，$A_M = 0.1\,\text{V}^{-1}$，若 $u_x = 2\cos\left(\omega_c t\right)$，$u_y = \left[1 + 0.4\cos\left(\Omega_1 t\right) + 0.5\cos\left(\Omega_1 t\right)\right]\cos\left(\omega_c t\right)$，试写出输出电压表示式，并说明实现了什么功能。

10. 两个信号的数学表示式分别为 $u_1 = \cos(2\pi F t)\text{V}$，$u_2 = \cos(20\pi F t)\text{V}$。写出两者相乘后的数学表示式，并画出其波形图和频谱图。

第4章 谐振功率放大器

我们认为，要使低频放大电路得到足够大的低频输出功率，就需要使用低频功率放大器。同样，在高频范围内，为了取得足够大的高频输出功率，就需要使用高频功率放大器，它是发送设备的重要组成部分。

输出功率大和效率高是高频功率放大器和低频功率放大器的共同特点。但是，二者的工作效率以及相对频带宽度相差很大，这就导致了它们之间有着根本的差异：低频功率放大器的工作频率低，而相对频带宽度却很宽；高频功率放大器的工作频率很高，而相对频带带宽却很窄。所以高频功率放大器通常都采用选频网络作为负载回路。由于这些特点，两种放大器所选择的工作状态是不同的：低频功率放大器可以工作于甲类、甲乙类或乙类（限于推挽电路）状态；高频功率放大器一般都工作于丙类（某些特殊情况可工作于乙类）状态。由低频电子线路可知，放大器可以根据电流流通角的差异，分为甲、乙、丙三类工作状态。甲类放大器电流的流通角为360°，可用于小信号低功率放大。乙类放大器电流的流通角约为180°；丙类放大器电流的流通角则小于180°。乙类和丙类均可在较大功率下工作，且丙类工作状态的输出功率和效率是三种工作状态中最高的。大部分高频功率放大器工作于丙类。丙类放大器的电流波形因其失真太大而不适合低频功率放大，所以只能用于采用调谐回路作为负载的谐振功率放大。而调谐回路具有较好的滤波能力，回路电压与电流仍非常接近正弦波形，失真非常小。

无论是低频功率放大器还是高频功率放大器，均要求输出功率大、效率高；因二者的工作频率相对频宽不同，故负载回路与工作状态也不同。高频功率放大器的主要技术指标是输出功率与效率，这是对此放大器进行深入研究的主要矛盾，也决定了工作状态的选择。显然，为了获得高输出功率与效率，在给定电子器件之后应采用丙类工作状态。而采用丙类工作的前提条件是工作频率高、频带窄，且可以采用调谐回路作为负载。那为什么在丙类工作状态时能获得高输出功率和效率？这就是接下来所要探讨的问题。

4.1 谐振功率放大器的工作原理

1. 工作原理

谐振功率放大器的原理电路如图 4-1 所示。

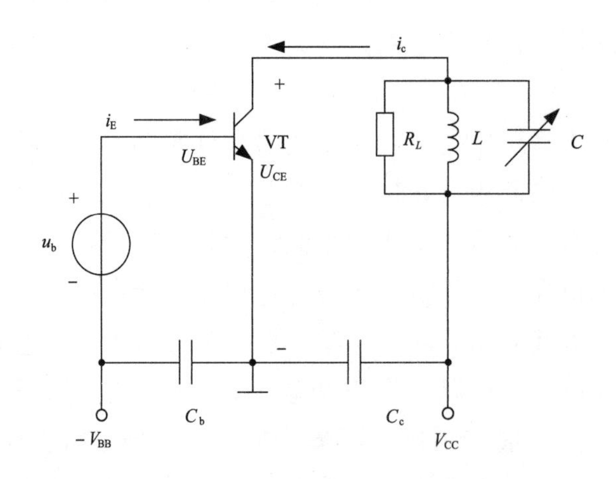

图 4-1 谐振功率放大器的原理电路

图 4-1 中要求晶体管发射结为零偏置。这时电路在输入余弦信号电压 $u_b=U_{bm}\cos(\omega t)$ 的激励下，晶体管基极和集电极电流如图 4-2（c）、（d）所示，其中 θ 是指一个信号周期内集电极电流导通角 2θ 的一半，称为半导通角。根据导通角大小的不同，晶体管工作状态可分为：θ=180°，为甲类工作状态；θ=90°，为乙类工作状态；θ<90°，为丙类工作状态。

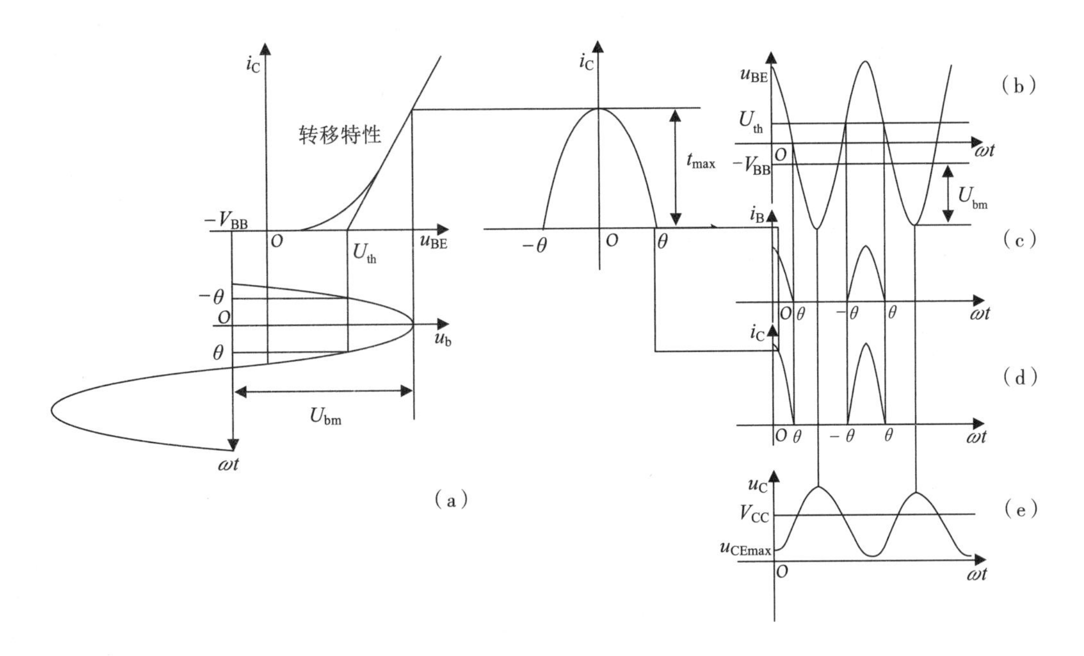

图 4–2　谐振功率放大器各级电压和电流波形图

图 4–2 所示工作波形表示功率放大器工作在丙类状态。在丙类工作状态下，$u_{BE}=-V_{BB}+U_{bm}\cos(\omega t)$ 较小，且 $u_{BE}>U_{th}$ 时才有集电极电流通过，故集电极耗散功率小，效率高。

在图 4–1 中，输出回路中用 LC 谐振电路做选频网络。这时谐振功率放大器的输出电压接近余弦波电压，如图 4–2（e）所示。由于晶体管工作在丙类状态，晶体管的集电极电流 i_c 是一个周期性的尖顶余弦脉冲，用傅里叶级数展开 i_c 得

$$i_c=I_{c0}+I_{c1m}\cos(\omega t)+I_{c2m}\cos(2\omega t)+\cdots+I_{cnm}\cos(n\omega t) \tag{4–1}$$

式中：I_{c0}，I_{c1m}，I_{c2m}，…，I_{cnm} 分别为集电极电流的直流分量、基波分量以及各高次谐波分量的振幅。当输出回路的选频网络谐振于基波频率时，输出回路只对集电极电流中的基波分量呈现很大的谐振电阻，而对其他各次谐波分量呈现很小的电抗，并可看成短路。这时余弦脉冲形状的集电极电流 i_c 流经选频网络时，只有基波电流才产生电压降，因而输出电压近似为余弦波形，并且与输入电压 u_b 同频、反相，如图 4–2（b）、（e）所示。

2. 获得高效率所需要的条件

我们从低频电子线路可知，无论是电子管放大器，还是晶体管放大器，其

应用原理都是将信号输入基极（或栅极）来控制集电极（或阳极）的直流电源所供给的直流功率，最后转变为交流信号功率输出去。但这个转换并不是百分之百的，直流电源所供给的功率不仅转变为交流输出功率的一部分，也会以热能的形式消耗在集电极（或阳极）上，从而成为耗散功率。为了便于说明，下面只讨论晶体管电路，所得到的结论也适用于电子管电路。设 P_D 为直流电源供给的直流功率，P_O 为交流输出信号功率，P_C 为集电极耗散功率。那么，根据能量守恒定律应有

$$P_D = P_O + P_C \tag{4-2}$$

为了说明晶体管放大器的转换能力，采用集电极效率 η_C，其定义为

$$\eta_C = \frac{P_O}{P_D} = \frac{P_O}{P_O + P_C} \tag{4-3}$$

由式（4-3）可以推断以下两点结论：①设法尽量将集电极耗散功率降低，那么集电极效率自然会得到改善。这样，在给定 P_D 时，就会增大晶体管的交流输出功率。②若保持晶体管的集电极耗散功率低于规定值，则可提高集电极效率而大幅度增加交流输出功率。怎样才能降低集电极耗散功率呢？在任一元件（呈电阻性）上的耗散功率都等于该元件两端电压与通过该元件的电流之积，所以晶体管的集电极耗散功率在任何瞬间总是等于瞬时集电极电流与瞬时集电极电压之积。如果使电流只在最小的时候才能通过，则集电极耗散功率自然会大大降低。从这一点可以看出，为了得到高集电极效率，放大器的集电极电流应为脉冲状。

需要强调的是，尽管集电极电流 i_c 是余弦脉冲状，包含很多谐波，失真很大，但是集电极电路中采用的是并联谐振回路（或其他形式的选频网络），如果将这种并联回路谐振于基频，则该并联回路谐振对基频呈现很大的纯电阻性阻抗，而对谐波的阻抗却很小，可以被视为短路，因此，并联谐振电路由于通过 i_c 所产生的电位降 v_c 几乎只含有基频。这样，尽管 i_c 的失真很大，但通过谐振回路的这种滤波作用仍然能得到正弦波形的输出。

4.1.1 高频功率放大器的分类

根据工作频带宽窄不同，高频功率放大器可分为窄带型和宽带型两大类。窄带型常采用具备选频作用的谐振网络作为负载，也称为谐振功率放大器。

谐振功率放大器常工作在乙类状态或丙类状态，以改善其效率。在放大高频调幅信号时，为了减少失真，一般工作在乙类状态，这类功放又称为线性功率放大器（linear power amplifier）。而放大等幅信号（如载波、调频信号等）时，具有选频作用的谐振网络能滤除谐波，从严重失真的电流波形中得到不失真的电压输出，放大器一般工作在丙类状态，因而又称为丙类谐振功率放大器。

为了进一步提高工作效率，又出现了丁类谐振功放，在这种功放中的电子器件常工作在开关状态。宽带型常采用工作频带很宽的传输线变压器（transmission-line transformers）作为负载，由于不采用谐振网络，因此它可以工作在很宽的频带范围内。对于那些频率变化范围较大的通信设备，由于难以迅速变换窄带功率放大器负载回路的频率，因此，常采用宽频带高频功率放大电路。

4.1.2　丙（C）类谐振功率放大器

1. 基本工作原理

丙类谐振功率放大器的原理电路如图 4-3 所示。

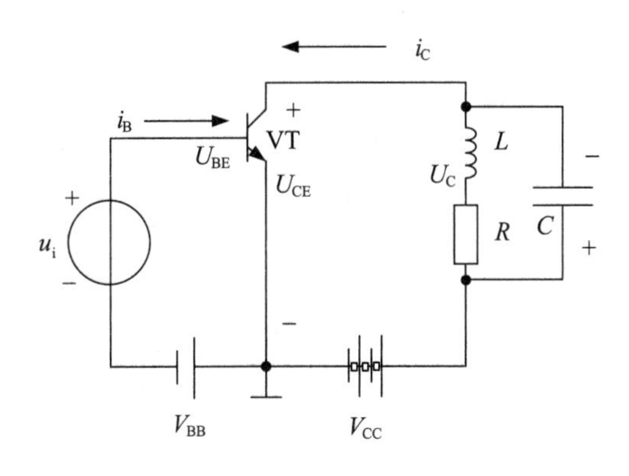

图 4-3　丙类谐振功率放大器的原理电路

图中 V_{CC} 和 V_{BB} 为集电极和基极的直流电源。为了使晶体管工作在丙类状态，V_{BB} 应在晶体管的截止区内，小于管子的截止电压 U_{th}，即 $V_{BB} < U_{th}$。在实际使用中，为了确保放大器可靠地工作在丙类状态，常使 V_{BB} 为负压或不加基极电源。显然，当没有激励信号 u_i（静态）时，三极管 VT 处于截止状态，即 $i_C=0$。LC 并联谐振回路作为集电极负载，调谐在激励信号的频率上，回路电阻 r 是考虑到实际负载影响后的等效损耗电阻。当基极输入高频余弦激励信号 u_i 后，三极管基极和发射极之间的电压为

$$u_{BE} = V_{BB} + u_i = V_{BB} + U_{im}\cos(\omega t) \tag{4-4}$$

当 u_{BE} 的瞬时值大于基极和发射极之间的截止电压 U_{th} 时，三极管导通，根据三极管的输入特性可知，将产生基极脉冲电流 i_B，如图 4-4（a）、（b）所示。

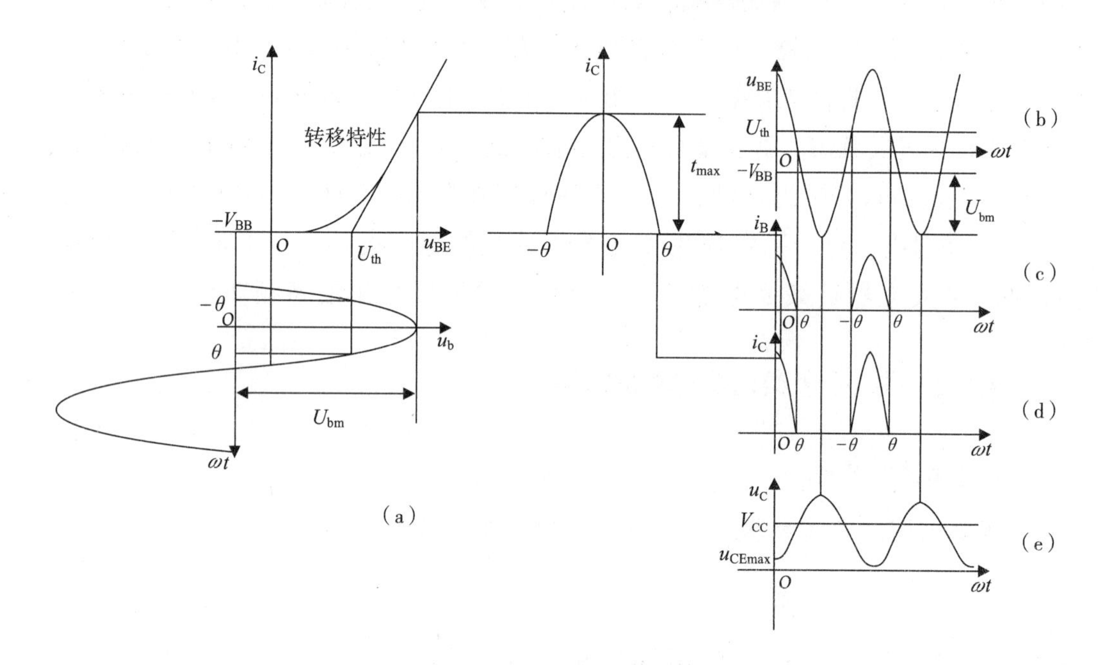

图 4-4　谐振功率放大器各级电压和电流波形图

图 4-4（a）中将晶体管输入特性曲线理想化，近似为直线，交横轴于 U_{th}，U_{th} 称为截止电压或起始电压。可见管子工作在丙类状态，只在小半个周期内导通，而在大半个周期内截止。通常把一个信号周期内集电极电流导通角的一半称为导电角 θ，如图 4-4（c）所示。所以，丙类谐振功率放大器的导电角 θ 小于 90°。其导电角 θ 由下式决定：

$$\cos\theta \approx \frac{U_{th} - V_{BB}}{U_{im}} \tag{4-5}$$

将 i_B 用傅里叶级数展开，并用 I_{b0}，I_{b1m}，I_{b2m}，…，I_{bnm} 分别表示其直流分量以及基波、二次谐波和高次谐波的振幅，即

$$i_B = I_{b0} + I_{b1m}\cos(\omega t) + I_{b2m}\cos(2\omega t) + \cdots + I_{bnm}\cos(n\omega t) \tag{4-6}$$

三极管导通后，由截止区进入放大区，此时集电极将有电流 i_C 通过，且

$i_C = \beta i_B$，与基极电流 i_B 相对应，i_C 也是脉冲波形，如图 4-5（d）所示。同理将 i_C 用傅里叶级数展开得：

$$i_C = I_{c0} + I_{c1m}\cos(\omega t) + I_{c2m}\cos(2\omega t) + \cdots + I_{cnm}\cos(n\omega t) \tag{4-7}$$

式中：I_{c0}，I_{c1m}，I_{c2m}，…，I_{cnm} 分别为集电极电流的直流分量、基波分量以及各高次谐波分量的振幅。

由于集电极输出回路调谐在输入信号频率 ω 上，所以当各分量通过时，只与其中的基波分量发生谐振。根据并联谐振回路的特性，谐振回路对基波电流而言等效为一纯电阻，对其他各次谐波而言，回路因失谐而呈现很小的电抗，可近似为短路。直流分量只能通过回路电感线圈支路，其直流电阻很小，对直流也可看成短路。根据以上分析可知，当包含有直流、基波和高次谐波成分的集电极脉冲电流 i_C 流经谐振回路时，只有基波分量电流产生压降，即 LC 回路两端只有基波电压 u_C，从而输出没有失真的高频信号波形（角频率为 ω），如图 4-5（e）所示。若回路谐振电阻为 R_p，则可得 $u_C = I_{c1m}R_p\cos(\omega t) = U_{cm}\cos(\omega t)$，其中 $U_{cm} = I_{c1m}R_p$ 为基波电压振幅。此时，三极管集电极和发射极之间的瞬时电压为

$$u_{CE} = V_{CC} - u_C = V_{CC} - U_{cm}\cos(\omega t) \tag{4-8}$$

集电极和发射极之间的基波电压波形如图 4-5（e）所示。

根据以上分析可知，虽然丙类放大器的三极管在一个信号周期内，只在很短的时间内导通，形成余弦脉冲电流，但由于 LC 谐振回路的选频作用，集电极的输出电压仍然是不失真的余弦波。集电极输出的电压 u_{CE} 与基极激励电压 u_i 相位相反，基极电压的最大值 u_{BEmax}、集电极电流的最大值 i_{CM} 和集电极电压的最小值 u_{CEmin} 出现在同一时刻。由于 i_C 只在 u_{CE} 很低的时间内通过，故集电极功耗很小，功放效率自然就高，且 u_{CE} 越低，效率越高。

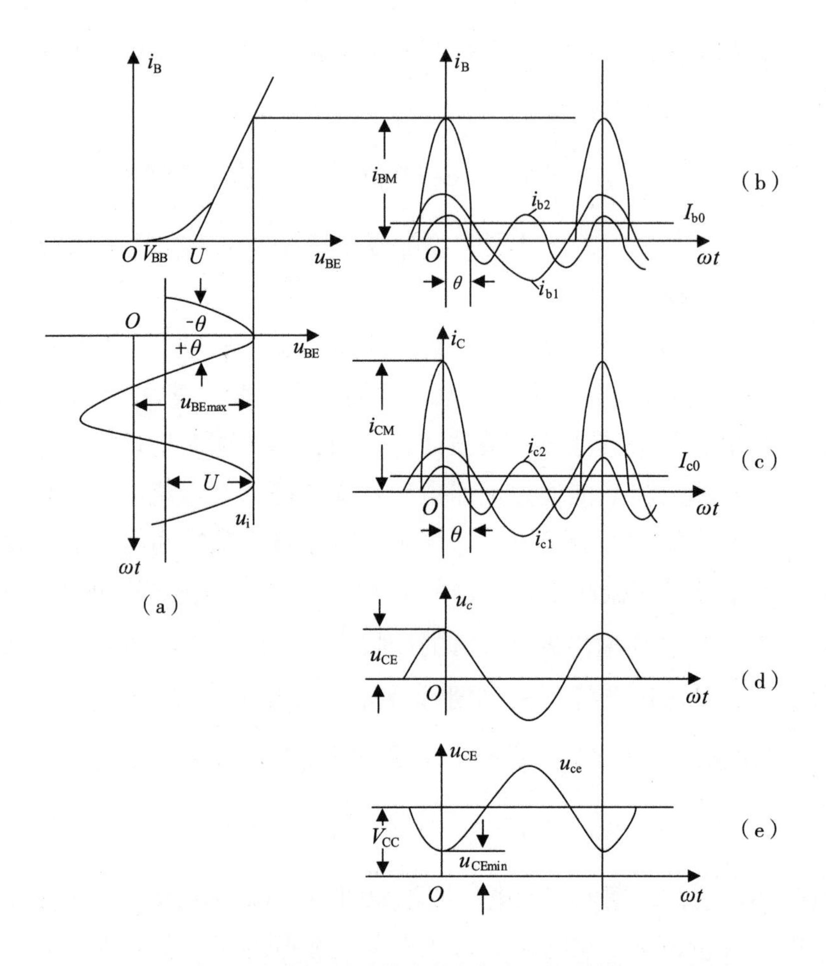

图 4-5 谐振功率放大器中电流、电压波形

2. 输出功率和效率

由于输出回路调谐在基波频率上，所以输出电路中高次谐波电压很小，因而在谐振功率放大器中，我们只需研究直流分量及基波分量的功率。放大器的输出功率 P_o 等于集电极电流基波分量在负载 R_p 上的平均功率，即

$$P_o = \frac{1}{2} I_{c1m} U_{cm} = \frac{1}{2} I^2_{c1m} R_p \tag{4-9}$$

集电极直流电源供给功率 P_{DC} 等于集电极电流直流分量 I_{c0} 与 V_{CC} 的乘积，即

$$P_{DC} = I_{c0} V_{CC} \tag{4-10}$$

所以，效率 η 等于输出功率 P_o 与直流电源供给功率 P_{DC} 之比，即

$$\eta = \frac{P_o}{P_{DC}} = \frac{1}{2} \cdot \frac{I_{c1m}U_{cm}}{I_{c0}V_{CC}} \tag{4-11}$$

由于I_{c0}，I_{c1m}，I_{c2m}，…，I_{cnm}均与i_{CM}及θ有关，故有以下结论：

$$\begin{cases} I_{c0} = i_{CM} \cdot \alpha_0(\theta) \\ I_{c1m} = i_{CM} \cdot \alpha_1(\theta) \\ \quad\vdots \\ I_{cnm} = i_{CM} \cdot \alpha_n(\theta) \end{cases} \tag{4-12}$$

式中：$\alpha_0(\theta)$ 为直流分量分解系数；$\alpha_1(\theta)$ 为基波分量分解系数；$\alpha_n(\theta)$ 为 n 次谐波分量分解系数。故效率 η 可以写为

$$\eta = \frac{1}{2} \cdot \frac{\alpha_1(\theta)}{\alpha_0(\theta)} \frac{U_{cm}}{V_{CC}} = \frac{1}{2} g_1(\theta)\ \xi \tag{4-13}$$

其中，$\xi = \dfrac{U_{cm}}{V_{CC}}$ 称为集电极电压利用系数。

$$g_1(\theta) = \frac{I_{c1m}}{I_{c0}} = \frac{\alpha_1(\theta)}{\alpha_0(\theta)} \tag{4-14}$$

式中：$g_1(\theta)$ 称为集电极电流利用系数或波形系数，它是导电角 θ 的函数。不同导电角，各分量的分解系数可参见图 4-6 所示的曲线。

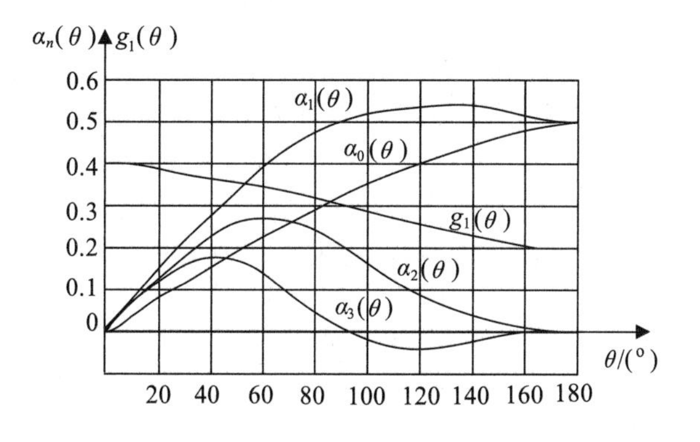

图 4-6　余弦脉冲分解系数

由图 4-6 可清楚地看到各次谐波分量变化的趋势：谐波次数越高，振幅就越小。当 θ =120° 时，$\alpha_1(\theta)$ 有最大值，基波分量可得最大值，但此时效率太

低。所以，为了同时兼顾功率和效率，谐振功率放大器的最佳导电角 θ 一般取 $60° \sim 70°$。当 $U_{cm}=V_{CC}$ 时，可以求出不同工作状态下的效率：

甲类工作状态：$\theta=180°$，$g_1(\theta)=1$，$\eta=50\%$；

乙类工作状态：$\theta=90°$，$g_1(\theta)=1.57$，$\eta=78.5\%$；

丙类工作状态：$\theta=60°$，$g_1(\theta)=1.8$，$\eta=90\%$。

可见，丙类工作状态的效率最高，可达 90%。随着 θ 的减小，效率还会进一步提高，但输出功率也将减小。

【例 4.1】在图例 4.1 所示的谐振功率放大电路中，集电极电源电压 $V_{CC}=18$ V，输入信号电压 $u_i=2\cos(\omega t)$，并联谐振回路调谐在输入信号频率上，其谐振电阻 $R_P=300\ \Omega$，晶体管的输入特性曲线如图例 4.1（a）所示。

（1）画出 $V_{BB}=-0.5$ V 时，集电极电流 i_c 的脉冲波形，并求导电角 θ；

（2）写出集电极电流中基波分量表示式和回路两端电压的表示式；

（3）计算该放大器的 P_o、P_{DC}、P_C 和 η。

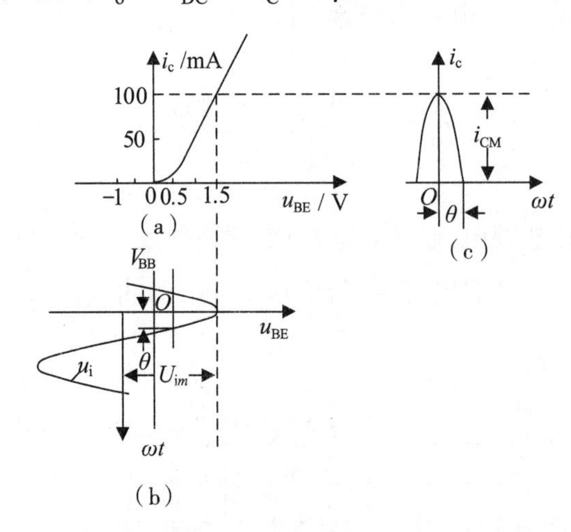

图例 4.1　谐振功率放大器电流、电压波形的作图法

解　（1）由图例 4.1（a）所示的晶体管输入特性曲线可得 $U_{th}=0.5$ V。在图例 4.1（b）中，可作出放大器输入电压 u_{BE} 的波形。再由图例 4.1（a）和（b）可画出 i_c 的波形，如图例 4.1（c）所示，由图可得 $i_{CM}=100$ mA。由式 $\cos\theta \approx \dfrac{U_{th}-V_{BB}}{U_{im}}$ 可以求得

$$\cos\theta \approx \frac{U_{th}-V_{BB}}{U_{im}}=0.5$$

所以 $\theta = 60°$ 。

可见导电角 θ 主要取决于其他两个电压的大小。

（2）由图例 4.1 可知

$$\alpha_1(60°) \approx 0.4$$

则

$$I_{\mathrm{c1m}} = 0.4 i_{\mathrm{CM}} = 40\ \mathrm{mA}$$

$$U_{\mathrm{cm}} = I_{\mathrm{c1m}} R_{\mathrm{P}} = 12\ \mathrm{V}$$

$$i_{\mathrm{c1}} = 40\cos(\omega t)\ \mathrm{mA}$$

$$u_{\mathrm{c}} = 12\cos(\omega t)\ \mathrm{V}$$

（3）查曲线图可得

$$\alpha_0(60°) \approx 0.22$$

则

$$P_{\mathrm{o}} = \frac{1}{2} I_{\mathrm{c1m}}^2 R_{\mathrm{P}} = 0.24\ \mathrm{W}$$

$$P_{\mathrm{DC}} = I_{\mathrm{c0}} V_{\mathrm{CC}} = 0.22 \times 100 \times 18\ \mathrm{mW} \approx 0.4\ \mathrm{W}$$

$$P_{\mathrm{C}} = P_{\mathrm{DC}} - P_{\mathrm{o}} = 0.16\ \mathrm{W}$$

$$\eta = \frac{P_{\mathrm{o}}}{P_{\mathrm{DC}}} = 60\%$$

4.1.3　丁（D）类和戊（E）类功率放大器

我们已多次提到，高频功率放大器的主要问题是如何尽可能地提高它的输出功率与效率。只要将效率稍微提高一点，就能在同样器件耗散功率条件下，大大提高输出功率。甲、乙、丙类放大器就是沿着不断减小电流流通角 θ_{c} 的途径，来不断提高放大器效率的。

不过，θ_{c} 的减小是有一定限度的。因为 θ_{c} 太小，即使效率很高，但因 I_{cm1} 下

降太多，输出功率反而大打折扣。要想保持I_{cm1}恒定，就必须加大激励电压，这又可能因激励电压过大，而引起管子击穿。因此必须另辟蹊径。丁类、戊类等放大器就是采用固定θ_c为90°，但尽量降低管子的耗散功率的办法，以提高功率放大器的效率。具体而言，丁类放大器的晶体管工作于开关状态：导通时，管子进入饱和区，器件内阻接近零；截止时，电流为零，器件内阻接近无穷大。这样就使集电极功耗大为减少，效率大大提高。在理想条件下，丁类放大器的效率可达100%。

晶体管丁类放大器由两个晶体管构成，它们轮流导电，以完成放大功率的任务。工作于开关状态的控制晶体管的激励电压波形可以是正弦波或方波。晶体管丁类放大器的电路分为两类：电流开关型和电压开关型。其典型电路如图4-7所示。在电流开关型电路中，两管推挽工作，电源V_{CC}通过大电感L'供给一个恒流电流I_{CC}。两管轮流导电(饱和)，因而回路电流方向也随之轮流改变。

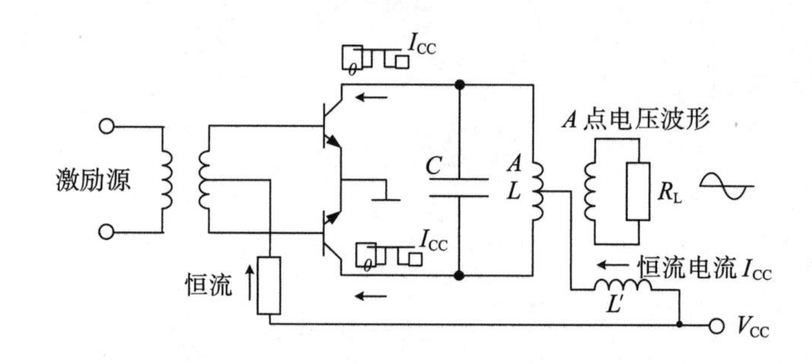

(a)电流开关型

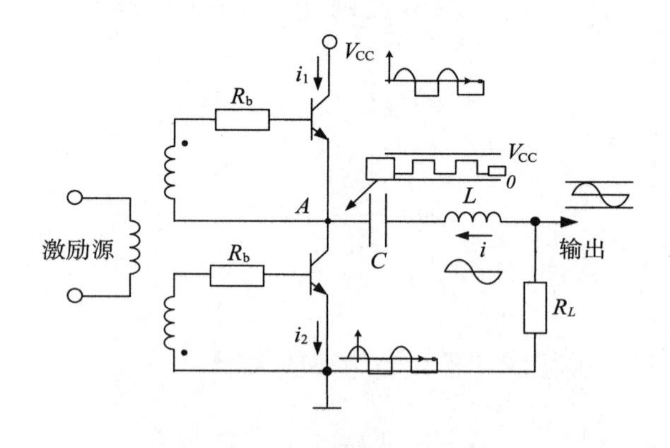

(b)电压开关型

图4-7 晶体管丁类放大器原理图

在电压开关型电路中，两管是与电源电压V_{CC}串联的。当上面的晶体管导通(饱和)时，下面的晶体管截止，A点的电压接近于V_{CC}；当上面的晶体管截止时，下面的晶体管饱和导通，A 点的电压接近于零。因而 A 点的电压波形即为矩形波。图 4-7（a）、（b）分别标示各点的电压与电流波形。

现在以电流开关型电路为例进行分析。参阅图 4-7（a），这个电路与推挽电路非常相似，但有两点不同之处：一个是集电极回路中点不是地电位（推挽电路此点则在交流地电位）；另一个是在 V_{CC} 电路中串接了大电感 L'。加入 L' 的目的是利用通过电感的电流不能突变的原理，使 V_{CC} 供给一个恒定的电流 I_{CC}。因此，当两管轮流导电时，每管的电流波形是矩形脉冲。当 LC 回路谐振时，在它两端所产生的正弦波电压与集电极方波电流中的基波电流分量同相。两个晶体管的集电极 - 发射极瞬时电压 v_{CE} 的波形如图 4-8（a）、（b）所示。在开关转换的瞬间，回路电压等于零。因而此时中心抽头 A 点的电压等于晶体管的饱和压降 $v_{CE(sat)}$。当晶体管导通，集电极电流的基波分量为最大时，回路中 A 点电压等于最大值 V_M。因而 A 点电压波形如图 4-8（c）所示。在中心点处的电压平均值等于电源电压 V_{CC}。

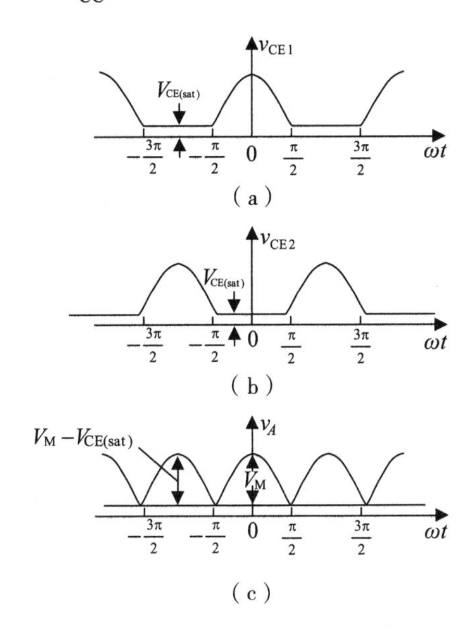

图 4-8　电流开关型放大器的谐振回路中心点的电压波形

因此，

$$V_{CC}=\frac{1}{\pi}\int_{-\frac{\pi}{2}}^{+\frac{\pi}{2}}[(V_M-V_{CE(sat)})\cos(\omega t)+V_{CE(sat)}]d(\omega t)$$
$$=\frac{2}{\pi}(V_M-V_{CE(sat)})+V_{CE(sat)} \tag{4-15}$$

由此得到

$$V_M=\frac{\pi}{2}(V_{CC}-V_{CE(sat)})+V_{CE(sat)} \tag{4-16}$$

集电极回路两端交流电压的峰值为

$$V_{CM}=2(V_M-V_{CE(sat)})=\pi(V_{CC}-V_{CE(sat)}) \tag{4-17}$$

它的均方根值为

$$V_c=\frac{V_{CM}}{\sqrt{2}}=\frac{\pi}{\sqrt{2}}(V_{CC}-V_{CE(sat)}) \tag{4-18}$$

假设负载R_L反射到回路两端，使回路呈现的负载阻抗等于R_P'。由于每管通过的电流是振幅等于I_{CC}的矩形波，它的基频分量振幅等于（$2/\pi$）I_{CC}，因此，在回路两端产生的基频电压振幅为

$$V_{CM}=(\frac{2}{\pi}I_{CC})\ R_P' \tag{4-19}$$

所以

$$I_{CC}=\frac{\pi}{2}\frac{V_{CM}}{R_P'}=\frac{\pi^2}{2R_P'}(V_{CC}-V_{CE(sat)}) \tag{4-20}$$

输出功率为

$$P_o=\frac{V_{CM}^2}{2R_P'}=\frac{\pi^2}{2R_P'}(V_{CC}-V_{CE(sat)})^2 \tag{4-21}$$

直流输入功率为

$$P_i=V_{CC}I_{CC}=\frac{\pi^2}{2R_P'}(V_{CC}-V_{CE(sat)})V_{CC} \tag{4-22}$$

因而集电极耗散功率为

$$P_{c}=P_{i}-P_{o}=\frac{\pi^{2}}{2R_{P}'}(V_{CC}-V_{CE(sat)})V_{CE(sat)} \tag{4-23}$$

由此得集电极效率为

$$\eta_{c}=\frac{P_{o}}{P_{i}}=\frac{V_{CC}-V_{CE(sat)}}{V_{CC}}=1-\frac{V_{CE(sat)}}{V_{CC}} \tag{4-24}$$

由此可见，晶体管的饱和压降 $V_{CE(sat)}$ 越小，η_{c} 就越高。若 $V_{CE(sat)}\to 0$，则 $\eta_{c}\to 100\%$。这是丁类放大器的主要优点。在电流开关型电路中，电流是方波，两管轮流导电是从截止立即转入饱和，或从饱和立即转入截止。实际上，电流的这种转换是需要时间的。当频率低时，转换时间可以忽略不计。但当工作频率高时，这一开关转换时间便不容忽视，因而工作频率上限受到限制。从这一点来看，电压开关型电路要好一些。由图 4-8 可知，它们的电流 i_1 或 i_2 是正弦半波，不是突变的。

相对于一般的丙类放大器，丁类放大器具有以下优势：因为是两管工作，所以输出中最低谐波是三次，而非二次，因而输出的谐波很少；高效率（其最大优势为典型值超 90％），因此在功率放大器中尤其有用。特别是由于晶体管的饱和压降非常小，就更适合使用丁类工作。丁类放大器的不足之处在于：在开关转换瞬间，器件功耗会随开关频率的增加而加大，从而限制了其频率上限。从频率上限这方面来比较，电压开关型电路要比电流开关型好，因为它的电流是正弦半波的，而不是突变的方波。正如上文所述，随着频率的升高，丁类放大器的效率会降低，就丧失了相对于丙类放大器的优点。此外，在开关转换瞬间，晶体管可能同时导通或同时断开，就可能会因二次击穿而造成晶体管的损坏。为克服此缺陷，可在电路上对其进行改进，从而构成以下所述的戊类放大器。

【例 4.2】如图例 4.2 所示，设计一个戊类放大器，工作频率为 6 MHz，输出到 12.5 Ω 负载上的功率为 25 W。假定晶体管是理想的，输出电路的 Q 值为 5。

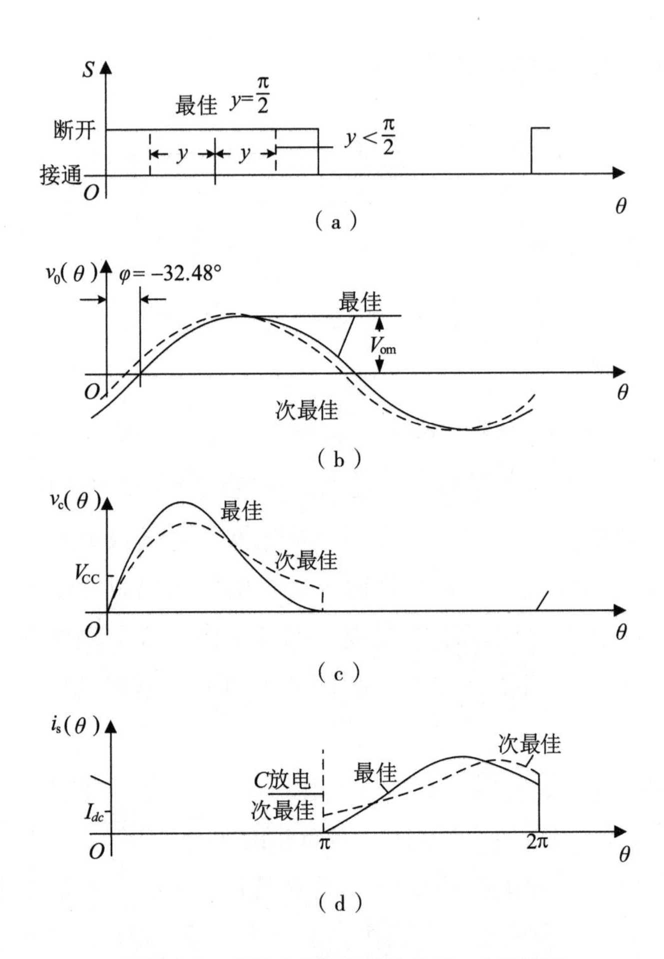

图例 4.2　戊类功率放大器的电压、电流波形

解　由式子

$$P_o = 0.577\frac{V_{CC}^2}{R_L}$$

可得

$$V_{CC} = \sqrt{\frac{P_o R_L}{0.577}} = \sqrt{\frac{25\times 12.5}{0.577}}\ \text{V} = 23.3\ \text{V}$$

由式子

$$v_{C\max} = 3.56V_{CC}$$

可得

$$v_{C\max} = 3.56V_{CC} = 82.9\ \text{V}$$

由式子

$$I_{\rm CC}=\frac{V_{\rm CC}}{1.734R_L}$$

可得

$$I_{\rm CC}=\frac{V_{\rm CC}}{1.734R_L}=\frac{23.3}{1.734\times12.5}\,{\rm A}=1.075\,{\rm A}$$

由式子

$$B=\frac{0.1836}{R_L}(1+\frac{0.81Q}{Q^2+4})$$

可得

$$B=\frac{0.1836}{R_L}(1+\frac{0.81Q}{Q^2+4})=0.0167$$

由于 $Q=\frac{1}{\omega C_0R_L}$，得出 $\frac{1}{\omega C_0}=5\times12.5\,\Omega=62.5\,\Omega$。

所以

$$C_0=637\,{\rm pF}$$

由

$$X=\frac{1.110Q}{Q-0.67}R_L$$

可得 X=16.02 Ω，因此 L_0 的电抗应等于（16.02+62.5）Ω=78.52 Ω，由此求得

$$L_0=3.12\,\mu{\rm H}$$

L' 的电抗至少应为 10 R_L =125 Ω，因此它至少应为 4.97 μH。

晶体管丁类放大器通常包括两个晶体管，而戊类放大器则是单管工作于开关状态。其特征在于选择合适的负载网络参数，以达到最佳的瞬态响应，即在开关导通（或断开）的瞬间，仅当器件的电压（或电流）降为零后，才能导通（或断开）。通过这种方式，可以避免在开关转换瞬间同时产生器件消耗，即使工作周期与开关转换时间相比较已相当短，这样就克服了丁类放大器的不足。

图 4–9 所示的为戊类放大器的基本电路，图中 L_0C_0 为串联调谐回路，C_1 为

晶体管的输出电容，C_2 为外加电容，以使放大器获得所期望的性能，同时消除了在丁类放大器中由 C_1 所引起的功率损失，因而提高了放大器的效率。

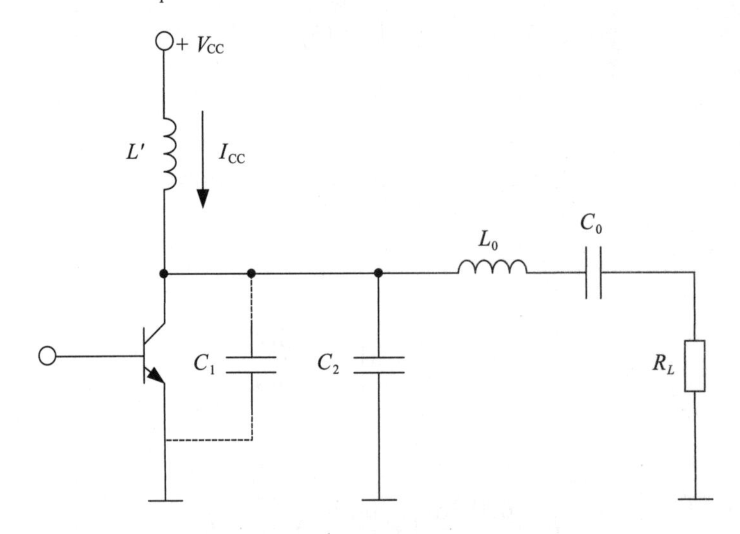

图 4-9　戊类放大器的基本电路图

为了分析图 4-9 所示的电路，将它绘成图 4-10 所示的等效电路。在分析时，有如下几点假设：①扼流圈 L' 的阻抗足够大，因而流经它的 I_{CC} 为恒定值；②串联调谐回路 L_0C_0 的 Q 值足够高（考虑了 R_L 的影响），因而输出电流（输出电压）为正弦波形；③晶体管相当于一个开关 S，它或者接通（两端电压为零），或者断开（通过它的电流为零），但在接通与断开互相转换的极短瞬间除外；④电容 C 与电压无关。

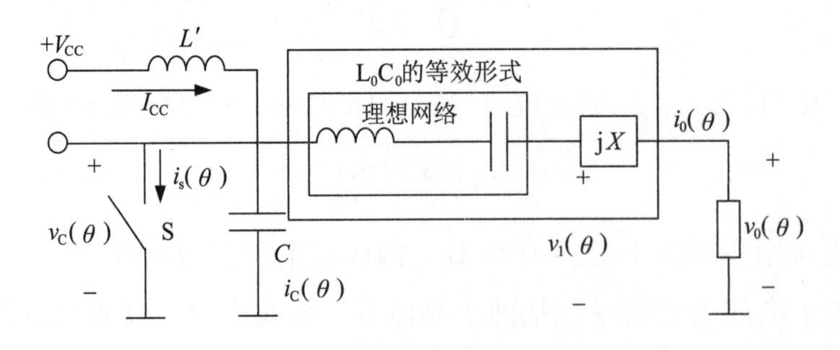

图 4-10　戊类放大器的等效电路

4.1.4　宽频带高频功率放大器

谐振式高频功率放大器具有效率高的优点，但是其调谐复杂，且调谐速度缓慢，难以满足现代通信发展的需要。要求工作于多个频道快速换频的发射机、电子对抗系统中有快速跳频技术要求的发射机及多频道频率合成器构成的发射机等，都需要采用快速调谐跟踪的放大器。很明显，谐振式高频功率放大器无法达到这一目的。因此，宽频带放大技术应用于高频放大器是十分必要的。宽频带高频功率放大器的频带可以涵盖整个发射机工作频率范围，因此无需在发射机变换工作频率时进行调谐。目前应用最广泛的宽频带高频功率放大器，即采用宽频带变压器作输入、输出或级间耦合电路，并且实现阻抗匹配。宽频带变压器有两种：一种是采用常规变压器的原理，通过使用高频磁芯扩展频带，使其工作在短波波段；二是将传输线原理和变压器原理相结合的传输线变压器，它的频带可以很宽。

宽频带传输线变压器的特性及原理：传输线变压器是基于传输线和变压器理论而发展起来的新元件，采用具有优良高频性能、高磁导率的铁氧体材料作为磁芯，用相互绝缘的双导线均匀地缠绕在矩形截面的环形磁芯上，如图 4–11 所示。磁环的直径由传输的功率和所需电感的大小决定，通常为 10 ~ 30 mm。磁芯材料有锰锌和镍锌两种。当频率较高时，宜选用镍锌材料。该变压器结构简单、重量轻、价格低廉、频带很宽（从数百千赫至数百兆赫）。

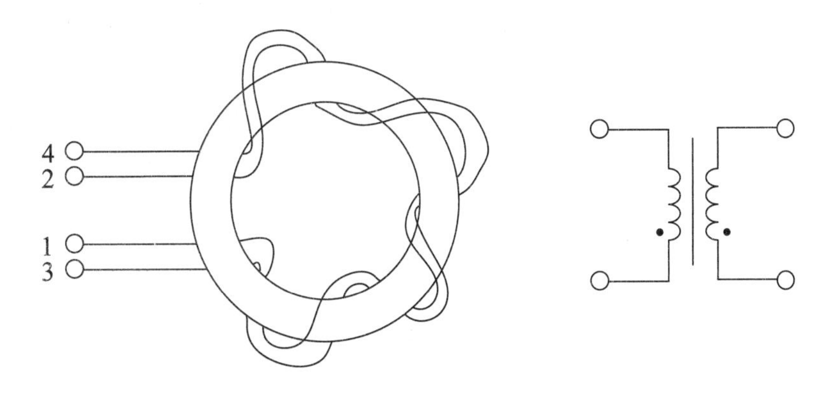

图 4–11　传输线变压器的结构和电路

1. 1 : 1 传输线变压器

1 : 1 传输线变压器示意图如图 4–12 所示。

由图 4–12 可以看出，它是将两根等长的导线紧靠在一起，双线并绕在磁环上，其接线方式如图 4–12（a）所示。图 4–12（b）所示的是传输线等效电路，信号电压由 1、3 端把能量加到传输线变压器，经过传输线的传输，在 2、4 端将能量馈给负载。图 4–12（c）所示的是普通变压器的电路形式。由于传输线变压器的 2 端和 3 端接地，所以这种变压器相当于一个倒相器。实际上传输线变压器和普通变压器传递能量的方式是不同的。对于普通变压器来说，信号电压加于一次绕组的 1、2 端，使一次线圈有电流流过，然后通过磁力线，在二次侧 3、4 端感应出相应的交变电压，将能量由一次侧传递到二次侧负载上。而传输线方式的信号电压却加于 1、3 端，能量在两导线间的介质中传播，自输入端到达输出端的负载上。

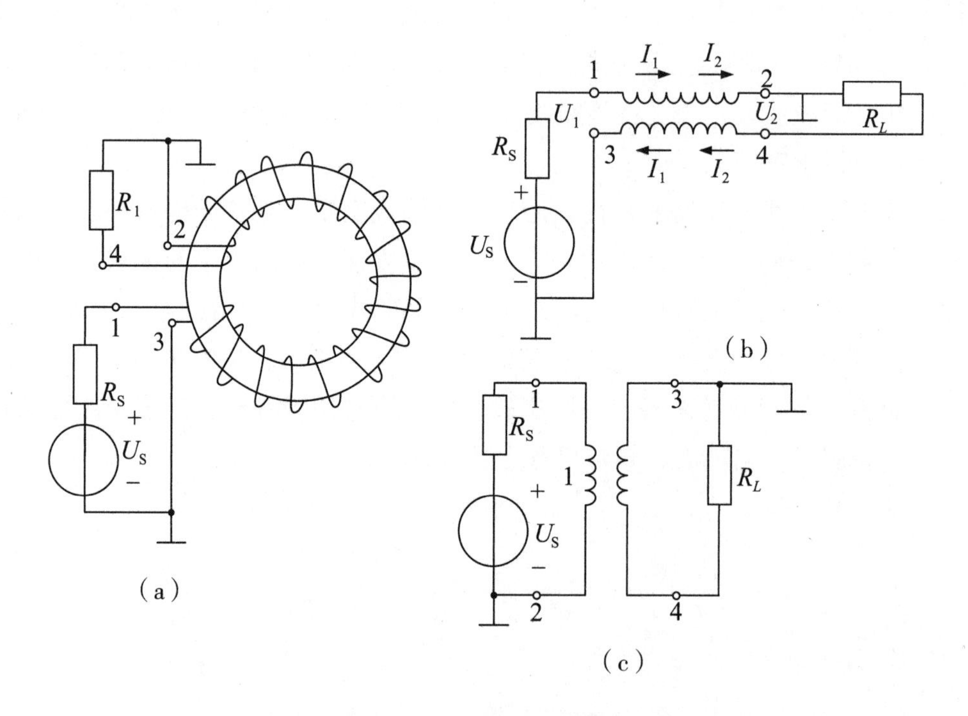

图 4–12　1 : 1 传输线变压器示意图

传输线可以看作由许多电感和电容组成的耦合链，如图 4–13 所示。

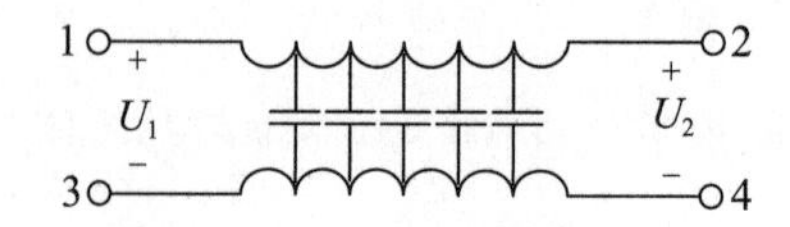

图 4–13　传输线等效电路

电感为导线每一段的电感量，电容为两导线之间的分布电容。信号源加入

1、3 端时，会因为传输线间的电容而对其进行充电，使电容储存电场能。电容通过临近电感放电，使电感储存磁场能，即电场能转变为磁场能。接着，电感又与后面的电容进行能量交换，也就是将磁场能转换成电场能。然后，电容与后面的电感进行能量交换，如此往复。最后，以电磁能交换的形式，将输入信号自始端传输至终端，再被负载吸收。

在传输线变压器中，线间的分布电容不是影响高频能量传输的不利因素，相反，它是实现电磁能转换所必需的。另外，由于电磁波主要是通过导线间的介质传播，因此，信号传输对磁芯的损耗也就大大减小了，同时可以极大地提高传输线变压器的最高工作频率，从而实现宽频带传输的目标。从严格意义上说，传输线变压器在高、低频段上都有不同的传送能量的方式。在高频段时，其主要通过电磁能交替变换的传输线形式进行传送。在低频段时，它将同时通过传输线方式和磁耦合方式进行传送。

1 ∶ 1 传输线变压器又称为倒相变压器。根据传输线的理论，当传输线为无损耗传输线，且负载阻抗 R_L 等于传输线特性阻抗 Z_C 时，传输线终端电压 $\dot{U}_2$ 与始端电压 $\dot{U}_1$ 的关系为 $\dot{U}_2 = \dot{U}_1 e^{-j\alpha L}$。式中，$\alpha = 2\pi/\lambda$ 为传输线的相移常数，单位为 rad/m；λ 为工作波长；L 为传输线的长度。如果传输线长度取得很短，满足 $\alpha L \ll 1$，则 $e^{-j\alpha L} \approx 1$，于是 $\dot{U}_2 = \dot{U}_1$，即传输线输入端电压 $\dot{U}_1$ 与输出端电压 $\dot{U}_2$ 的幅值相等，相位近似相同。同样道理，$\dot{I}_2 = \dot{I}_1 e^{-j\alpha L}$，必有 $\dot{I}_2 = \dot{I}_1$。在 2 端与 3 端接地的条件下，则负载 R_L 获得一个与输入端幅度相等、相位相反的电压，即 $\dot{U}_L = -\dot{U}_1$，由电路图可以看出，实现变压器与负载匹配的条件是

$$Z_C = R_L \tag{4-25}$$

实现信号源与传输线变压器匹配的条件是

$$Z_C = R_S \tag{4-26}$$

显然，1 ∶ 1 传输线变压器的最佳匹配条件是

$$Z_C = R_S = R_L \tag{4-27}$$

负载 R_L 上获得的功率为

$$P_o = I_2^2 R_L \tag{4-28}$$

而$I_1 = I_2$，则

$$P_o = I_1^2 R_L = (\frac{U_S}{R_S + Z_C})^2 R_L \tag{4-29}$$

在$R_L = Z_C = R_S$的条件下，在R_L上可获得最大功率。在放大电路中，R_L很少有与信号源内部电阻相等的情形。所以1∶1传输线变压器更多地被用来作为倒相器。

2. 1∶4 阻抗变换传输线变压器

图4-14所示的是1∶4传输线变压器。它可以作为1∶4阻抗变换器，即R_S ∶ R_L =1∶4。本书只针对理想的无损耗传输线的电压、电流关系给出最优的匹配条件和阻抗变换关系。由于无损耗传输线在匹配条件下，$\dot{U}_2 = \dot{U}_1$和$\dot{I}_2 = \dot{I}_1$，因此，

$$Z_i = \frac{\dot{U}_1}{\dot{I}_1 + \dot{I}_2} = \frac{\dot{U}_1}{2\dot{I}_1} = \frac{Z_C}{2} \tag{4-30}$$

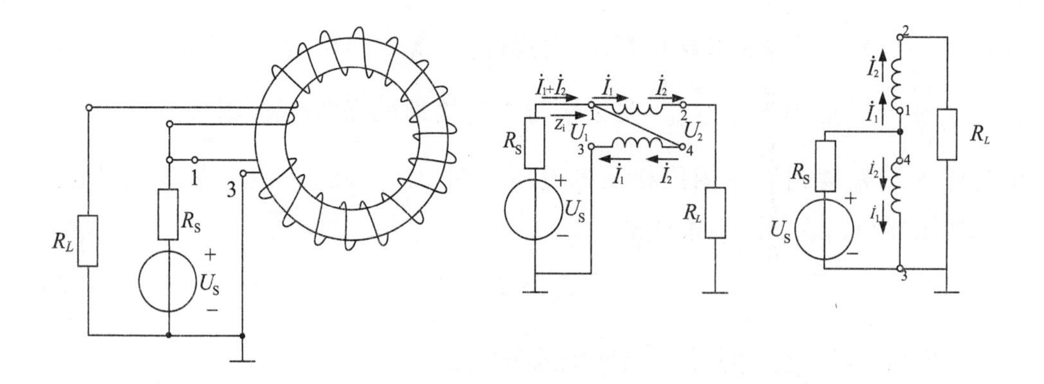

图4-14　1∶4传输线变压器

另外

$$R_L = \frac{\dot{U}_1 + \dot{U}_2}{\dot{I}_2} = \frac{2\dot{U}_1}{\dot{I}_1} = 2Z_C \tag{4-31}$$

所以，在最佳匹配条件下，$R_S = Z_i = Z_C/2 = R_L/4$。这个传输线变压器相当于 1 ∶ 4 阻抗变换器。

3. 4 ∶ 1 阻抗变换传输线变压器

根据 4 ∶ 1 阻抗变换的要求，可用图 4–15 所示的电路来组成。在此基础上，我们仍用理想无损耗传输线的电压、电流关系来解释最匹配条件和阻抗变换关系。由于无损耗传输线在匹配条件下，$\dot{U}_2 = \dot{U}_1$ 和 $\dot{I}_2 = \dot{I}_1$，则

$$Z_i = \frac{\dot{U}_1 + \dot{U}_2}{\dot{I}_1} = \frac{\dot{U}_1}{2\dot{I}_1} = 2Z_C \tag{4–32}$$

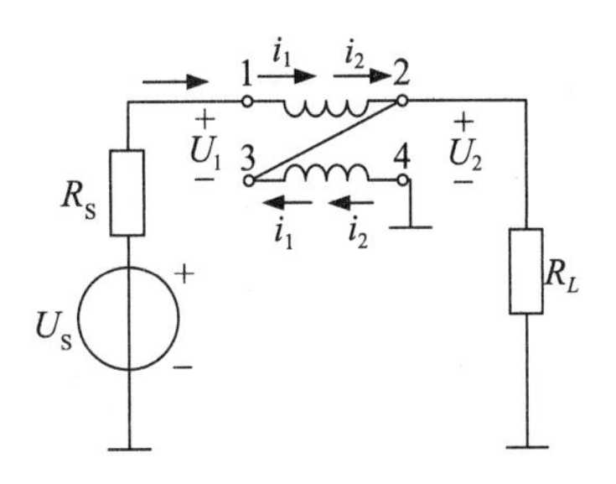

图 4–15　4 ∶ 1 阻抗变换变压器

另外

$$R_L = \frac{\dot{U}_2}{\dot{I}_1 + \dot{I}_2} = \frac{\dot{U}_1}{2\dot{I}_1} = \frac{1}{2} Z_C \tag{4–33}$$

所以，在最佳匹配条件下，有

$$R_S = Z_i = 2Z_C = 4R_L \tag{4–34}$$

采用传输线变压器和晶体管组成的宽频带高频功率放大器，是通过传输线变压器在宽频带范围内传送高频能量，并且实现放大器与放大器的阻抗匹配或实现放大器与负载之间的阻抗匹配。图 4–16 所示的是这种功率放大器的典型电路。

如图 4–16 所示，Tr_1、Tr_2 和 Tr_3 是宽频带传输线变压器，Tr_1、Tr_2 串接组成 16 ∶ 1 阻抗变换器，使 VT_1 的高输出阻抗与 VT_2 的低输入阻抗相匹配。电路的各级均采用了电压负反馈电路，以提高放大器的工作效率。电阻 1.8 kΩ 与

47 Ω 串联，VT_1 放大器提供反馈，电阻 1.2 kΩ 与 12 Ω 串联给 VT_2 放大器提供反馈。为了避免放大器通过电源内阻在放大器级间产生寄生耦合，采用了 RC 去耦滤波电路。滤波电容是由三个大小不同的电容并联组成的，它们能分别对不同的频率滤波。因为没有使用调谐回路，所以该放大器应工作于甲类状态。对于输出级，为了提高工作效率，应采用乙类推挽电路。

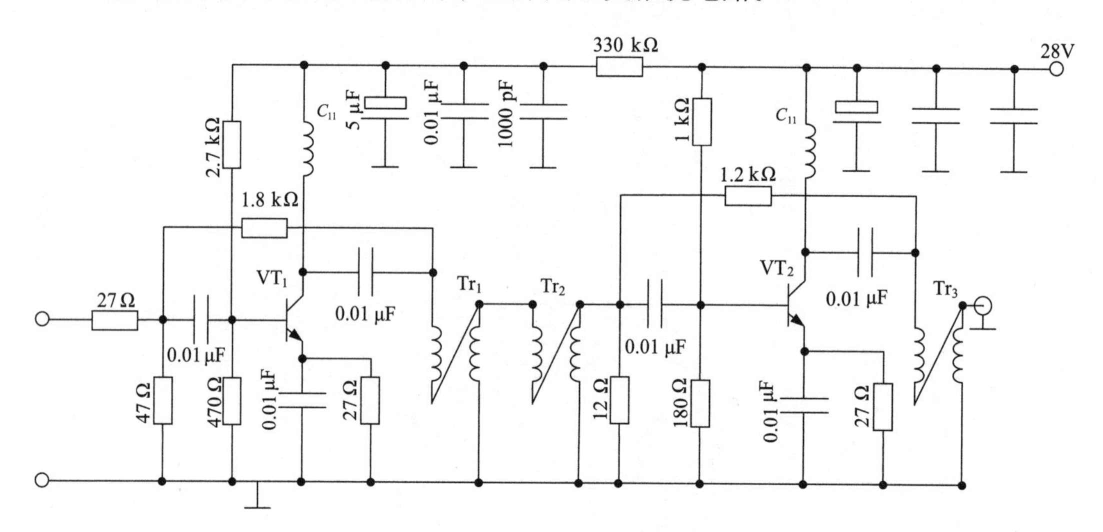

图 4-16　宽频带高频功率放大器电路图

这个电路的工作频率范围为 2~30 MHz，输出功率为 60 W。根据负载为 50 Ω，经 Tr_3 的 4∶1 阻抗变换，VT_2 的集电极负载就为 200 Ω，由于工作于大功率状态，其输入电阻为 12 Ω 左右，且会随输入信号大小变化。为了减小输入阻抗变化对前级放大器的影响，将 12 Ω 的电阻并接在 VT_2 的输入端，使总的输入电阻变为 6 Ω，通过 16∶1 阻抗变换，VT_1 的集电极负载为 96 Ω。

4.1.5　功率的合成与分配

功率的合成与分配应满足的条件：在高频功率放大器中，为了使需要的输出功率超过单个电子器件所能输出的功率，可以将多个电子器件的输出功率叠加起来，从而得到足够大的输出功率。这就是功率合成技术。讨论功率合成器原理之前，为了对功率合成器有一个整体概念，我们举一个实际方框图示例。如图 4-17 所示，这是一个输出功率为 35 W 的功率合成器方框图示例，图中每一个三角形代表一级功率放大器，每个菱形则代表功率分配或合成网络。

图中第一级放大器将 1 W 输入信号功率放大到 4 W，第二级进一步放大到

11 W。然后在分配络中将 11 W 分离成相等的两部分，继续在两组放大器中分别进行放大。又在第二个分配网络中匹配，经放大后，再在合成网络中相加。上、下两组相加的结果，最后在负载上获得 35 W 的输出功率。根据同样的组合方法，可再和另一组 35 W 的输出功率合成。将两组 35 W 功率在一个合成网络中相加，最后就获得 70 W 的输出功率。依次类推，可以获得更高的输出功率。

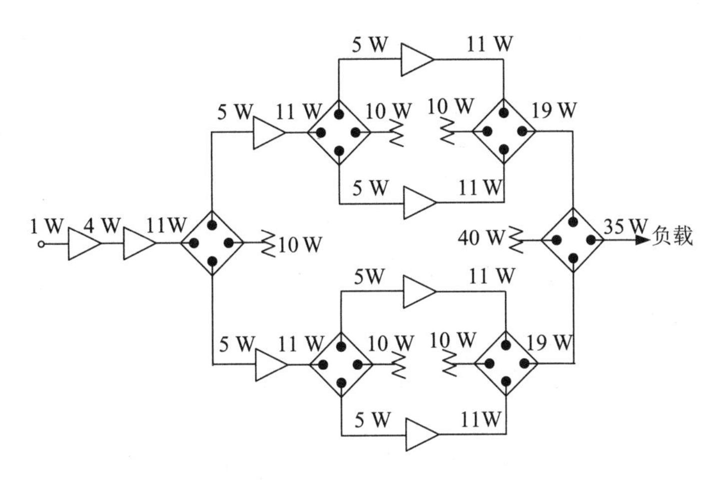

图 4-17　功率合成器方框图示例

在低频电子线路中，可以采取推挽并联电路的方式来提高输出功率。同样，为了增加输出功率，高频功率放大器也可采用推挽并联电路。所以，从增加输出功率的角度考虑，并联与推挽电路也可看作功率合成电路。然而，它们都有一个共同的缺陷，那就是其中一个晶体管发生故障，就会使其他管子的工作状态发生剧烈变化，甚至导致这些管子损坏。因此，并联与推挽电路不是很好的功率合成电路。

一个理想的功率合成电路需要具备什么条件呢？归纳起来，有下几条：① N 个具有相同输出振幅的同类型放大器，每个都供给匹配负载以额定功率 P_{so}，N 个放大器输至负载的总功率为 NP_{so}，这称为功率相加条件，并联与推挽电路可以满足这个条件；②合成器的各单元放大电路相互隔离，即当其中一个放大单元出现故障时，不会对其他单元放大电路的工作产生影响，这些未出现故障的放大器照旧向电路输出自己的额定输出功率 P_{so}，这叫相互无关条件。这是功率合成器的最主要条件，并联与推挽电路都不能满足这一条件。

满足功率合成器的上述条件，关键在于选择合适的混合网络。晶体管放大器功率合成所用的混合网络主要是传输线变压器，特别是1∶4的传输线变压器。下面就来讨论用传输线变压器组成的混合网络原理。

功率合成（或分配）网络原理：利用1∶4传输线变压器组成的功率合成或分配网络的基本电路如图4–18(a）所示，为了方便，也可以将它改画成图4–18（b）所示的等效电路。在分析时，应注意以下两点：①根据传输线的原理，它的两个线圈中对应点所通过的电流必定是大小相等、方向相反的；②当满足匹配条件，并略去传输线上的损耗时，变压器输入端与输出端电压的振幅也应该是相等的。

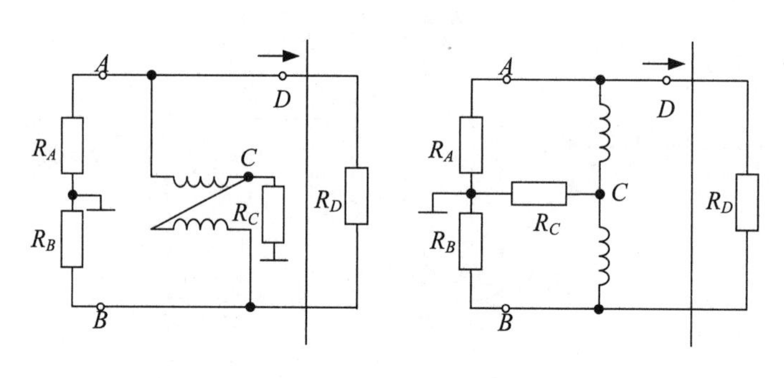

（a）传输线变压器形式　　（b）变压器形式

图4–18　1∶4传输线变压器组成的网络

为了满足合成（或分配）网络所需要的条件，通常取$R_A=R_B=Z_C=R$，$R_C=Z_C/2=R/2$，$R_D=2Z_C=2R$。此处$Z_C=R$为传输线变压器的特性阻抗。现在要证明C端与D端是相互隔离的，同样，A端与B端也是相互隔离的。根据网络的对称性，容易看出，如果从C端馈入信号，如图4–18（a）所示，则A、B两端的电位应该是大小相等，相位也应该是相同的，因此D端无输出。反之，如果从D端馈入信号，如图4–18（b）所示，则根据网络的对称性必然有$\dot{I}_1=\dot{I}_2$，$\dot{I}=0$，即C端无输出，A、B两端则得到大小相等、相位相反的信号。由此可知，C、D两端互不影响，即它们是互相隔离的。若从C端馈入信号功率，在R_A，R_B上可获得同相功率信号，即它可作为同相功率分配网络；若从D端馈入信号功率，在R_A、R_B上可获得反相功率信号。

功率分配是功率合成的一个反过程，它将某信号功率平均地分配给各个独立负载，且互不影响。在任何一个功率合成器中，实际上都包含了一定的功率分配器，就像图4–18中的网络一样。功率合成网络和分配网络主要以传输变压器为基础构成，其区别只在于端口的连接方式不同。所以，这类网络又称为

“混合网络”。一个理想的功率合成电路不仅能够无损耗地合成各功率放大器的输出功率，还必须具有良好的隔离作用，即使在某一放大器的工作状态受到干扰或遭到破坏，也不会使其他放大器工作状态发生变化，且不会对其相应的输出功率产生影响。

4.2　谐振功率放大器电路

谐振功率放大器电路由功率管直流馈电电路和滤波匹配网络两部分组成。其工作频率和应用环境不同，电路构成方式也不尽相同。现在讨论常用电路组成形式。

4.2.1　直流馈电电路

为了保证高频功率放大器正常工作，每个电极都必须有对应的馈电电源。馈电线路是直流电源加到各电极上的线路。无论是集电极电路，还是基极电路，它们的馈电方式都可分为串联馈电和并联馈电两种基本形式。不管采用哪种馈电方式，它们都按照一定的原则组成，而这些原则由放大器的工作原理而定。

1. 集电极馈电线路

集电极馈电线路的电流是脉冲状的，各种频率成分包含在其中。集电极馈电线路必须满足以下要求：①直流能量应该有效地加到晶体管集电极和发射极之间，而不应该存在其他损耗直流能量的元件；②为了产生所需要的高频输出功率，高频基波分量 I_{C1} 应该有效地流过负载回路，除了负载回路，应尽可能地减少基波分量的能量损耗；③除倍频器外，高频谐波 I_{Cn} 应有效地被排除，而输送到负载上的谐波功率应尽量小；④在接入直流电源和馈电元件时，应尽可能减少分布参数的影响。

串馈是指直流电源 V_{CC}、负载谐振回路（滤波匹配网络）以及功率管在电路连接形式上为串接的馈电方式，如图 4–19（a）所示。如果把上面三个部分并接在一起，如图 4–19（b）所示，则称为并馈。图 4–19 中 L_C 为高频扼流圈，在信号频率上感抗非常大，接近于开路，会“扼制”高频信号。C_{C1} 为旁路电容，对高频具有短路作用，它与 L_C 组成电源滤波电路，可以避免信号电流通过直流电源而产生级间反馈，造成工作状态不稳定。C_{C2} 为隔直流电容，它对信号频率的容抗非常小，接近于短路。实际上，串馈与并馈只是电路的结构形式的差异，从电压的角度看，不管是串馈还是并馈，交流电压和直流电压都是以串联方式叠加的。

$$u_{\mathrm{CE}}=V_{\mathrm{CC}}-U_{C\mathrm{m}}\cos(\omega t) \tag{4-35}$$

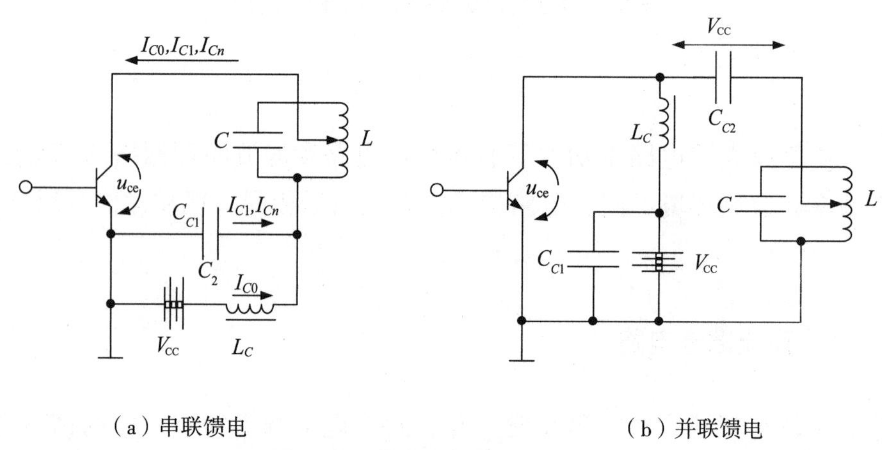

（a）串联馈电　　　　（b）并联馈电

图 4-19　集电极电路两种馈电形式

由图 4-19 可以看出，两种馈电电路的差异仅在于谐振回路的接入方式。在串馈电路中，谐振回路处在直流高电位上，谐振回路元件不可以直接接地；而在并馈电路中，由于 C_{C2} 隔断直流，谐振回路处在直流低电位上，谐振回路元件可以直接接地，所以并馈电路的安装要比串馈电路的方便。然而，由于 L_C 和 C_{C1} 并联在谐振回路中，其分布参数将对谐振回路的调谐有很大的影响。

2. 基极偏置电路

要让放大器工作在丙类状态，功率管基极应该加上反向偏压或小于导通电压 $U_{\mathrm{BE(on)}}$ 的正向偏压。基极偏置电压可以由集电极直流电源经电阻分压后获得，也可采用自给偏压电路来实现，自给偏压只能提供反向偏压。

常见的基极偏置电路如图 4-20 所示。

对于基极电路来说，同样也有串馈与并馈两种形式。图 4-20（a）所示的是串馈电路，图 4-20（b）所示的是并馈电路。图中，C_{B} 为高频旁路电容，C_{B1} 为隔直电容，L_{B} 为高频扼流圈。在实际电路中，工作频率较低或工作频带较宽的功率放大器往往采用互感耦合，可采用图 4-20（a）所示的形式。对于甚高频段的功率放大器，由于采用电容耦合比较方便，所以几乎都是用图 4-20（b）所示的馈电形式。

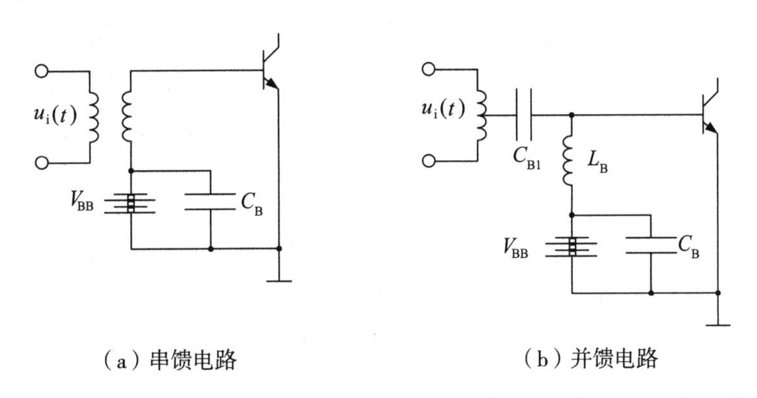

（a）串馈电路　　（b）并馈电路

图 4-20　基极馈电线路的两种形式

在需要提供正向基极偏置电压时，可使用图 4-21 所示的分压式基极偏置电路。由图可见，V_{CC} 经 R_{B1}、R_{B2} 的分压，取 R_{B2} 上的压降作为功率管基极正向偏置电压，为了保证丙类工作状态，该基极正向偏置电压值应小于功率管的导通电压。图中，C_B 是偏置分压电阻的旁路电容，对高频有短路作用。需要说明的是，图 4-21 所示的电路中，静态和动态的基极偏压的大小是不一样的，因为自给偏压效应功率管的基极偏置电压动态值小于其静态值。

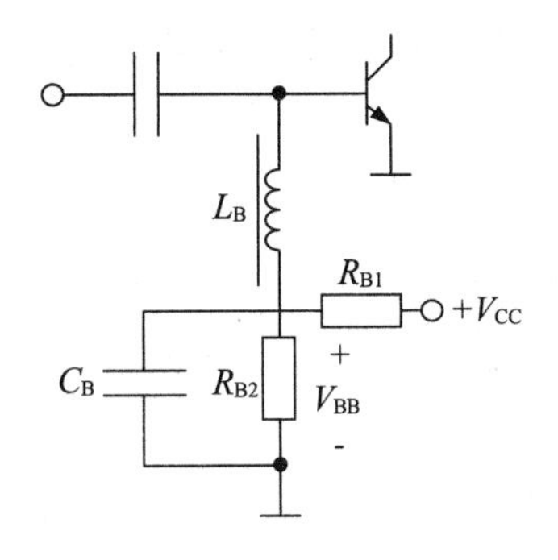

图 4-21　分压式基极偏置电路

4.2.2　输入 / 输出滤波匹配网络

每级高频功放的高频匹配电路都可以分为输入匹配网络（简称输入回路）和输出匹配网络（简称输出回路）两类，一般采用双端口网络实现。这种双端口网络应具有以下几个特点：①确保放大器传输到负载的功率最大，也就是起到阻抗匹配作用；②对工作频率范围以外的非需要频率进行抑制，即具有良好的滤波作用；③由于大部分的发射器都是波段工作，因此双端口网络需要适应波段工作的要求。为了改变工作频率时便于调谐，并能在波段内保持较好的匹配和较高的效率等，一般有两种常用的输出线路，即 LC 匹配网络和耦合回路。

1. LC 匹配网络

图 4-22 所示的是几种常用的 LC 匹配网络。它们是由不同性质的两种电抗元件组成的 L 形、T 形和 π 形的双端口网络。因为 LC 元件消耗功率很小，可以非常高效地传输功率；同时，由于其对频率的选择作用，决定了这种电路的窄带性质。以下说明它们的阻抗变换作用。

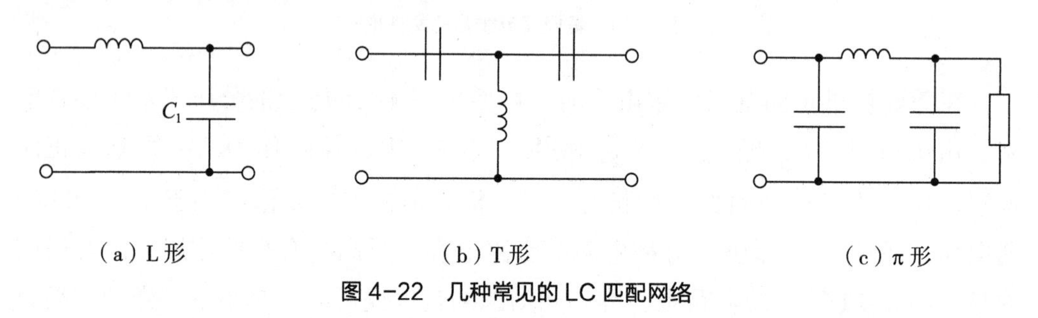

图 4-22　几种常见的 LC 匹配网络

L 形匹配网络根据负载电阻与网络电抗的并联或串联关系可以分为 L-Ⅰ形网络（负载电阻 R_P 与 X_P 并联）和 L-Ⅱ形网络（负载电阻 R_S 与 X_S 串联）两种，如图 4-23 所示。

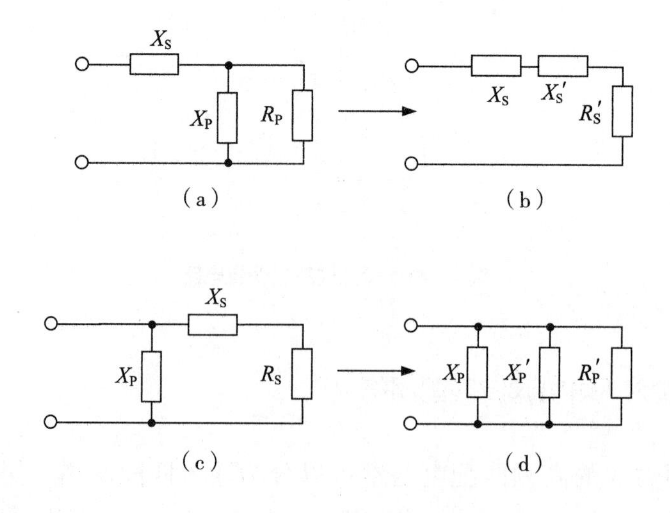

图 4-23　L 形匹配网络

网络中 X_S 和 X_P 分别表示串联支路和并联支路的电抗，两者性质不相同。对于 L-Ⅰ形网络，利用阻抗相等的原理可以得到

$$R_S' + jX_S' = \frac{R_P(jX_P)}{R_P + jX_P} = \frac{R_P X_P^2}{R_P^2 + X_P^2} + j\frac{R_P^2 X_P}{R_P^2 + X_P^2} \tag{4-36}$$

于是得

$$R_S' = \frac{1}{1+Q^2}R_P, \quad X_S' = \frac{Q^2}{1+Q^2}X_P, \quad Q = \frac{R_P}{|X_P|}$$

可见，在负载电阻 R_P 大于高频功放要求的最佳负载阻抗 R_{Lcr} 时，采用 L-Ⅰ形网络，通过调整 Q 值，可以将大的 R_P 变换成小的 R_S'，以获得阻抗匹配（$R_S' = R_{Lcr}$）。谐振时应有 $X_S + X_S' = 0$。

同理，对于 L-Ⅱ形网络有

$$R_P' = (1+Q^2)\ R_S, \quad X_P' = \frac{1+Q^2}{Q^2}X_S, \quad Q = \frac{|X_S|}{R_S}$$

由此可见，在负载电阻 R_S 小于高频功放要求的最佳负载阻抗 R_{Lcr} 时，采用 L-Ⅱ形网络，通过调整 Q 值，可以将小的 R_S 变为大的 R_P'，以获得阻抗匹配（$R_P' = R_{Lcr}$）。谐振时应有 $X_P + X_P' = 0$。

【例 4.3】将图例 4.3（a）所示的电感与电阻串联电路变换成图例 4.3（b）所示的并联电路。已知工作频率为 100 MHz，L_S =100 nH，R_S =20 Ω，求 R_P 与 L_P。

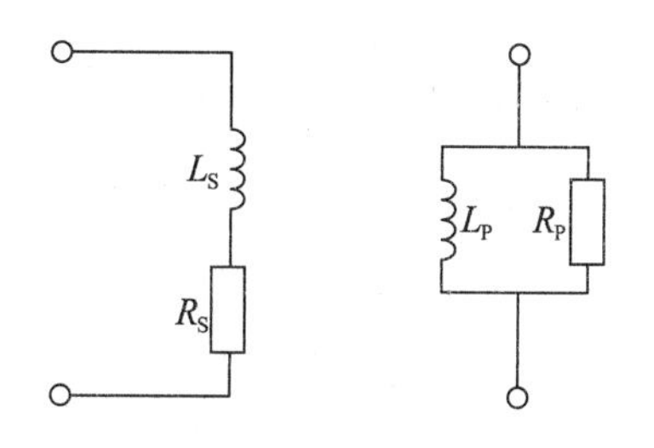

（a）串联电路　　（b）并联电路

图例 4.3　电感、电阻串 / 并联电路变换

解　由式子 $Q_C = \frac{|X_S|}{R_S}$ 可得

$$Q_C=\frac{|X_{\rm S}|}{R_{\rm S}}=\frac{\omega L_{\rm S}}{R_{\rm S}}=\frac{2\pi\times100\times10^6\times100\times10^{-9}}{20}=3.14$$

因此，有以下两式：

$$R_{\rm P}=\frac{R_{\rm S}^2+X_{\rm S}^2}{R_{\rm S}}=R_{\rm S}(1+\frac{X_{\rm S}^2}{R_{\rm S}^2})=R_{\rm S}(1+Q_C^2)$$

$$X_{\rm P}=\frac{R_S^2+X_S^2}{X_{\rm S}}=X_{\rm S}(1+\frac{R_S^2}{X_S^2})=X_{\rm S}(1+\frac{1}{Q_C^2})$$

可分别求得

$$R_{\rm P}=R_{\rm S}(1+Q_C^2)=20\times(1+3.14^2)\,\Omega=217\,\Omega$$

$$L_{\rm P}=L_{\rm S}(1+\frac{1}{Q_C^2})=100\times(1+\frac{1}{3.14^2})\,{\rm nH}=110\,{\rm nH}$$

由上述计算结果可见，当 $Q_C>>1$ 时，$L_{\rm P}$ 与 $L_{\rm S}$ 的值相差不大，这就是说，将电抗与电阻串联电路变换成并联电路时，其中电抗元件参数可近似不变，即 $L_{\rm P}\approx L_{\rm S}$，但电阻值却发生了较大变化，与电抗串联的小电阻 $R_{\rm S}$ 可变换成与电抗并联的一大电阻 $R_{\rm P}$，反之亦然。

L 形网络虽然简单，但只有两个元件可以选择，所以在满足阻抗匹配关系时，回路的 Q 值就已经确定了，当阻抗变换比不大时，回路 Q 值低，不利于滤波，可以选择 π 形、T 形网络。它们都可以看成两个 L 形网络的级联，其阻抗变换比在此不再进行详述。因为 T 形网络输入端有近似串联谐振回路的特性，所以一般不用作功放的输出电路，而常用作各高频功放的级间耦合电路。

图 4–24 所示的是一种超短波输出放大器的实际电路，其工作于固定频率。图中 L_1、C_1、C_2 构成 π 形匹配网络，L_2 的设置是为了抵消天线输入阻抗中容抗。改变 C_1 和 C_2 就可以达到调谐和阻抗匹配的目的。

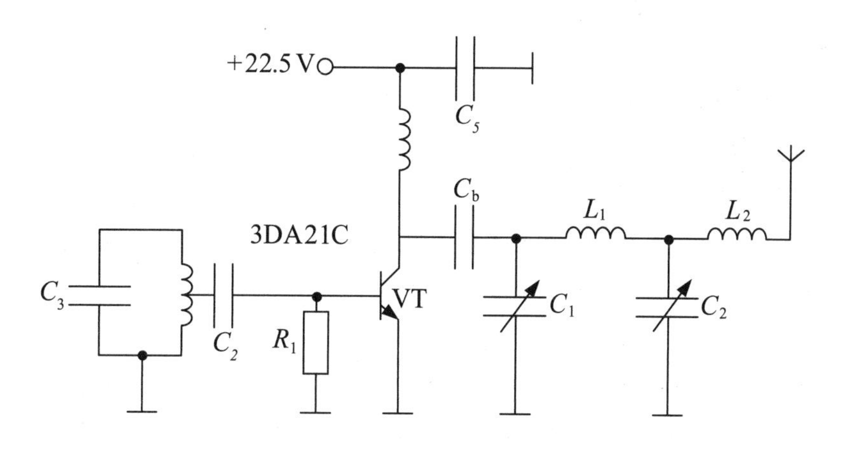

图 4-24　超短波输出放大器的实际电路

2. 耦合回路

图 4-25 所示的是一种短波输出放大器的实际电路。其采用互感耦合回路作为输出回路，多波段工作。通过以上的分析可知，改变互感 M，可以实现阻抗匹配功能。总而言之，为了让谐振功放的输入端可以从信号源或者前级功放得到有效的功率，输出端可以向负载输出不失真的最大功率或满足后级功放的要求，在谐振功放的输入端和输出端必须加上匹配网络。匹配网络的功能是在所要求的信号频带内进行有效的阻抗变换（根据实际需要使功放工作在临界点、过压区或欠压区），并对无用的杂散信号充分过滤。前面已经介绍了几种基本的 LC 选频匹配网络，具体应用时常采用多级匹配网络级联的方式，以达到良好的选频匹配效果。

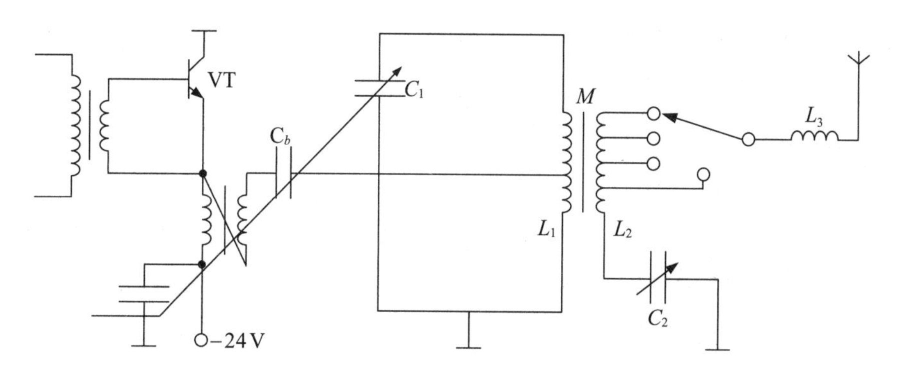

图 4-25　短波输出放大器的实际电路

因为末级的电平和负载状态与中间级的不一样，所以对它们的要求也不一样。末级的负载一般是天线或其他线性元件，其负载阻抗是恒定不变的；中间级的负载是下一级放大器的输入阻抗，它是非线性的，并且将随着下一级工作状态的变化而变化。因此，如果说对末级放大器的设计着重注意提高效率和输出功率，那么对中间级的设计则主要考虑在不稳定的负载下提供稳定的推动电压。为此可采取以下两种措施：

（1）中间放大级工作于过压状态，此时它等效于一个恒压源，其输出电压几乎不会随负载变化。这样，尽管后级的输入阻抗是变化的，但后级所得到的激励电压仍然是稳定的。

（2）有意识地降低级间回路的效率，即增加回路的损耗，使下一级输入阻抗的损耗相对于前者而言只是很少的一部分。这样，下一级输入阻抗的改变对前一级工作状态造成的影响就比较小。如果前一级为放大器，通常取 η_k = 0.3~0.5；如果前一级为振荡器，为了减小下一级负载改变对振荡频率的影响，取 η_k =0.1~0.3。

4.2.3 谐振功率放大器的实用电路实例

图 4–26（a）所示的是工作频率为 160 MHz 的谐振功率放大电路，它向 50 Ω 负载提供 13 W 功率，功率增量达到 9 dB。图中集电极使用并馈电路，L' 为高频扼流圈，C_e 为旁路电容，基极使用自给偏置电路。放大器的输入端使用 T 形匹配网络，调节 C_1 和 C_2，使功率管的输入阻抗在工作频率上变换为前级放大器所需求的 50 Ω 匹配电阻。放大器输出端采用 L 形匹配网络，调节 C_3 和 C_4，使 50 Ω 外接负载电阻在工作频率上变换为放大管所需求的匹配电阻 R_P。图 4–26（b）所示的为工作频率为 50 MHz 的谐振功率放大电路，它向 50 Ω 外接负载提供 25 W 的功率，功率增量达到 7 dB。这个放大电路的基极馈电电路和输入匹配网络与图 4–26（a）所示的电路相同。

功率放大级的输入信号是由前级放大器提供的（通常把末级功率放大器之前的各级放大器称为中间级），即功率放大级的输入阻抗就是前级放大器的负载。由于功率放大器的输入阻抗不仅很低，而且大小随放大器工作状态的变化而变化，为了减少功率级输入阻抗对前级（中间级）放大器的影响，在级间接入匹配网络是非常有必要的。显而易见，输入匹配网络应把低且变化的后级输入阻抗变换成中间级所需要的比较稳定的高阻抗，并且使中间级工作在过压状态（如前所述，当谐振功率放大器工作在过压状态时，其输出电压几乎不会随负载变化，所以可以提供较稳定的激励电压），同时降低匹配网络的效率，也就是加大匹配网络本身的损耗，以减小后级输入阻抗在匹配网络中引入的损耗所占总损耗的比例，这样也能够明显减少对中间级工作状态的影响。

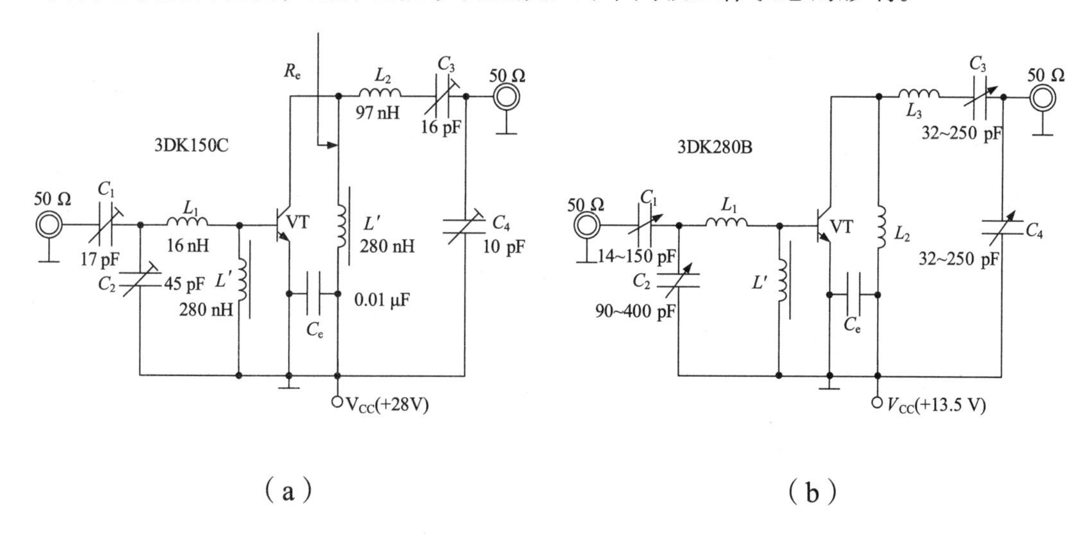

图 4-26　谐振功率放大电路示例图

4.3　丙类谐振功率放大器的动态分析

近似分析方法：动态线。在低频电路中我们已经了解了利用图解法分析一般放大电路，而此方法亦可用来近似地研究高频功率放大电路。但因为高频谐振功放的集电极负载为谐振回路，其集电极电压波形与集电极电流波形全然不同，且大小亦不成一定比例，因此所产生的交流负载线与非谐振负载功率放大器（如低频功放）的负载线并不相同。谐振功放的交流负载线也叫动态负载线，又称动态线。而动态线其实是在输入信号的影响下，功率管的集电极电流 i_c 和集电极与射极间电压 u_{CE} 在 i_c - u_{CE} 平面内工作位置运动的曲线。

如何作出动态线？首先必须了解功率管的特性，如果功率管的工作频率较低（$f < 0.5\ f_\beta$），其结电容影响和高频信号可忽略不计。分析功率管的特性，可从分析输入和输出静态特性曲线的角度出发。为了便于分析，输出特性曲线的参变量采用电压 u_{BE}，而非 i_B（根据输入特性曲线上 i_B 与 u_{BE} 之间的关系，

可以将 i_B 转换为 u_{BE} ）。由于动态线只能根据 u_{BE} 和 u_{CE} 的数值（ $u_{BE}=V_{BB}+U_{im}\cos(\omega t)$ ， $u_{CE}=V_{CC}-U_{cm}\cos(\omega t)$ ）在坐标轴上逐点描出，则必须确定 V_{BB} 、U_{im} 、V_{CC} 和 U_{cm} 四个电量值。

先确定 V_{BB} 、U_{im} 、V_{CC} 和 U_{cm} 的电量值，将 ωt 按等差间隔赋予数值（如 $\omega t=0°, \pm 15°, \pm 30°, \cdots$ ），并由等式关系可确定 u_{BE} 和 u_{CE} 的值，如图 4-27（a）所示。再根据赋予不同数值后计算所得的 u_{CE} 和 u_{BE} 的值，在以 u_{BE} 为参变量的输出特性曲线上找出与结果相对应的点，此类点为动态点，将这些动态点依次连接所得的连线便是谐振功率放大器的动态线，由此可得到 i_c 的波形并确定 i_c 的值，如图 4-27（b）所示。由前面讨论可知，V_{BB} 、U_{im} 、V_{CC} 和 U_{cm} 数值设定不同，根据分析画出的集电极电流脉冲波形和求得的主要技术指标都会不同。

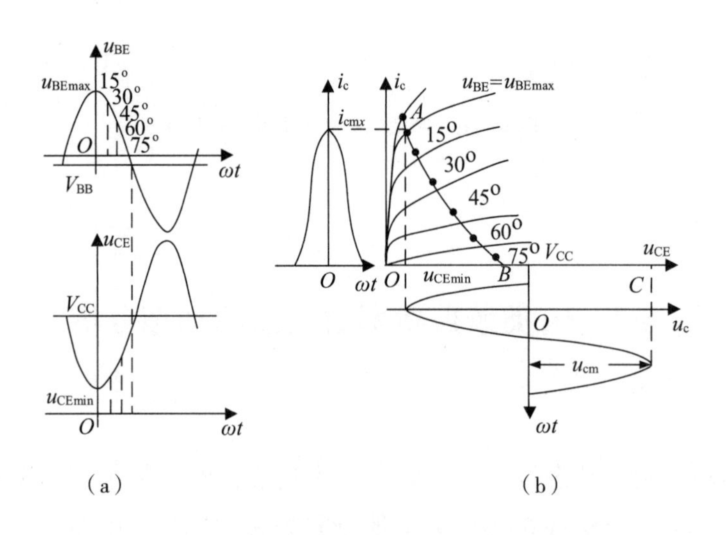

图 4-27　谐振功率放大器的近似分析法

3 种工作状态：由前面讨论可知，集电极电流脉冲的宽度（或导电角 θ ）主要取决于 V_{BB} 和 U_{im} 的大小，当 V_{BB} 和 U_{im} 一定时，集电极电流脉冲宽度也就近似一定，几乎不随 U_{cm} 的变化而变化。当 $\omega t=0$ 时，$u_{BE}=u_{BEmax}=V_{BB}+U_{im}$ ，$u_{CE}=u_{CEmin}=V_{CC}-U_{cm}$ 。可知当 V_{BB} 、U_{im} 、V_{CC} 为定值时，即 u_{BEmax} 不变时，随着 U_{cm} 由小增大，u_{CEmin} 将由大减小，对应的动态点 A 将沿 $u_{BE}=u_{BEmax}$ 所属的特性曲线向左移动（由 A' 向 A''' 移动）。其中，A'' 为由放大区进入饱和区的临界点，如图 4-28 所示。通常把动态点 A 处于放大区称为欠压状态，动态点 A'' 处于放大区和饱和区之间的临界点称为临界状态，动态点 A''' 处于饱和区称为过压状态。可见，判断谐振功率放大器处于何种工作状态，只需判断动态线的顶点 A 所处的位置。

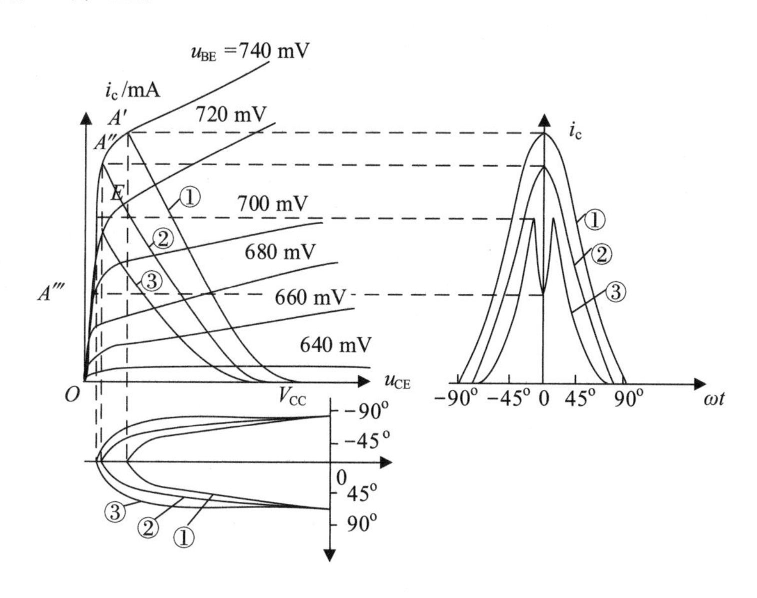

图 4-28　改变 U_{cm} 对 i_c 脉冲电流波的影响

由图 4-28 还可以看出：

欠压状态：见曲线波形①，R_P 较小，U_{cm} 也较小的情况。在高频一个周期内各动态工作点都处在晶体管特性曲线的放大区，此时集电极电流波形为尖顶余弦脉冲，且脉冲幅度较高。

临界状态：见曲线波形②，R_P 较大，U_{cm} 也较大的情况。在高频一个周期内动态工作点恰好达到晶体管特性曲线的临界饱和线。此时集电极电流波形为尖顶余弦脉冲，但脉冲幅度比欠压时的略小。

过压状态：见曲线波形③，R_P 很大，U_{cm} 也很大的情况。动态线的上端进入晶体管特性曲线的饱和区，此时集电极电流波形为凹顶状，且脉冲幅度较小。

4.3.1　丙类功率放大器的动态特性

1. 动态特性的基本概念

在高频功率放大器的电路参数确定后，也就是在晶体管的参数、电源电压 V_{CC} 和 V_{BB} 、输入信号振幅 U_{bm} 和输出信号振幅 U_{cm}（或谐振回路的谐振电阻 R_P）一定的条件下，集电极电流 $i_c = f(u_{BE},\ u_{CE})$ 的关系式称为放大器的动态特性。对于小信号线性放大器，其工作时晶体管处于线性放大区，集电极电流不产生失真，是甲类放大，此时放大器的动态特性是一条直线。对于大信号高频功率放大器，其工作时集电极电流会产生截止失真或截止与饱和失真，集电极电流 i_c 为脉冲状，是丙类放大，此时放大器的动态特性不是一条直线，而是折线。

2. 丙类功率放大器动态特性的表达式

当放大器为谐振状态时，高频功率放大器的外部电路关系式为 $u_{BE}=V_{BB}+U_{bm}\cos(\omega t)$，$u_{CE}=V_{CC}-U_{cm}\cos(\omega t)$。

由以上两式得

$$u_{BE}=V_{BB}+U_{bm}\frac{V_{CC}-u_{CE}}{U_{cm}} \tag{4-37}$$

动态特性应同时满足外部电路和内部电路关系式。内部电路关系式是由晶体管折线化的正向传输特性所决定的。对于导通段，即 $i_c=g_c(u_{BE}-U_{BZ})$，可得

$$\begin{aligned} i_c &= g_c(V_{BB}+U_{bm}\frac{V_{CC}-u_{CE}}{U_{cm}}-U_{BZ}) \\ &= -g_c\frac{U_{bm}}{U_{cm}}(u_{CE}-\frac{U_{bm}V_{CC}-U_{BZ}U_{cm}+V_{BB}U_{cm}}{U_{bm}}) \\ &= g_d(u_{CE}-U_o) \end{aligned} \tag{4-38}$$

显然，上式是一个斜率为 $g_d=-\frac{g_cU_{bm}}{U_{cm}}$，在 u_{CE} 轴上的截距为

$$\begin{aligned} U_o &= \frac{U_{bm}V_{CC}-U_{BZ}U_{cm}+V_{BB}U_{cm}}{U_{bm}}=V_{CC}-U_{cm}\frac{U_{BZ}-V_{BB}}{U_{bm}} \\ &= V_{CC}-U_{cm}\cos\theta_c \end{aligned} \tag{4-39}$$

的直线方程。

3. 动态特性的求法

若已知高频功率放大器晶体管的理想化输出特性和外部电压 V_{BB}、U_{bm}、V_{CC} 和 U_{cm}，通常采用截距法和虚拟电流法求出放大器的动态特性、电流和电压波形。

所谓截距法，根据上式在 $u_{BE} \geqslant U_{BZ}$ 时，$i_c = g_d\ (u_{CE} - U_o)$，且为直线方程，可见，当 $u_{CE} = U_o$ 时，$i_c = 0$，即在输出特性的 u_{CE} 轴上取 $u_{CE} = U_o$，对应点为动态特性的 B 点。另外，由 B 点作斜率为 $g_d = -\frac{g_c U_{bm}}{U_{cm}}$ 的直线交 $u_{BEmax} = V_{BB} + U_{bm}$ 于 A 点，则 BA 直线为 $u_{BE} \geqslant U_{BZ}$ 段的动态特性。在 $u_{BE} < U_{BZ}$ 范围内，虽然 $i_c = 0$，但由于谐振回路的作用，回路电压不为零，故动态特性为 BC 直线。总动态特性为 AB–BC 折线。图 4–29 所示的即采用截距法作的动态特性，并给出了 i_c 与 u_{CE} 变化的对应关系。

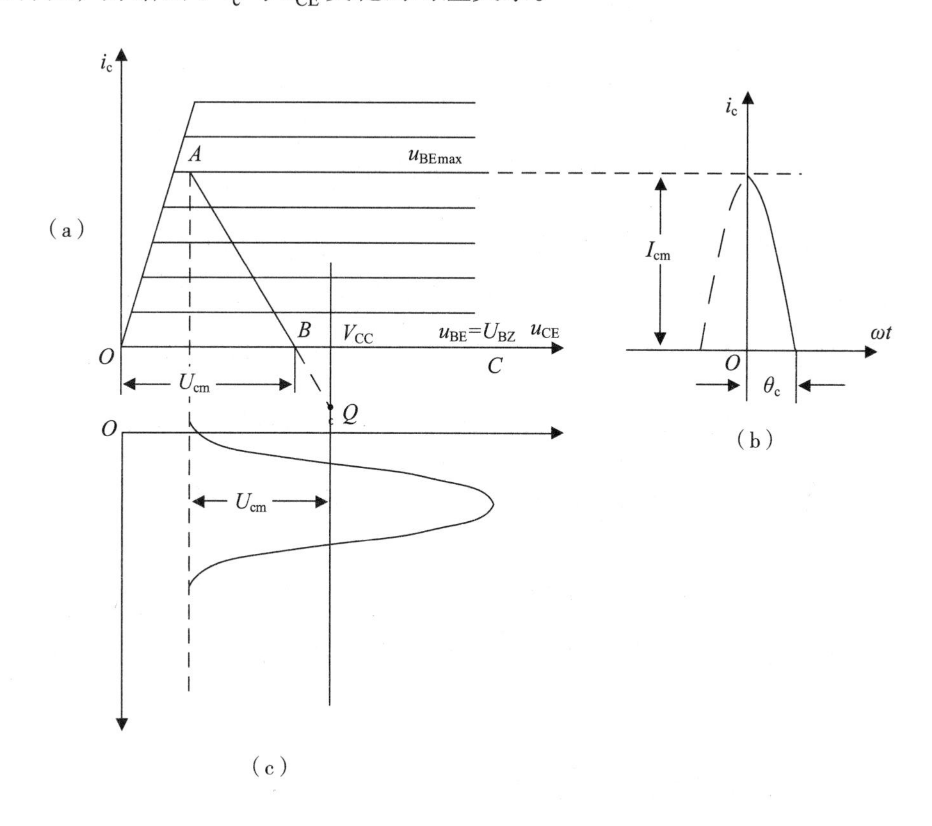

图 4–29　用截距法求动态特性

虚拟电流法求动态特性，是在截距法的基础上扩展的一种较为简便的方法。图 4–30 是用虚拟电流法求动态特性的示意图。

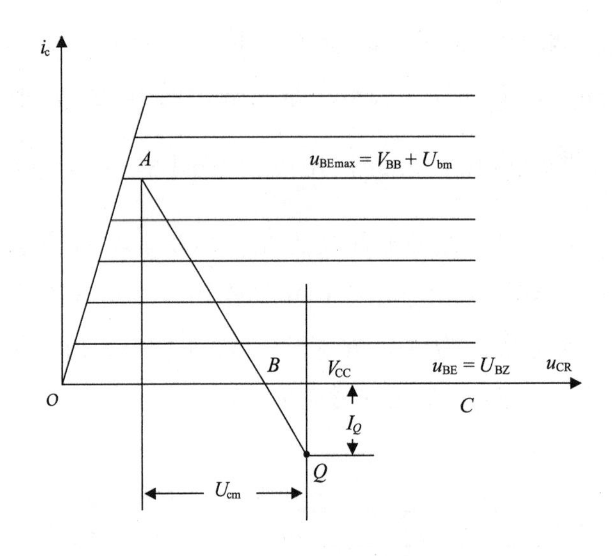

图 4-30　虚拟电流法求动态特性

从图 4-30 可知，动态特性 AB 直线的延长线与 V_{CC} 线相交于 Q 点，而 Q 点在坐标平面内横坐标为 V_{CC}，纵坐标为一负电流 I_Q。值得注意的是，I_Q 是虚拟的电流，实际上是不存在的。I_Q 的值可由公式求出，对应的 $V_{CC}=u_{CE}$，可得

$$\begin{aligned}I_Q&=g_d(u_{CE}-U_o)=g_d(V_{CC}-V_{CC}+U_{cm}\cos\theta_c)\\&=-g_c\frac{U_{bm}}{U_{cm}}U_{cm}\frac{U_{BZ}-V_{BB}}{U_{bm}}=-g_c(U_{BZ}-V_{BB})\end{aligned}$$

Q 点的坐标由 V_{CC} 与 I_Q 确定，另一点 A 则由 $u_{CEmin}=V_{CC}-U_{cm}$ 与 $u_{BEmax}=V_{BB}+U_{bm}$ 来确定。连接 AQ 线交 u_{CE} 轴于 B，而 C 点由 $u_{CEmax}=V_{CC}+U_{cm}$ 确定，则可得出动态特性 AB–BC 折线。

4.3.2　丙类功率放大器的负载特性

当放大器中直流电源电压 V_{CC}、V_{BB} 及输入电压 U_{im} 振幅维持不变时，放大器工作时的相关参数随谐振回路谐振电阻 R_e 变化的特性，称为放大器的负载特性。根据谐振功率放大器工作状态的分析可知，当 V_{CC}、V_{BB} 和 U_{im} 不变时，放大器输出电压 U_{cm} 会随着负载 R_e 的变化而变化，使得放大器的工作状态也会随之产生变化。当 R_e 由小逐渐增大时，U_{cm} 也随之由小变大，放大器由欠压状态逐步向过压状态过渡，集电极电流脉冲变化情况如图 4-31 所示。在欠压状

态，尖顶脉冲的高度随 R_e 的增加而略有下降，所以从中分解出来的 I_{c0}、I_{c1m} 变化不多；但在过压状态，i_c 脉冲的凹陷程度随着 R_e 的增加而急剧加深，使 I_{c0}、I_{c1m} 急剧下降。I_{c0}、I_{c1m} 随 R_e 变化的曲线如图 4–31 所示。因为 $U_{cm}=I_{c1m}R_e$，在欠压状态 I_{c1m} 随 R_e 的增加而下降缓慢，所以 U_{cm} 随 R_e 的增加较快；在过压状态，I_{c1m} 随 R_e 的增加而下降很快，所以 U_{cm} 随 R_e 的增加而缓慢地上升，如图 4–31（a）所示。

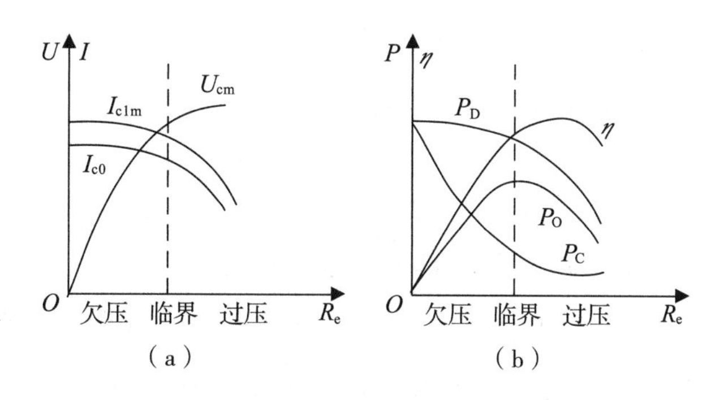

图 4–31　谐振功率放大器的负载特性

放大器的功率与效率随 R_e 变化的曲线如图 4–31（b）所示。根据图 4–31（a）不难说明它们的变化规律，因为 $P_D = I_{c0}\ V_{CC}$，由于 V_{CC} 不变，所以 P_D 随 R_e 变化的曲线与 I_{c0} 的变化曲线规律相同。因为 $P_O = \dfrac{I_{c1m}^2 R_e}{2}$，在欠压状态，$I_{c1m}$ 随 R_e 增加而下降缓慢，所以 P_O 随 R_e 的增加而增加；在过压状态，I_{c1m} 随 R_e 增加而下降很快，所以当 R_e 增加时 P_O 反而下降。因此，在临界状态时输出功率为最大。

因为 $P_C = P_D - P_O$，所以 P_C 曲线可以由 P_D 曲线与 P_O 曲线相减得到。在欠压状态，尤其在 R_e 很小时，P_C 很大，极端情况 R_e =0，即集电极回路被短路，这时 P_O =0，$P_C = P_D$，即集电极直流输入功率全部消耗在集电极上，晶体管可能因 P_C 超过集电极最大允许功耗而损坏，这在实际工作中必须加以注意。在过压状态，由于 P_D 与 P_O 两条曲线几乎以同一规律下降，所以 P_C 几乎不随 R_e 的变化而变化，并且具有较小的数值。由于放大器的效率 η_C 等于 P_O 与 P_D 的比值，所以，在欠压状态下，P_D 随 R_e 变化很小，故 η_C 随 R_e 的变化规律与 P_O 的变化规律相似；到达临界状态后，P_O 和 P_D 都随 R_e 的增加而下降，但因先是 P_O 下降没有 P_D 下降得快，而后是 P_O 下降比 P_D 快，故 η_C 略有增大后下降。

由图 4-31 所示的负载特性可见，谐振功率放大器输出功率 P_O 在临界状态时最大，P_C 较小，效率 η_C 也比较高，则谐振功率放大器在临界状态时工作性能为最佳，因此，通常将相应的 R_e 值称为谐振功率放大器的匹配负载，用 R_{eopt} 表示。工程上，R_{eopt} 可以根据所需输出信号功率 P_O 由下式近似确定：

$$R_{eopt}=\frac{1}{2}\frac{U_{cm}^2}{P_O}=\frac{1}{2}\frac{(V_{CC}-U_{CES})^2}{P_O} \tag{4-40}$$

4.3.3 丙类功率放大器的调制特性

谐振功放的调制特性是指 U_{im} 和 R_P 一定时，放大器性能随 V_{CC} 或 V_{BB} 变化的特性，由此可分为集电极调制特性和基极调制特性。

集电极调制特性是指当 V_{BB}、U_{im} 和 R_P 一定时，放大器性能随 V_{CC} 变化的特性。由前面分析可知，随着 V_{CC} 逐渐增大，动态工作点 A 将从饱和区移向放大区，放大器工作状态也会从过压状态转向欠压状态，i_c 波形也将由中间凹顶状脉冲波变为接近余弦变化的脉冲波，但 i_c 波形的宽度（θ）不变，如图 4-32（a）所示。相应得到的 I_{c0}、I_{c1m} 和 U_{cm} 随 V_{CC} 变化的特性如图 4-32（b）所示。由图可见，谐振功放只有工作在过压区，V_{CC} 才能有效地控制 I_{c1m}（或 U_{cm}）的变化。也就是说，工作在过压区的谐振功率放大器，V_{CC} 的变化可以有效地控制集电极回路电压振幅 U_{cm} 的变化，这就是后续章节将介绍的集电极调幅的原理。

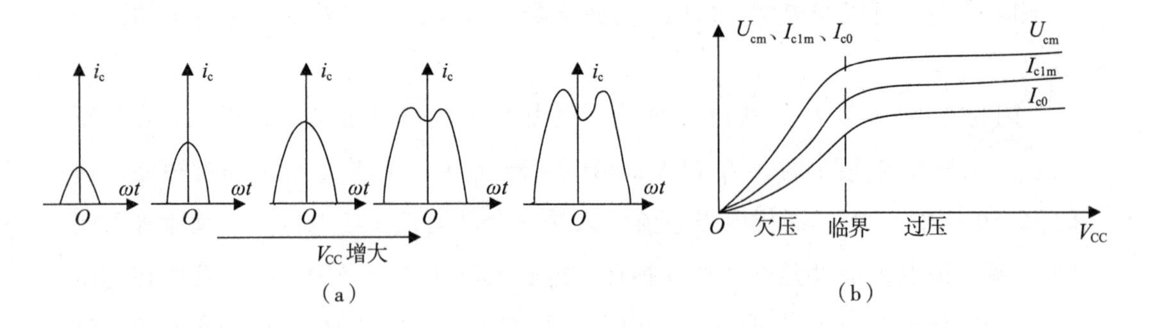

图 4-32 集电极调制特性

基极调制特性是指当 V_{CC}、U_{im} 和 R_P 一定时，放大器性能随 V_{BB} 变化的特性。可以分析得出，当 U_{im} 一定时，随着 V_{BB} 逐渐增大，i_c 脉冲会产生变化，即脉冲波形宽度增大的同时，其高度还因 u_{BEmax} 的增大而增大，如图 4–33（a）所示，此时放大器工作状态由欠压状态向过压状态变化。在欠压状态，I_{c0} 和 I_{c1m} 随 V_{BB} 的增大而增大；但在过压状态，由于 i_c 脉冲波形凹陷加深，I_{c0} 和 I_{c1m} 缓慢增大，故可近似认为不变，如图 4–33（b）所示。由图可见，谐振功放只有工作在欠压区，V_{BB} 才能有效地控制 I_{c1m}（或 U_{cm}）的变化。也就是说，工作在欠压区的谐振功率放大器，V_{BB} 的变化可以有效地控制集电极回路电压振幅 U_{cm} 的变化，这也是后续章节将介绍的基极调幅的原理。

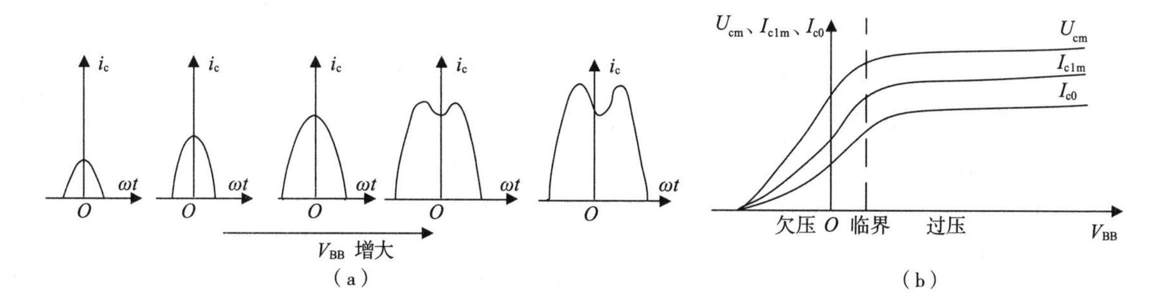

图 4–33　基极调制特性

4.3.4　丙类功率放大器的放大特性

高频功放的放大特性是指 U_{BB}、E_C、R_P 一定时，放大器的输出功率、电压、效率随输入信号的电压幅值 U_{bm} 的变化关系。实际上，固定 U_{BB}，增大 U_{bm}，与上述固定 U_{bm}、增大 U_{BB} 的情况类似，它们都使发射结输入电压 u_{BEmax} 随之增大，u_{BEmax} 所对应的集电极脉冲电流 i_c 的幅度和宽度均增大，放大器的工作状态由欠压进入过压，如图 4–34（a）所示。进入过压状态后，随着 U_{bm} 的增大，集电极电流脉冲出现中间凹陷，且脉冲宽度增加，凹陷加深。因此，I_{c0}、I_{c1m} 和 U_{cm1} 随 U_{bm} 变化的特性与基极调制特性类似，如图 4–34（b）所示。

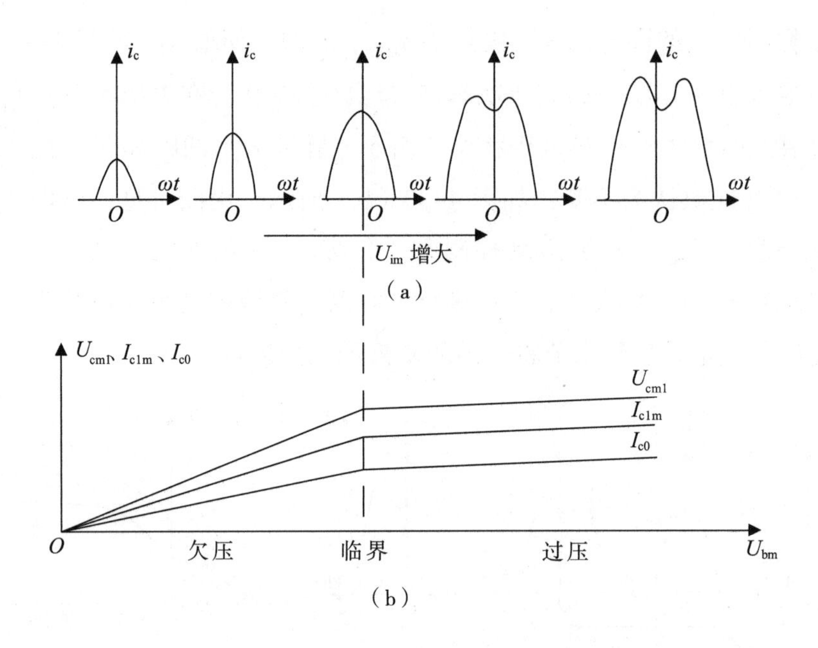

图 4-34　丙类谐振功放的放大特性

讨论放大特性是为了正确选择谐振功放的工作状态，不引入放大失真。由图 4-34 可以看到，在欠压区随着输入信号振幅 U_{bm} 的变化，输出信号振幅 U_{cm1} 近似线性变化；但在过压区输出信号的振幅 U_{cm1} 基本上不随输入信号振幅 U_{bm} 变化。所以，当谐振功率放大器作为线性功率放大器，用来放大振幅按调制信号规律变化的调幅信号时，其放大特性如图 4-34（b）所示。为了使输出信号振幅 U_{cm1} 反映输入信号振幅 U_{bm} 的变化，放大器必须在 U_{bm} 变化范围内工作在欠压状态。不过，丙类工作时，U_{bm} 增大时集电极电流脉冲的高度和宽度均增大，导致放大特性上翘，产生失真。为了消除上翘，使放大特性接近线性，除了采用负反馈等措施外，还普遍采用乙类工作的推挽电路，以使集电极电流脉冲保持半个周期，仅脉冲高度随 U_{bm} 变化。

【例 4.4】有一个用硅 NPN 外延平面型高频功率管 3DAl 做成的谐振功率放大器。已知 E_C =24 V，P_O =3 W，集电极饱和压降 $U_{CES} \geq 1.5$V，P_{cm} =1 W，I_{cm} =750 mA，工作频率等于 1 MHz。试求它的能量关系。

解　由所学知识可知，工作状态最好选用临界状态。作为工程近似估算，可以认为此时集电极最小瞬时电压 $U_{CEmin} = U_{CES}$ =1.5 V，于是 $U_{cm1} = E_C - U_{CES} = (24-1.5)\text{ V} = 22.5\text{ V}$。

可得 $R_P = \frac{U_{cm1}^2}{2P_O} = 84.4\ \Omega$。

$$I_{cm1} = \frac{U_{cm1}}{R_P} = 267\ \text{mA}$$

若选取 $\theta_c = 70°$，查附录余弦脉冲分解系数表可得

$$\alpha_0(\theta_c) = 0.253$$

$$\alpha_1(\theta_c) = 0.463$$

且 $I_{cmax} = \frac{I_{cm1}}{\alpha_1(\theta_c)} = 577\ \text{mA}$，未超过电流安全工作范围。

$$I_{c0} = I_{cmax}\alpha_0(\theta_c) = 146\ \text{mA}$$

以上结果可得 $P_D = E_C I_{c0} = 3.502\ \text{W}$，$P_C = P_D - P_O = 0.502\ \text{W} < P_{cm}$，

$$\eta = \frac{P_O}{P_D} = 86\%$$

以上估算的结果可以作为实际调试的依据。对于晶体管来说，折线法只适用于工作频率较低的场合。当工作频率较高时，它的内部物理过程相当复杂，使实际数值与计算数值有很大的不同。因此，在晶体管电路中使用折线法时，必须注意这一点。

当谐振功率放大器用作振幅限幅器时，即将振幅 U_{bm} 在较大范围内变化的输入信号变换为振幅恒定的输出信号时，其输入 / 输出波形如图 4-34（b）所示。放大器必须在 U_{bm} 变化的范围内工作在过压状态，或者说输入信号振幅的最小值应大于临界状态所对应的 U_{bmer} 值。通常将该值称为限幅门限值。

4.3.5　丙类功率放大器的调谐特性

在上面讨论高频功放的各种特性时，都假定其负载回路处于谐振状态，所以呈现为一个纯电阻 R_P。实际回路在调谐过程中，其负载是一阻抗 Z_P，当改变回路的元件数值，如改变回路的电容 C 时，功放的外部电流 I_{c0}、I_{c1m} 和相应的 U_{c1m} 等随 C 变化的特性称为调谐特性。利用这种特性可以指示放大器是否调谐。

当回路失谐时，不论是容性失谐还是感性失谐，阻抗 Z_p 的模值均会减小，而且会出现一幅角 φ，工作状态将发生变化。设谐振时功放工作在弱过压状态，当回路失谐后，由于阻抗 Z_p 的模值减小，根据负载特性可知，功放的工作状态将向临界及欠压状态变化，此时 I_{c0}、I_{c1m} 会增大，而 U_{c1m} 将下降，如图 4–35 所示。

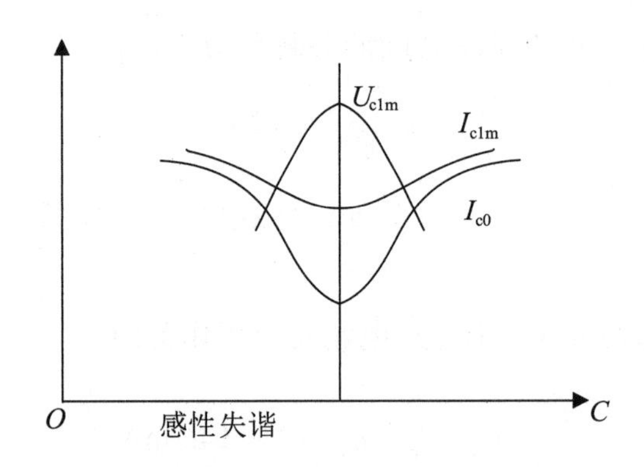

图 4–35　高频功放的调谐特性

由图 4–35 可知，可以利用 I_{c0} 或 I_{c1m} 出现的最小值，或者利用 U_{c1m} 出现的最大值来指示放大器的调谐。通常因 I_{c0} 变化比较明显，且只需采用直流电流表采集变化数据，故采用 I_{c0} 指示调谐的较多。

应该指出，回路失谐时集电极直流功率 $P_D = I_{c0} E_C$ 随 I_{c0} 的增大而增大，而输出功率 $P_O = \frac{1}{2} U_{c1m} I_{c1m} \cos\varphi$ 将因 $\cos\varphi$ 因子而下降，因此失谐后集电极功耗 P_C 将迅速增大。这表明高频功放必须总是处于谐振状态。在调谐过程中处于失谐状态的时间要尽可能短，调谐动作要迅速，以防止晶体管因过热而损坏。为防止损坏晶体管，在调谐时可减小 E_C 的值或减小激励电压。

习题 4

1. 为什么低频功率放大器不能工作于丙类状态？而高频功率放大器则可以工作于丙类状态?

2. 晶体管放大器工作于临界状态，R_P =200 Ω，I_{c0} =90 mA，V_{CC} =30 V，θ =90°，试求 P_O 与 η。

3. 丙类放大器为什么一定要用调谐回路作为集电极（阳极）负载？回路为什么一定要调到谐振状态？回路失谐将产生什么结果？

4. 设计一个丁类放大器，要求在 f = 1.8 MHz 时输出 1000 W 功率至 50 Ω 负载，设 U_{CES} =1 V，β =20，V_{CC} =48 V，采用电流开关型电路。

5. 谐振功率放大器原工作于欠压状态，现在为了提高输出功率，将放大器调整到临界工作状态。试问：可分别改变哪些量来实现？当改变不同的量调到临界状态时，放大器输出功率是否都是一样大？

6. 高频功率放大器的欠压、临界、过压状态是如何区分的？各有什么特点？当 V_{CC}、U_{bm}、V_{BB} 和 R_P 四个外界因素只变化其中一个因素时，功率放大器的工作状态如何变化？

7. 某一晶体管谐振功率放大器，设已知 V_{CC} =24 V，I_{c0} =250 mA，P_O = 5 W，电压利用系数 ξ =1。试求 $P_=$、η_C、R_P、I_{c1m}、电流流通角 θ_c（用折线法）。

8. 设计一个丁类电压开关型放大器，已知条件为：工作频率 100 kHz，在 50 Ω 负载上有 12 V（有效值）的输出电压，回路有载 Q 值为 14，无载 Q 值为 100。

9. 要求设计一高频功率放大器，输出功率为 30 W，选用高频大功率管 3DA77，已知 E_C =24 V，g_{cr} =1.67 A/V，集电极最大允许损耗 P_{CM} =50 W，集电极最大电流 I_{cm} =5 A。试计算集电极的电流、电压、功率、效率和临界负载电阻。

10. 已知谐振功率放大电路，E_C =24 V，P_O =5 W。当 η =60% 时，试计算 P_C 和 I_{CO}。若 P_O 保持不变，η 提高到 80%，则 P_C 和 I_{CO} 减小多少？

11. 谐振功率放大器工作频率 f = 2 MHz，实际负载 R_L =80 Ω，所要求的谐振阻抗 R_P =8 Ω，试求决定 L 形匹配网络的参数 L 和 C 的大小。

12. 谐振功率放大器工作频率 f = 8 MHz，实际负载 R_L =50 Ω、V_{CC} =20 V、P_O =1 W，集电极电压利用系数为 0.9，用 L 形网络作为输出回路的匹配网络，试计算该网络的参数 L 和 C 的大小。

13. 在原理图所示谐振功率放大器中，已知 V_{CC} =24 V，P_O =5 W，θ =70°，ξ =0.9，试求该功率放大器的 η_C、P_D、P_C、i_{cmax} 和谐振回路谐振电阻 R_e。

14. 一谐振功率放大器，要求工作在临界状态。已知 V_{CC} =20 V，P_O = 0.5 W，R_L =50 Ω，集电极电压利用系数为 0.95，工作频率为 10 MHz。用 L 形网络作为输出滤波匹配网络，试计算该网络的元件值。

第5章　正弦波振荡器

不需要外界施加激励，其自身能够将直流电能转换为交流电能的装置都称为振荡器。振荡器主要用于产生一定频率和幅值的信号。与放大器一样，振荡器也是一种能量转换器。振荡器的种类繁多，根据其产生的振荡波形不同，振荡器可以分为正弦波振荡器和非正弦波（如矩形波、三角波、锯齿波等）振荡器；根据选频网络所采用的各类器件的不同，正弦波振荡器又可以分为LC振荡器、晶体振荡器、RC振荡器和压控振荡器等。本章主要探讨正弦波振荡器。从构成振荡器的原理来看，正弦波振荡器可以分为反馈振荡器和负阻振荡器。反馈振荡器的原理是利用正反馈原理构成，负阻振荡器通过利用负阻器件的负阻效应来产生振荡。

5.1 反馈振荡器

5.1.1 反馈振荡器基本工作原理

反馈振荡器是振荡回路通过正反馈网络和有源器件连接构成的振荡电路。反馈振荡器实质上是建立在放大和反馈基础上的，当前应用最多的振荡器便是反馈振荡器。反馈振荡器构成框图如图 5-1 所示。

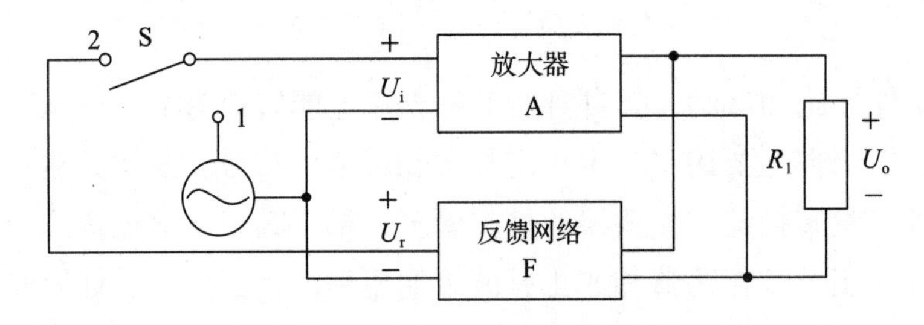

图 5-1　反馈振荡器原理方框图

由图 5-1 可知，当开关位于位置 1 时，放大器的输入端可获得一定频率与幅度的正弦波信号 U_i，该正弦波信号通过放大器放大后，在放大器输出端产生输出信号 U_o。U_o 经反馈网络并在反馈网络输出端得到反馈信号 U_f，则 U_f 与 U_i 不仅大小相等，其相位也相同。若此时除去外加信号源，将开关由 1 端转接至 2 端，放大器和反馈网络构成一个闭环回路，则在没有外加输入信号的情况下，输出端仍然可维持一定幅度的输出电压 U_o，从而产生自激振荡。

当自激振荡只能在某一频率上产生而不能在其他频率上产生时，即为了能够让振荡器输出电压 U_o 为一个固定频率的正弦波，在图 5-1 中必然包含选频网络，使得只有选频网络中心频率的信号满足 U_f 与 U_i 同相的条件而产生自激振荡。其他频率信号则不满足 U_f 与 U_i 同相的条件，也不产生自激振荡。

如上所述，反馈振荡器就是将反馈电压作为输入电压，以维持一定的输出电压的闭环正反馈系统，它是不需要通过开关转换由外加信号激发产生输出信号的。当振荡回路中产生微弱的电扰动时，都可作为放大器的初始放大信号，窄脉冲内拥有十分丰富的频率分量，在经选频网络选频后，只有某一频率的信号可反馈到放大器的输入端，而其他频率的信号则受到抑制。该频率的信号分量经放大端放大后又通过反馈网络回送到输入端，若该信号幅值较原来更大，则经过放大、反馈的循环往复后，使送回到输入端的信号幅度进一步增大，最后放大器将进入非线性区，增益下降。振荡电路的输出幅值越大，增益下降就越多。最后当反馈电压正好等于产生输出电压所需的输入电压时，振荡幅度便趋于平稳，电路进入平衡状态。

5.1.2　反馈振荡器的振荡条件

反馈振荡器的基本原理是利用正反馈来获得等幅的正弦波振荡。反馈振荡器是由主网络和反馈网络组成的一个闭合环路。主网络由放大器和选频网络组成，反馈网络则由无源器件组成。

一个反馈振荡器可正常工作必须满足三大条件：平衡条件（保证进入维持等幅持续振荡的平衡状态）、起振条件（保证接通电源后能够逐步建立起振荡）、稳定条件（保证平衡状态不因外界不稳定因素影响而受到破坏）。

1. 平衡条件

在图 5–1 中，当开关由 1 端转接至 2 端，且反馈电压 U_f 等于放大器输入电压 U_i 时，振荡器就能够维持等幅振荡，并有一个稳定的电压输出。称电路此时的状态为平衡状态，$U_f = U_i$ 称为电路振荡的平衡条件。

由图 5–1 可知

$$U_o = A U_i \tag{5–1}$$

$$U_f = F U_o \tag{5–2}$$

则

$$U_f = AF U_i \tag{5–3}$$

因此，电路振荡的平衡条件又可写为

$$AF = AF\angle(\varphi_A + \varphi_F) = 1 \tag{5–4}$$

由式（5-4）可得自激振荡的两个基本条件。

相位平衡条件：

$$\varphi_A+\varphi_F=2n\pi, \quad n=0,1,2,3,\cdots \tag{5-5}$$

由式（5-5）可知，相位平衡条件实质上就是振荡器在振荡频率 f_0 处的反馈为正反馈。

振幅平衡条件：

$$AF=1 \tag{5-6}$$

由式（5-6）可知，振幅平衡条件要求在 f_0 处的反馈电压与输入电压的振幅相等。

要使反馈振荡器输出一个具有稳定幅值和固定频率的交流电压，式（5-5）和式（5-6）一定要同时满足，任何类型的正弦波振荡器均适用。研究振荡器的基础是平衡条件，利用振幅平衡条件可以确定振荡幅度，利用相位平衡条件可以确定振荡频率。

2. 起振条件

从上面讨论的结果来看，相对于振荡器已经进入稳态振荡而言，式（5-4）只是维持电路振荡的平衡条件。那么振荡器是如何起振的呢？反馈振荡器是一个闭合正反馈回路，当接通电源时，振荡器回路内总存在各种电扰动信号，这些电扰动信号的频率范围很宽，经过振荡器选频网络选频后，只是其中某一频率的信号反馈到放大器的输入端，成为最初的输入信号，而其他频率的信号将被抑制。被放大后的某一频率分量经反馈又传输到放大器的输入端，幅度得到增大，再经过“放大 → 反馈 → 放大 → 反馈”的循环往复，某一频率信号的幅度将不断增大，振荡便由小到大建立起来。但随着信号振幅的增大，放大器将进入非线性工作区，其增益也随之下降。最后，当反馈电压正好等于原输入电压时，振荡幅度不再增大从而进入平衡状态。因此，为了使振荡器在接通电源后能够产生自激振荡，要求在起振时，反馈电压 U_f 与输入电压 U_i 在相位上同相，在幅值上应要求 $U_\mathrm{f}>U_\mathrm{i}$，即

$$\varphi_A+\varphi_F=2n\pi, \quad n=0,1,2,3,\cdots \tag{5-7}$$

$$AF>1 \tag{5-8}$$

式（5–7）和式（5–8）称为振荡器的起振条件。起振的建立过程是一个瞬态过程，而式（5–7）和式（5–8）是在稳态分析下得到的，原则上讲，是不能用稳态分析来研究一个电路的瞬态的，而必须通过列出振荡的微分方程来研究。但是，在起振的开始阶段，振荡的幅度还很小，放大电路此时还未进入非线性区，振荡器还可以作为线性电路来处理，即可用小信号等效电路来分析，因此，式（5–7）和式（5–8）是判定振荡器能否产生自激振荡的常用准则。

3. 稳定条件

在振荡器中除了需要研究起振和平衡条件外，还需要研究振荡的稳定条件。当振荡器受到外部因素的扰动时，破坏了原平衡的状态。振荡器应具有自动恢复到原平衡状态的能力。这就是振荡器的稳定条件。下面分振幅稳定条件和相位稳定条件两种情况进行讨论。

1）振幅稳定条件

在振幅平衡点上，当不稳定性因素使得振荡振幅增大时，环路增益的模值应当减小，使得 $T<1$，$U_f<U_i$，形成减幅振荡。同样也能在原平衡点附近建立起新平衡点。当不稳定性因素使得振荡振幅减小时，T 应当增大，$U_f>U_i$，形成增幅振荡。同样也能在原平衡点附近建立起新平衡点。因此，可得振幅稳定条件为

$$\frac{\partial T}{\partial U_i}<0 \tag{5-9}$$

也就是在平衡点位置，T 对 U_i 的变化率为负值。可见振幅的稳定条件是靠放大器的非线性来实现的，只要电路设计合理，振幅稳定条件都容易满足。若振荡器采用自偏压电路并工作在截止状态，放大器增益 A 随着振幅的变化率较大，振幅稳定性较好。

2）相位稳定条件

相位稳定条件是指相位平衡遭到破坏时，电路本身能够重新建立起相位平衡的条件。由于振荡的角频率等于相位变化率，因此相位变化必然引起频率发生变化，故相位稳定条件实质上也就是频率稳定条件。

如果因为某种外界原因使得电路相位平衡遭到破坏，当环路相位 $\varphi_T>0$ 时，也就意味着反馈电压 U_f 在相位上超前于原来的输入电压 U_i，振荡频率也因此提高。同理，当 $\varphi_T<0$ 时，便可得到 U_f 滞后于 U_i，因此振荡频率便会有所降

低。由此可见，当外界因素消失后电路仍然会回到原来的相位平衡点。因此，要使得相位平衡点稳定，必须要求相位平衡点附近的环路相位 φ_T 随频率变化率为负值，即相位稳定平衡条件为

$$\frac{\partial\varphi_T}{\partial f}<0 \qquad (5\text{-}10)$$

综上所述，为了使振荡器产生自激振荡，开始振荡时，在满足正反馈条件的前提下，必须满足起振的条件。起振后，振荡幅度迅速增大，使晶体管工作进入非线性区，放大器的增益下降，直至 $AF=1$，振荡幅度不再增大，达到稳幅振荡。

5.1.3 反馈振荡器的判断方法

由反馈振荡电路应当满足的起振、平衡和稳定三个条件，判断一个反馈振荡电路能否正常工作，需考虑以下几点：

（1）可变增益放大器件（晶体管、场效应管或集成电路）应有正确的直流偏置，起振开始时应工作在甲类状态，以便于起振。

（2）起振开始时，环路增益幅值 AF 应大于 1。由于反馈网络通常由无源器件组成，反馈系数 F 通常小于 1，因此，放大器增益 A 必须大于 1。一般的共发射极、共基极电路都可以满足这一条件。另外，为了增大放大器增益 A，负载电阻不能太小。

（3）环路增益的相位 φ_T 在振荡频率点应为 2π 的整数倍，即环路应为正反馈。

（4）选频网络在振荡频率点附近应具有负斜率的相频特性。相位稳定条件应该由选频网络的相频特性来实现。但需注意，LC 并联回路阻抗的相频特性和 LC 串联回路导纳的相频特性是负斜率，而 LC 并联回路导纳的相频特性和 LC 串联回路阻抗的相频特性是正斜率。

以上第一点可根据直流等效电路进行判断，其余三点可根据交流等效电路进行判断。

5.2　LC 正弦波振荡器

选频网络为 LC 谐振回路的反馈振荡器称为 LC 正弦波振荡器。反馈振荡器还有许多种形式，根据由反馈耦合器件的不同类型，可以分成互感耦合振荡器（变压器反馈振荡器）、三点式振荡器、改进型电容三点式振荡器。

5.2.1　互感耦合振荡器

互感耦合振荡器有三种形式：调集振荡器电路、调基振荡器电路和调射振荡器电路，根据振荡回路是在集电极电路、基极电路还是发射极电路来进行区分。图 5–2 所示的为调集振荡器电路。图 5–3 所示的是调基与调射振荡器电路。为使自激振荡的相位平衡条件得到满足，图中用“●”标出了同名端，接线时必须注意。由于基极和发射极之间的输入阻抗比较低，为了避免过多影响回路的值，故在这两个电路中，晶体管与振荡回路做部分耦合。

调集振荡器电路在高频输出方面比其他两种电路稳定，而且谐波成分较小，幅度较大。调基振荡器电路的振荡频率在较宽的范围改变时，振幅比较平稳。

互感耦合振荡器在调整反馈（改变 M）时，振荡频率基本上没有影响。但由于分布电容的存在，当频率较高时，做出稳定性高的变压器是比较困难的。因此，它们的工作频率不宜过高，一般应用于中、短波波段。

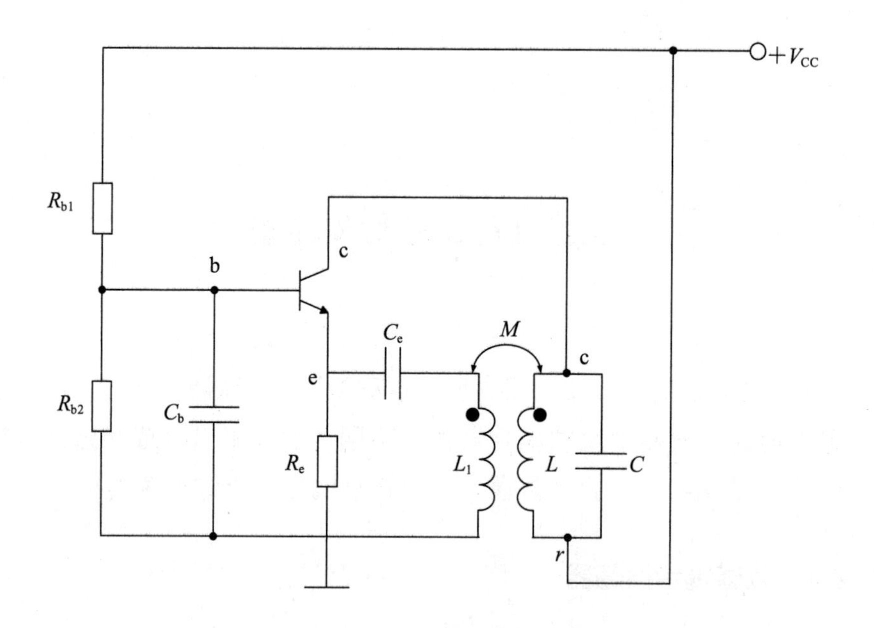

图 5-2 调集振荡器电路

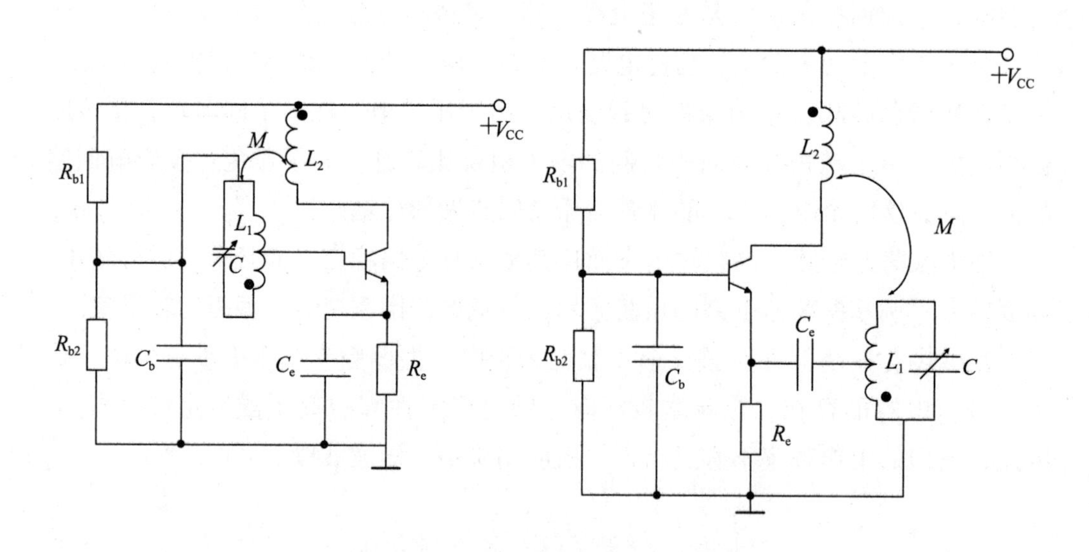

图 5-3 调基振荡器电路和调射振荡器电路

5.2.2 三点式振荡器

另一种应用较为广泛的 LC 振荡器为三点式振荡器，它的基本结构如图 5-4 所示。有源器件除了晶体管外，并联谐振回路由三个电抗元件 Z_1、Z_2、Z_3 构成，此并联谐振回路不但构成了正反馈所需的反馈网络，也决定了振荡频率。而且有三个点与晶体管的三个电极相连接，故称三点式振荡器。

综上可知，只有相位平衡条件满足后，才能使电路产生自激振荡，即电路应构成正反馈。在图 5-3 中，令回路电流为 I，忽略电抗元件损耗及管子参数的影响，则 $U_f = IZ_2$，$U_o = -IZ_1$。可见，为使 U_f 与 U_o 反相，Z_1 和 Z_2 必须为性质相同的电抗元件（同为感性或同为容性）。另外，回路的谐振频率一般都近似等于振荡频率，也就是在平衡状态下，正反馈回路应近似有谐振状态，即

$$Z_1 + Z_2 + Z_3 \approx 0 \tag{5-11}$$

由式（5-11）可知，Z_3 的性质必须与 Z_2（或 Z_1）的性质相反。因此，可以得出三点式振荡器的组成原则（或满足相位平衡条件的准则）是：Z_1 与 Z_2 的电抗性质相同，Z_3 与 Z_1（或 Z_2）的电抗性质相反。根据三点式振荡器的组成原则可知，三点式振荡器可分为电容三点式振荡器和电感三点式振荡器两种，其电路的基本形式如图 5-4 所示。

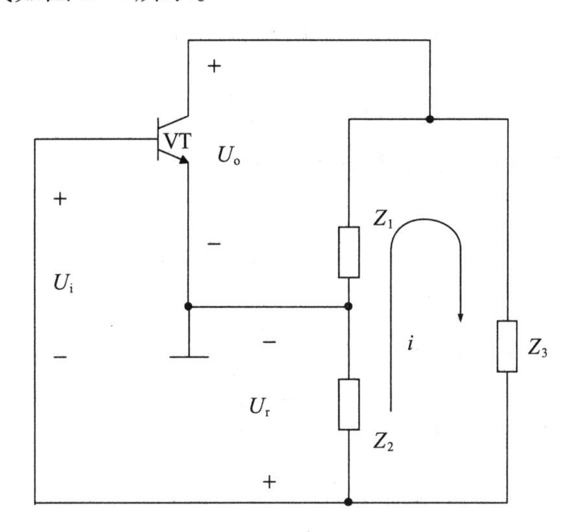

图 5-4　三点式振荡器的基本结构

1. 电容三点式振荡器

1）工作原理

电容三点式振荡器又称考毕兹（Colpitts）振荡器，其电路原理如图 5-5（a）所示。图中 R_{B1}、R_{B2}、R_E 组成分压式偏置电路，C_E 为旁路电容，C_B 为隔直流电容，R_C 是集电极直流馈电阻，L、C_1、C_2 组成振荡电路，图 5-5（b）所示

的是它的交流通路。由于电容 C_1、C_2 的 1、2、3 三个端点分别与晶体管的三个电极相接，反馈电压取自 C_2 两端，故称电容三点式振荡器。

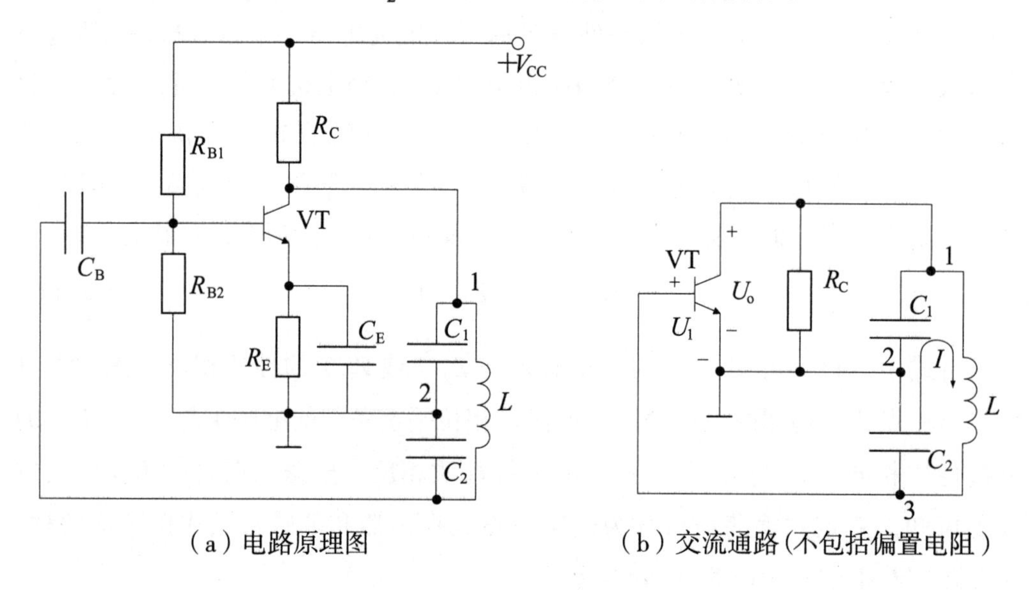

（a）电路原理图　　（b）交流通路(不包括偏置电阻)

图 5-5　电容三点式振荡器相关原理图

由图 5-5（b）所示的交流通路可知，该电路满足三点式振荡器的组成原则，即满足振荡的相位平衡条件，其振荡频率为

$$f_0 \approx f_p = \frac{1}{2\pi\sqrt{LC}} \tag{5-12}$$

式中：C 为谐振回路串联总电容，且 $C=\dfrac{C_1C_2}{C_1+C_2}$。

由于振荡电路反馈系数 F 为

$$F=\frac{U_f}{U_o}=-\frac{C_1}{C_2} \tag{5-13}$$

由此可得，如果 $\dfrac{C_1}{C_2}$ 增大，则 F 增大，有利于起振，但它会使管子输入端的接入系数增大，回路 Q 值下降，等效谐振电导增大，因此又不利于起振。所以 $\dfrac{C_1}{C_2}$ 也不能太大，一般取 $\dfrac{C_1}{C_2}$=0.1 ～ 0.5，或通过实际调试来决定取值。

2）优点和缺点

电容三点式振荡器由于反馈信号取自 C_2，它对高次谐波的阻抗很小，所以反馈信号中高次谐波分量小，振荡输出波形好。另外，电容 C_1、C_2 的容量可选得较小，因而振荡频率可以较高，一般可以做到 100 MHz 以上。但由于 C_1、C_2 改变将直接影响反馈信号的大小，会改变电路的起振条件，容易停振，故频率的调节范围较小且不方便。若将晶体管接成共基极电路可产生更高频率的振荡，所以共基极电容三点式振荡电路在实际中得到广泛应用，其工作原理和分析方法与共发射极的相同，这里不再叙述。

2. 电感三点式振荡器

1）工作原理

电感三点式振荡器又称哈特莱（Hartley）振荡器，其电路原理如图 5-6（a）所示，图 5-6（b）所示的是它的交流通路。由图 5-6（a）可知，由 C 和 L_1、L_2 构成谐振回路，谐振回路的三个端点分别与晶体管的三个极相连接，符合三点式振荡器的组成原则。由于反馈信号 U_f 在电感线圈 L_2 上取得，故称为电感三点式振荡器。与电容三点式振荡器的原理一样，电感三点式振荡器电路的振荡频率可根据振荡相位平衡条件求得：

$$f_0 \approx f_p = \frac{1}{2\pi\sqrt{(L_1 + L_2 + 2M)C}} \tag{5-14}$$

式中：L_1 为线圈上半部分的电感；L_2 为线圈下半部分的电感；M 为两部分之间的互感系数。

由于振荡电路的反馈系数 F 为

$$F = \frac{U_f}{U_o} = -\frac{L_2 + M}{L_1 + M} \tag{5-15}$$

可见，只要调节 L_1、L_2 的大小，就可使振荡器起振。

2）优点和缺点

从图 5-6（a）可以看出，在电路的谐振回路中，电感 L_1、L_2 耦合很紧，所以电感三点式振荡器很容易起振。另外，改变振荡回路的电容 C，可方便地调节振荡频率。但由于反馈信号取自电感 L_2，它对高次谐波呈现高阻抗，故不能抑制高次谐波，因而输出波形较差。电感三点式振荡器的起振和波形的好坏可通过调节电感线圈抽头来获得最佳效果，这时既要使电路具有足够的正反馈，以便于起振并获得较大的输出电压，但又不能使反馈过强，造成输出波形变坏。所以，要具体情况具体分析，通过实际调节，兼顾各方面的要求。

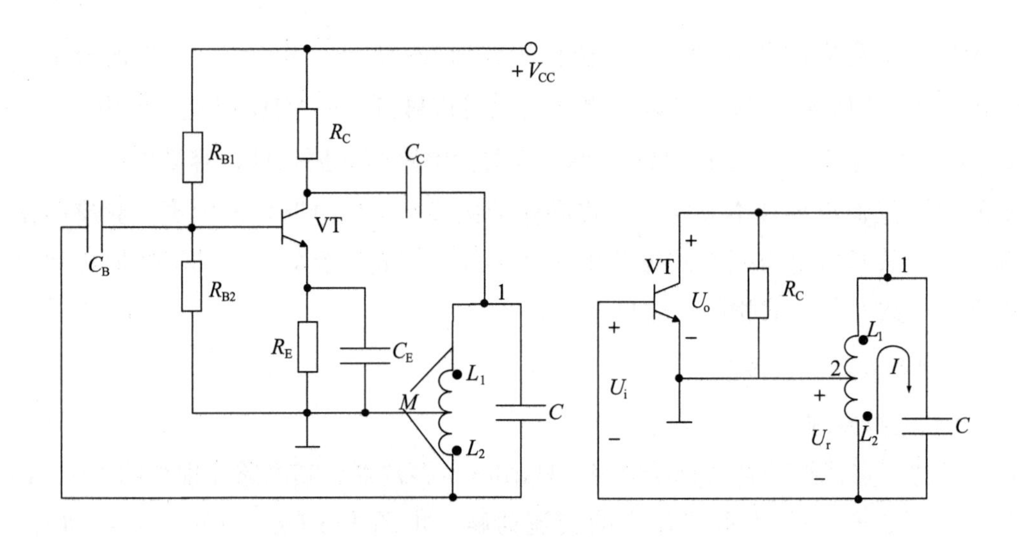

（a）哈特莱振荡器电路原理图　　　　（b）哈特莱振荡器交流通路

图 5-6　电感三点式振荡器相关原理图

5.2.3　改进型电容三点式振荡器

前面所介绍的 LC 振荡器，其频率稳定度一般在 10^{-3} 数量级，有时还难以达到我们的要求。由于改进型电容三点式振荡器减弱了晶体管与谐振回路的耦合，所以其频率稳定度可达 $10^{-5}\sim10^{-4}$ 数量级。改进型电容三点式振荡器有克拉泼（Clapp）振荡器和西勒（Seiler）振荡器两种类型。

1. 克拉泼振荡器

克拉泼振荡器电路原理图如图 5-7（a）所示，图 5-7（b）所示的是它的交流通路（不包括 R_C、R_E）。克拉泼振荡器是在考毕兹振荡器的谐振回路中加入一个与电感串联的电容 C_3 而形成的。为了减小管子与回路间的耦合，C_3 取值比较小，而 C_2 和 C_1 取值比较大，且通常 C_3 远小于 C_1 和 C_2，图 5-7（b）中 C_o 和 C_i 分别表示晶体管的输出电容和输入电容。

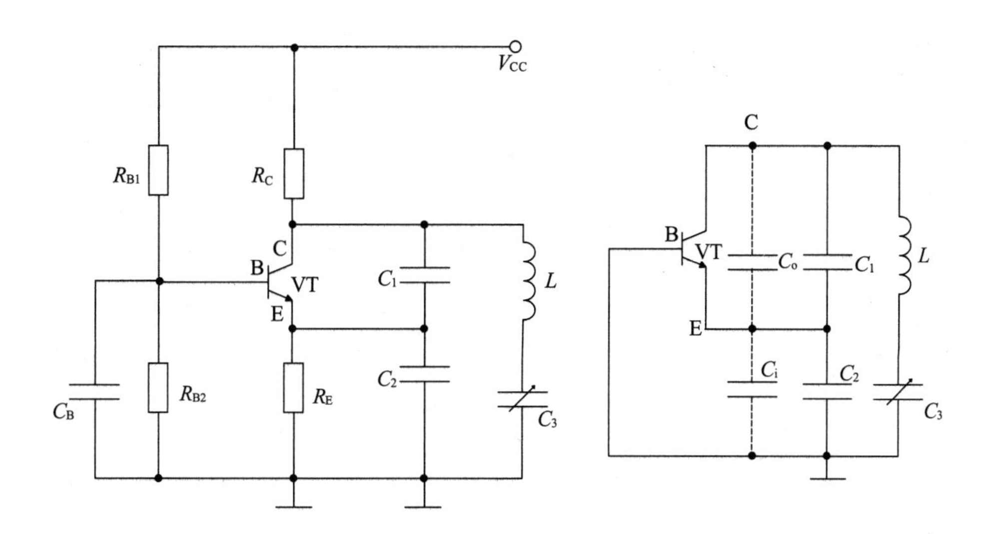

（a）电容三点式振荡器电路原理图　　　　（b）电容三点式振荡器交流通路

图 5-7　克拉泼振荡器相关原理图

回路的总电容 C 为

$$C=\frac{1}{\dfrac{1}{C_1+C_o}+\dfrac{1}{C_2+C_i}+\dfrac{1}{C_3}}\approx C_3 \tag{5-16}$$

该振荡器振荡频率为

$$f_0\approx\frac{1}{2\pi\sqrt{LC_3}} \tag{5-17}$$

由此可见，振荡频率主要由 C_3 和 L 决定，即 C_1 和 C_2 对频率的影响不大。同理，C_1 与 C_2 并联的晶体管的极间电容对振荡频率的影响也将显著减小。这时反馈系数的数值主要由 C_1 和 C_2 的大小来决定。可以证明，此时谐振回路对晶体管呈现的等效负载为

$$R_P'\approx\left(\frac{C_3}{C_1}\right)^2 R_P \tag{5-18}$$

所以，C_3 越小，C_1 越大，R_P' 越小，放大器的增益越小，即环路增益越小。这样，利用 C_3 进行频率调节时，就会出现频率越高（C_3 越小），振荡幅度也越小的现象。若 C_3 进一步减小，就有可能使电路不满足振幅条件而出现停振现

象。从以上分析可知，克拉泼振荡器的频率覆盖系数（高端频率与低端频率之比）不可能做得很高，一般为 1.2 ～ 1.3。因此，该振荡器主要适用于产生固定频率的场合。

2. 西勒振荡器

为了克服克拉泼振荡器的缺点，可采用西勒振荡器。图 5-8 所示的为西勒振荡器的原理图，它与克拉泼振荡器相比，仅在电感 L 上并接了一个可调电容 C_4，用来调整振荡频率，而用固定的电容 C_3（一般与 C_4 同数量级）。通常情况下，C_1 和 C_2 都远大于 C_3，所以其振荡频率近似为

$$f_0 \approx \frac{1}{2\pi\sqrt{L(C_3 + C_4)}} \tag{5-19}$$

在西勒振荡器中，西勒振荡器的振荡频率可通过调节 C_4 来实现，由于此时 C_3 不变，所以谐振回路反映到晶体管输出端的等效负载变化很缓慢，故调节 C_4 对放大器增益的影响不大，从而可以保证振荡幅度的稳定，所以其频率覆盖系数较大，可达 1.6 ～ 1.8。

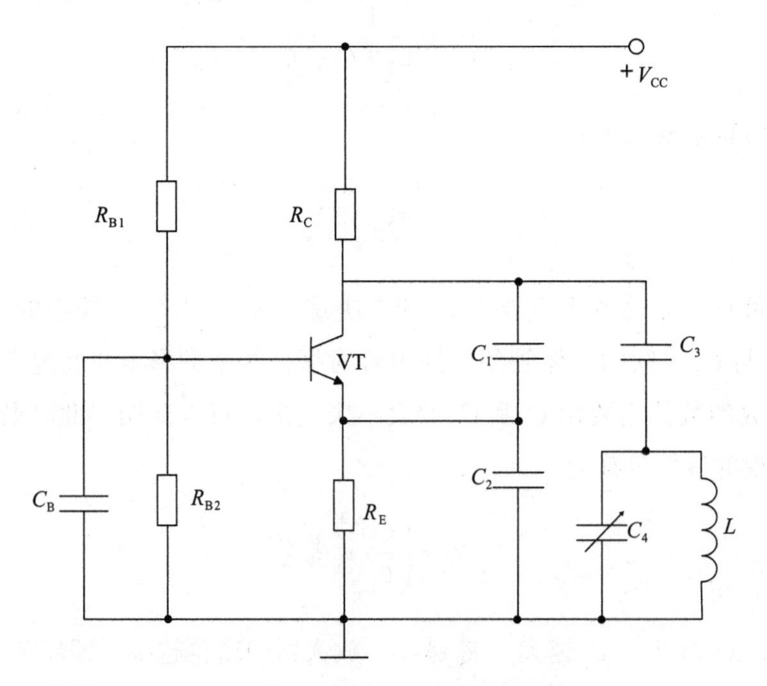

图 5-8　西勒振荡器原理图

5.3　石英谐振器及石英晶体振荡器

在 LC 振荡器中，尽管采用了各种稳频措施，但实践证明，它的频率稳定度一般很难突破 10^{-5} 数量级。为了进一步提高振荡频率的稳定度，常采用石英谐振器代替 LC 谐振回路，构成石英晶体振荡器，其频率稳定度一般可达 10^{-8} ～ 10^{-6} 数量级，甚至更高。

5.3.1　石英谐振器及其特性

天然石英晶体的化学成分是二氧化硅（SiO_2），除天然石英晶体外，目前已大量采用人造石英晶体。从一块石英晶体上按一定的方位角切割成的薄片称为晶片，然后在晶片的两个相对表面涂上金属层作为极板，焊上引线作为电极，再加上金属壳、玻璃壳或胶壳封装，即制成了石英谐振器，如图 5-9 所示。

（a）石英晶体内部结构　　（b）石英晶体外形图

图 5-9　石英晶体

石英谐振器（石英晶体滤波器）简称石英晶体，与陶瓷滤波器的构成原理类似，它也是利用石英晶体的压电效应制成的，具有谐振特性。由于晶片的固有机械振动频率，即谐振频率只与晶片的几何尺寸有关，所以晶片具有很高的频率稳定性，而且晶片尺寸做得越精确，谐振频率的精度就越高，因此，石英晶片可以作为一个十分理想的谐振系统。

1. 等效电路、基频晶体和泛音晶体

石英晶体在电路图中的符号如图 5–10（a）所示，图 5–10（b）所示的是它的交流等效电路，在外加交变电压作用下，晶片产生机械振动，其中除了基频的机械振动外，还有许多近似奇次（3 次，5 次，…）频率的机械振动。这些机械振动（谐波）称为泛音，它与电气谐波不同，电气谐波与基波是整数倍的关系，而泛音与它的基频不是整数倍关系，是近似成整数倍关系。晶片不同频率的机械振动可以分别用一个 LC 串联谐振回路来等效，实际使用时，在电路上总是设法保证只在晶片的一个频率上产生振荡，所以石英晶体在振荡频率附近的等效电路如图 5–10（c）所示。

其中，C_0 是晶片工作时的静态电容，它的大小与晶片的几何尺寸和电极的面积有关，一般在几个皮法到几十个皮法。L_q 是晶片振动时的等效动态电感，它的值很大。C_q 是晶片振动时的等效动态电容，它的值很小。r_q 是晶片振动时的摩擦损耗，它的值较小。可见，石英晶片的品质因数 Q 值很高，一般可达 10^5 数量级甚至以上。又由于石英晶片的机械性能十分稳定，所以一般的 LC 回路构成谐振电路可用石英晶体来代替，具有很高的频率稳定度。

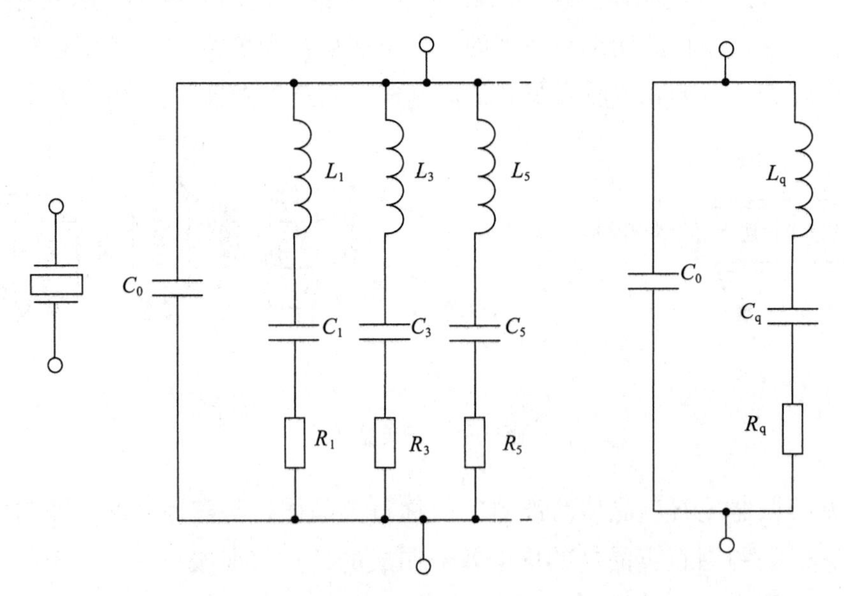

（a）石英晶体的电路符号　（b）石英晶体交流等效电路　（c）石英晶体振荡频率附近的等效电路

图 5–10　石英晶体电路

利用晶体的基频可以得到较强的振荡，这种利用基频振动的晶体称为基频晶体。由于晶片的厚度与振荡频率成反比，薄的晶片加工比较困难，使用中也容易损坏，因此，对高于 15 MHz 的石英晶体，都使用在泛音频率上，以使晶体的厚度增加。这种利用泛音振动的晶体称为泛音晶体，泛音晶体广泛应用在 3 次和 5 次的泛音振动系统中。

2. 串联谐振和并联谐振

在图 5-10（c）所示的电路中，忽略等效电阻 R_q 的影响，当加在回路两端的信号频率很低时，两个支路的容抗都很大，因此电路总的等效阻抗呈容性。随着信号频率的增加，容抗减小，当 C_q 的容抗与 L_q 的感抗相等时，C_q、L_q 支路发生串联谐振，此时的频率称为晶片的串联谐振频率，用 f_s 表示，可得

$$f_s = \frac{1}{2\pi\sqrt{L_q C_q}} \tag{5-20}$$

随着频率的继续升高，C_q、L_q 串联支路呈感性，当串联总感抗刚好和 C_0 的容抗相等时，谐振回路产生并联谐振，此时的频率称为晶片的并联谐振频率，用 f_p 表示，可得

$$f_p = f_s\sqrt{1+\frac{C_q}{C_0}} \tag{5-21}$$

当频率继续升高时，支路的容抗减小，C_0 对回路的分流起主要作用，回路总的电抗又呈容性，可得石英晶体电抗频率特性曲线，如图 5-11 所示。

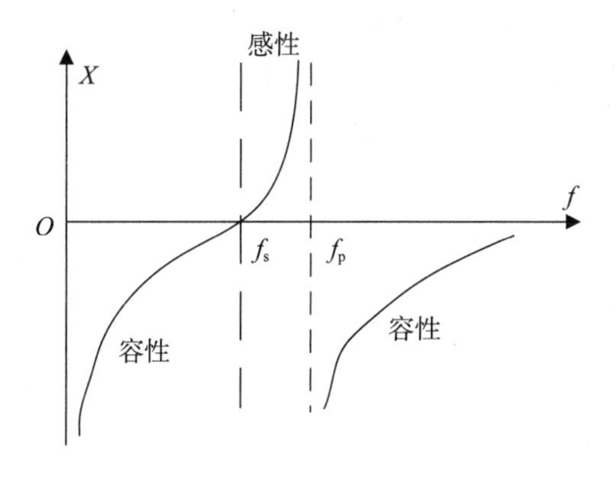

图 5-11　石英晶体电抗频率特性曲线

由于 C_0 远远大于 C_q，因此 f_p 与 f_s 相差很小，即 f_s 和 f_p 之间的等效电感的电

抗曲线十分陡峭，此时曲线的斜率非常大，有很高的 Q 值，即具有很强的稳频作用。事实上石英晶体就工作在这个频率范围狭窄的电感区内，因此，振荡频率稳定度很高。

3. 注意问题

石英晶体只有在较窄的温度范围内工作时，才具有很高的频率稳定度，所以在要求较高时，要采取恒温措施。石英晶体都规定接有一定的负载电容 C_L，用来补偿生产中石英晶体的频率误差，减缓石英晶体的老化，以达到标称频率。通常不同频率的石英晶体选用不同的 C_L，为了便于调整，C_L 一般采用微调电容。石英晶体在工作时要损耗一定的功率，常用激励电平来表示功率损耗的程度，因此，振荡器要给石英晶体提供激励电平，激励电平不能超过晶体的额定激励电平，并保持它的稳定。

5.3.2 石英晶体振荡器

用石英晶体组成的振荡器称为石英晶体振荡器。按石英晶体在振荡器中应用的方式不同，石英晶体振荡器可分为两大类：一类是石英晶体工作在 f_p 与 f_s 之间，利用晶片在此频率范围内等效的电感和其他电抗元件组成的振荡器，称为并联型石英晶体振荡器；另一类是石英晶片以低阻抗接入振荡器，称为串联型石英晶体振荡器。

1. 并联型石英晶体振荡器

图 5-12（a）所示的为皮尔斯振荡器，它是一种典型的并联型石英晶体振荡器，图中石英晶体与外部电容一起构成并联谐振回路，它在回路中起电感的作用。图 5-12（b）所示的为振荡器的交流通路，图 5-12（c）所示的为晶体等效后的等效电路，可以看出，此电路实质上是一个西勒振荡器。电路中 C_3 用来微调振荡器的振荡频率，使振荡器振荡在石英晶体的标称频率上，并减小石英晶体与晶体管之间的耦合。由 C_1、C_2、C_3 串联组成石英晶体的负载电容 C_L。

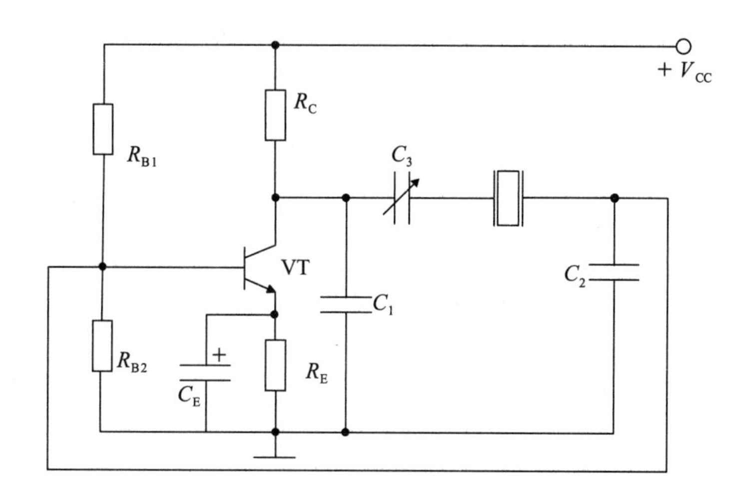

（a）并联型晶体振荡器

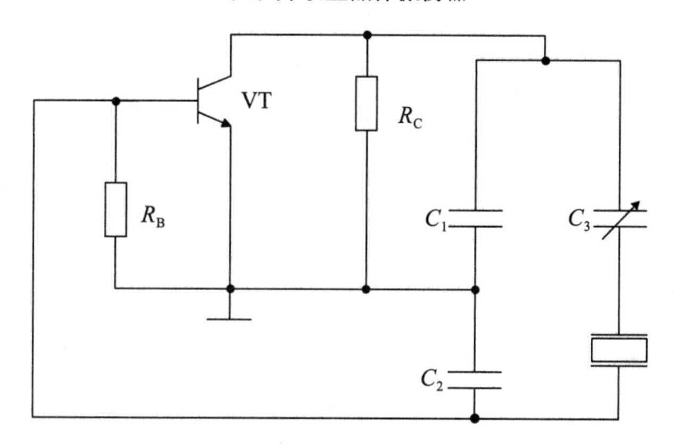

（b）并联型晶体振荡器的交流通路

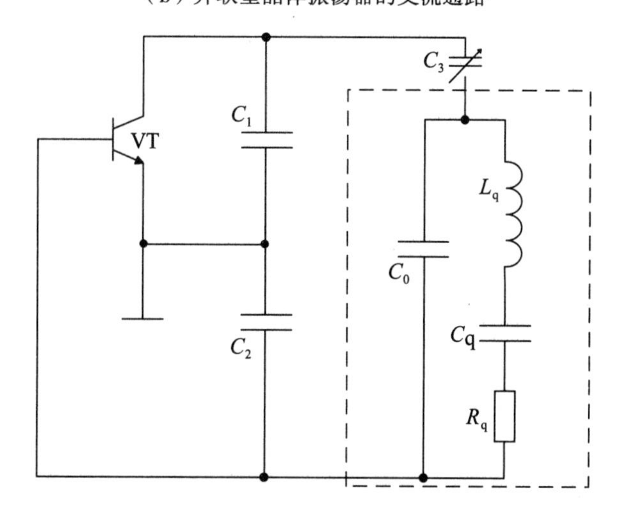

（c）晶体等效后的等效电路

图 5-12　并联型晶体振荡器相关电路图

由等效电路图可得

$$C_L = \frac{1}{\frac{1}{C_1}+\frac{1}{C_2}+\frac{1}{C_3}} \tag{5-22}$$

由于 C_1、C_2 的值远远大于 C_3 的值，因此 $C_L \approx C_3$。由图 5-12（c）可得 f_0 为

$$f_0 = f_s\left[1+\frac{C_q}{2(C_0+C_L)}\right] \tag{5-23}$$

根据上面分析可知，振荡器的振荡频率基本取决于晶体的串联谐振频率 f_s，与外接电容的关系很小，因此，并联型晶体振荡器的频率稳定度很高，但它的稳定度要比串联型晶体振荡器的稳定度稍低。

2. 串联型石英晶体振荡器

图 5-13 所示的是由两级放大器组成的串联型石英晶体振荡器。VT_1、VT_2 为两级阻容耦合共发射极放大器，输出电压 U_o 与输入电压 U_i 同相；由石英晶体构成了两级放大器之间的正反馈通路。当反馈信号的频率等于晶体的串联谐振频率时，晶体呈现的阻抗最小，且为纯电阻，此时正反馈最强，电路满足振荡的条件而产生自激振荡。而在其他频率上，晶体呈现很大的阻抗并产生较大的相移，不满足自激振荡的条件，因而不能振荡。因此，这种振荡器的振荡频率 f_0 取决于石英晶体的串联谐振频率 f_s。

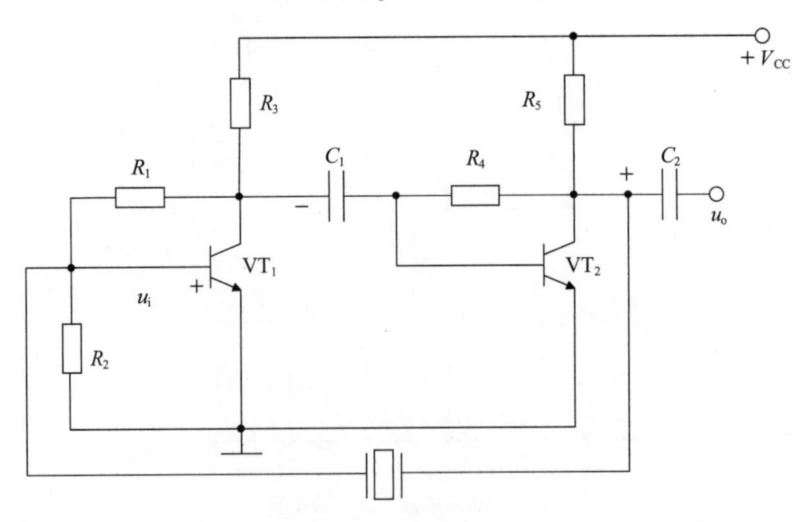

图 5-13　串联型石英晶体振荡器

图 5-14（a）所示的电路为串联型石英晶体振荡器的另一种典型电路，其交流通路如图 5-14（b）所示。由图可知，石英晶体串接在正反馈支路内，只有频率等于石英晶体的串联谐振频率f_s时，才能满足自激振荡条件而产生振荡，所以振荡频率以及频率稳定度取决于石英晶体。但此时 L 和 C_1 、C_2 组成的并联回路应调谐在石英晶体的串联谐振频率f_s上。由上面分析可知，f_0 取决于石英晶体的串联谐振频率f_s，与静态电容 C_0 的关系很小，且外部电容变化对石英晶体的影响很小，这就大大提高了振荡器的频率稳定度。

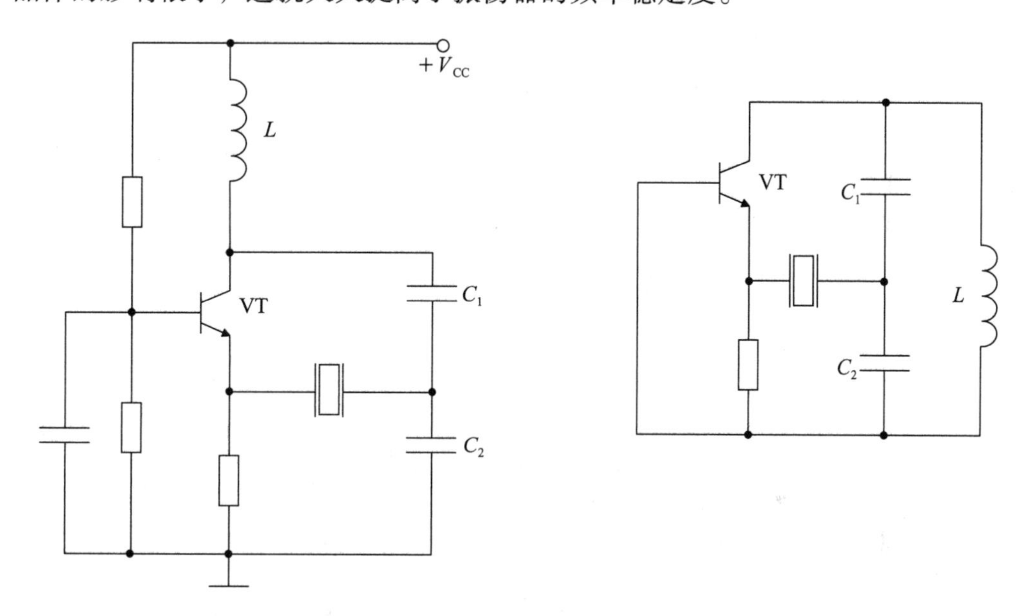

（a）串联型石英晶体振荡器的典型电路　　（b）串联型石英晶体振荡器的交流通路

图 5-14　串联型石英晶体振荡器相关原理图

3. 泛音晶体振荡器

前面讨论的是基频振荡电路，下面我们来讨论一下泛音晶体振荡电路。图 5-15 所示的是一个典型的泛音晶体振荡电路。

从图 5-15 可以看出，它实际上是一种并联型晶体振荡器。根据三点式振荡器的组成原则，L_1C_1 并联谐振回路相当于一个电容，呈现出容抗。设电路中晶体的基频为 1 MHz，为了获得 5 次泛音，即标称频率为 5 MHz 的泛音振荡，可以把 L_1C_1 回路的谐振频率调在 3 次和 5 次泛音之间，即 3 ～ 5 MHz。从图 5-15 所示的 L_1C_1 谐振回路的电抗特性可知，5 次泛音频率在 5 MHz 以上，L_1C_1 回路呈容性，相当于一个电容，电路满足振荡的相位平衡条件，可以产生振荡。而对于基频和 3 次泛音来说，L_1C_1 回路呈现感性，电路不符合三点式振荡器的组成原则，不能产生振荡。至于 7 次和 7 次以上的泛音，虽然 L_1C_1 回路也呈现容性，但此时等效电容过大，振幅条件无法满足而不能振荡。

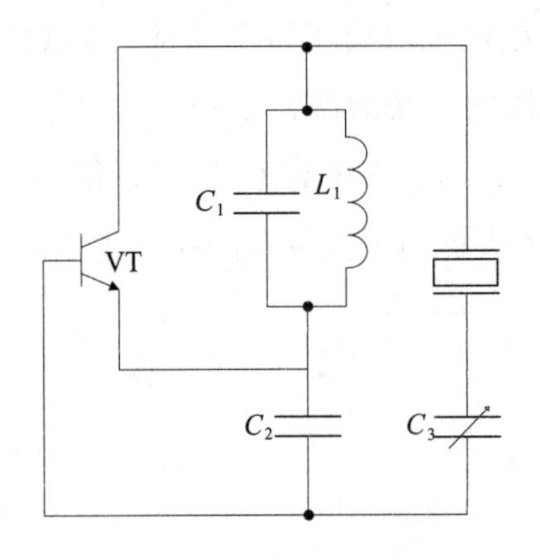

图 5-15　泛音晶体振荡电路

5.4　环形振荡器

反馈振荡器的另一类构成形式是环形振荡器，在环形振荡器电路中要求多级级联放大器本身是反向放大器，级联后仍为反相放大器，最终形成环。如图 5-16 所示，从电路形式上看，它是一个反馈型结构，但该电路通常要求工作于频率相对较高的条件下。利用各级放大器高频工作产生的附加位移的累计来实现在某一频率上达到 180° 相移，使负反馈变成正反馈并最终形成正反馈振荡。因此，环形振荡器同样是依靠相移来达到正反馈振荡的目的。

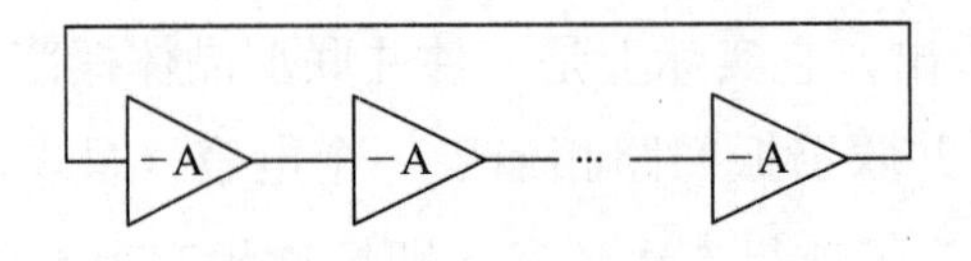

图 5-16　多级级联反相器构成的放大器环

由于具有单极点的单极反向振荡器的最大相移只有 90°，因此单极反相放大器的闭环无法构成环形放大器。而两级级联间为正反馈，不符合环形振荡器的基本结构，因此环形振荡器必须是奇数的级联，且至少需要三级反向放大器，理论上环形振荡器需要三级及以上奇数级放大器级联构成。如此，环形振荡器的基本结构已经确定。

5.4.1　门电路反相器构成环形振荡器

用门电路反相器构成的三级环形振荡器如图 5–17 所示，这也是在数字电路中常见的振荡器电路结构。先分析电路稳态时的各点波形。现假设电路中三个反相器有着相同的特性，电路从起振到稳定需要一定的时间，选择稳定后的某一时间点 t_0，以 t_0 作为起始点开始分析，在 $t= t_0^+$ 时，V_X 下降为 0，第二个反向器经过第一个反相器时延 T_D 后上升为高电平，随后第三个反相器又经过时延 T_D 后下降为低电平，即 $V_Z =0$。第一个反相器的输入电平就由高电平变成低电平，同样第一个反相器再经过一个时延 T_D 后上升为高电平，即 $V_X = V_{DD}$。电路经过三个反相器的延迟时间，也就是说，$3T_D$ 的时间完成了 X 节点从低电平到高电平的变换，$3\times 2T_D$ 的时间可完成一个周期的变化，此即为振荡电路的周期。

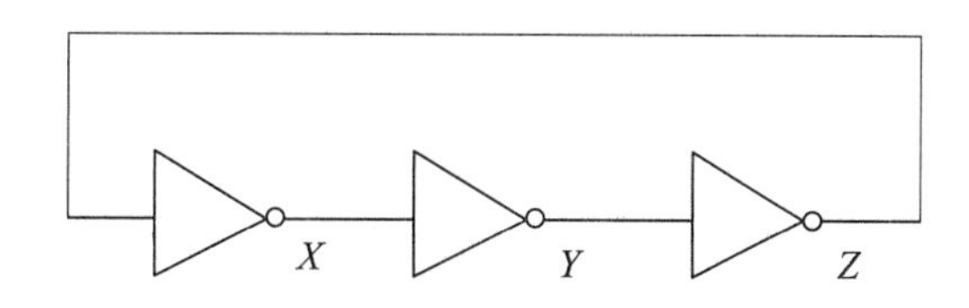

图 5–17　三级环形振荡器

振荡周期可表示为

$$T= 2nT_D \tag{5–24}$$

相应的振荡频率可表示为

$$f_{osc} = \frac{1}{2nT_D} \tag{5–25}$$

式中：n 为环路中反相器级数。

根据门电路稳态的工作情况，以门电路的延迟特性来分析环形振荡器的振荡频率，根据延时和相位的内在关系也可以从相位的角度进行分析，如图 5–18

所示。三级反相器级联为负反馈，断开环路后会出现 180° 的相位差，再考虑每级延时 T_D，也就是每级产生附加位移为 ωT_D，三级的相位累计即为 $3\omega T_D$。

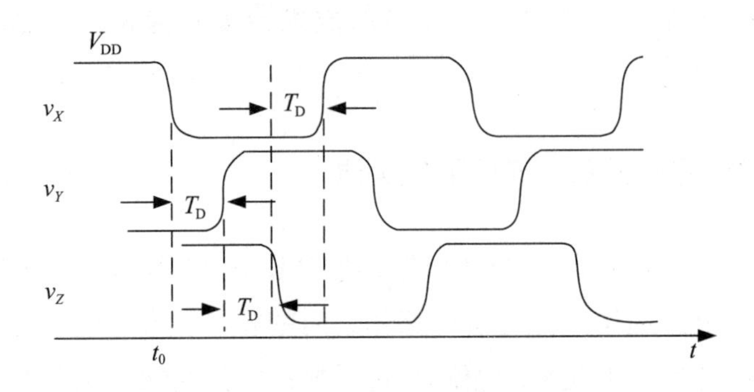

图 5-18　环形振荡器 t_0 以后的工作波形

环路闭合时若某一频率满足

$$3\omega_{osc}T_D = \pi \tag{5-26}$$

则环路振荡频率为

$$f_{osc} = \frac{1}{6T_D} \tag{5-27}$$

此外，环路每级反相器产生的附加位移为

$$\Delta\varphi = \omega_{osc}T_D = \frac{\pi}{n} \tag{5-28}$$

5.4.2　反向放大器构成环形振荡器

用反向放大器构成的环形振荡器与一般环路的主要区别在于反向放大器的结构。在一般环路中，电路主要有基本放大器结构，如共源、共射；组合放大器结构，如共射 - 共基、共射 - 共集等；还可用差分放大器来进行设计，差分放大器因其具有两个输入端和两个输出端，在环路中的接法较为灵活，因此直观上讲并非一定是奇数级，偶数级级联也是允许的，满足相位条件即可。图 5-19 所示的为四级差分构成的环形振荡器，放大器级数为偶数，若为正常接法，此时为正反馈，由于接法的灵活性，可在其中某一级交换输出，此图中为第三级，使其构成电路形式上的负反馈。此类振荡器可构成四种相位及其相反相位的波形。此外，在此类振荡器中差分放大器又会因其采用不同的负载结构而产生不同的影响，作为时钟，此类电路在系统中有着更加灵活的作用。

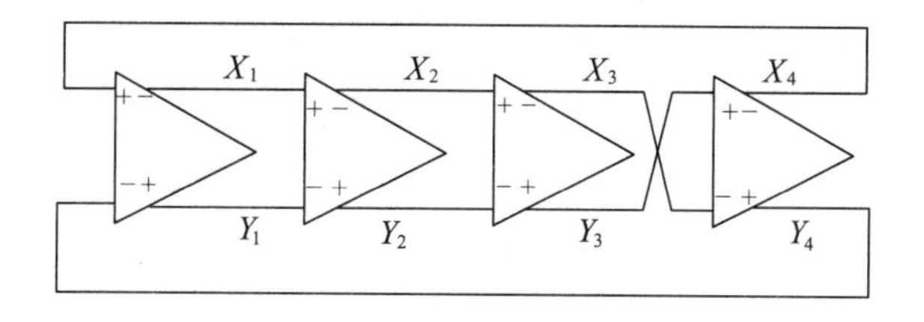

图 5-19 由四级差分构成的环形振荡器

5.5 负阻正弦波振荡器

负阻正弦波振荡器是利用负阻器件与 LC 谐振回路构成的另一类正弦波振荡器，主要工作在 100 MHz 以上的超高频段，甚至可达几十吉赫（GHz）。

5.5.1 负阻器件

负阻器件就是交流电阻（或微变电阻）为负值的器件，其伏安特性曲线中有一负斜率的线段。负阻器件分为两大类：电压控制型（如隧道二极管）和电流控制型（如单结晶体管），它们的伏安特性如图 5-20 所示。

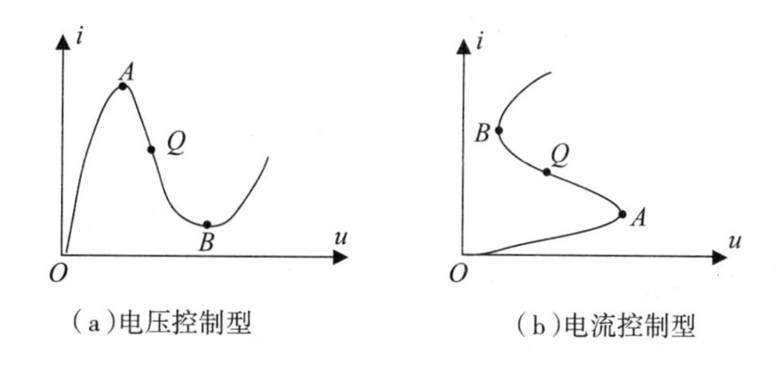

（a）电压控制型 （b）电流控制型

图 5-20 负阻器件的伏安特性

由图 5-20 可见，在负阻段 AB 上的一点 Q，由于 Δu 和 Δi 的变化方向相反，所以其交流电阻为一负值，为了讨论方便，我们用 r_n 表示其绝对值。正因为具有负阻特性，负阻器件才具有能量变化的作用。由分析可知，在有信号作用下负阻器件消耗的平均功率小于直流电源提供的平均功率，二者之差就是负阻器件输出的交流功率。所以负阻器件通过负阻特性，在交流信号作用下能够将从直流电源中获得的直流功率的一部分转换成交流功率输出。当然，负阻器件本身是消耗功率的。

由图 5-20 可以看出，负阻器件的负阻端 AB 的伏安特性呈非线性，对于电压控制型负阻器件，负阻段越靠近 A、B 处，伏安特性越平缓，其斜率越小，则 r_n 越大。因此，随着信号电压幅度的增大，电压控制型负阻器件的 r_n 也增大。同理，对于电流控制型负阻器件，由于负阻段越靠近 A、B 处，伏安特性越陡直，因此，r_n 随信号电流幅度的增大而减小。

为了保证负阻器件工作在负阻段，加在电压控制型负阻器件两端的电压应是电压源（电压变化小），而通过电流控制型负阻器件的电流应是电流源（电流变化小）。

5.5.2 负阻振荡原理及其电路

反馈式正弦波振荡器是依靠正反馈将直流电源能量转换为交流能量，再补充给回路的。负阻正弦波振荡器常用 LC 回路作为选频网络，它依靠器件负阻特性，将直流电源能量转换为交流能量，再补充给 LC 回路。

负阻正弦波振荡器一般由负阻器件、LC 回路和直流供电电路等构成。除了建立适当的静态工作点以使负阻器件工作在伏安特性的负阻段外，负阻正弦波振荡器还必须考虑负阻器件与 LC 回路的连接形式，使交流信号能够作用于负阻器件，并且使振幅保持稳定的平衡。

1. 负阻正弦波振荡器的类型

按照负阻器件与 LC 回路的连接形式的不同，负阻正弦波振荡器有串联型和并联型两种，如图 5-21 所示。串联型负阻振荡器中负阻器件和 LC 回路串联，并联型负阻振荡器中负阻器件与 LC 回路并联，图 5-21（a）、（b）所示的 r 均为等效串联损耗电阻，两种电路中的 LC 回路均要求具有较高的 Q 值。

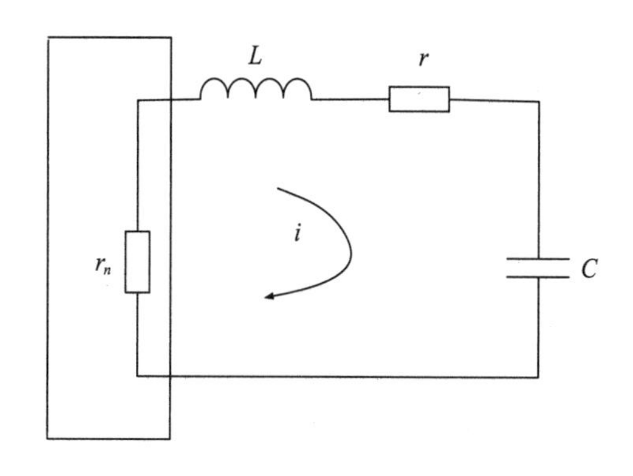

（a）负阻正弦波振荡器串联型原理电路

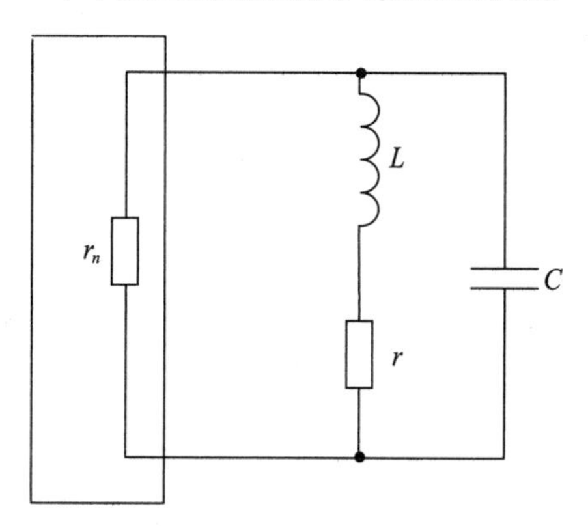

（b）负阻正弦波振荡器并联型原理电路

图 5-21　负阻正弦波振荡器电路图

2. 负阻正弦波振荡器电路

在组成负阻正弦波振荡器时，直流电源的供电方式是要注意的事项之一。对于电压控制型负阻器件，应采用低内阻的直流电源供电；对于电流控制型负阻器件，应采用高内阻的直流电源供电。

最常用的负阻器件是电压控制型的隧道二极管，由它组成的负阻振荡器如图 5-22 所示，图中 V_{CC} 和分压电阻 R_1 、R_2 组成隧道二极管的直流供电电路，提供合适的静态工作点。由于 R_2 较小，故等效的直流电源内阻很小，C_1 是高频旁路电容，则电压控制型的隧道二极管便获得低内阻的电源供电。

隧道二极管交流电路如图 5-22（b）所示，其中 r_n 为器件的负阻，C_j 为 PN 结的结电容。可以分析，该电路的起振条件为

$$r_n < \frac{L}{(C+C_j)\ r} \tag{5-29}$$

振幅平衡条件为

$$r_n = \frac{L}{(C + C_{\mathrm{j}})r} \tag{5-30}$$

振荡频率为

$$f_0 = \frac{1}{2\pi}\sqrt{\frac{1}{(C + C_{\mathrm{j}})r} - \left(\frac{r}{L}\right)^2} \tag{5-31}$$

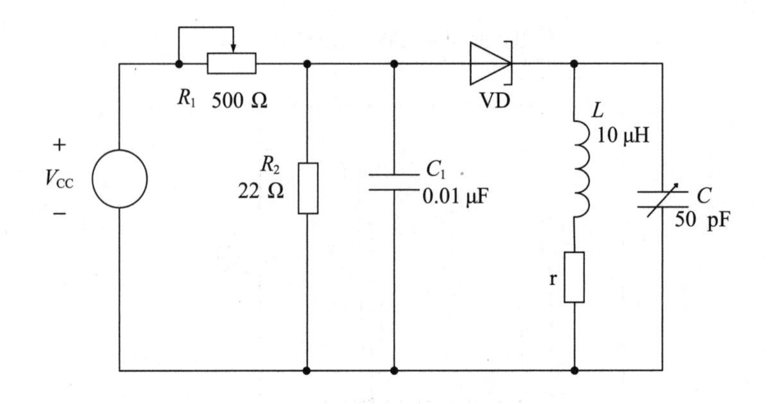

（a）隧道二极管负阻振荡器电路原理

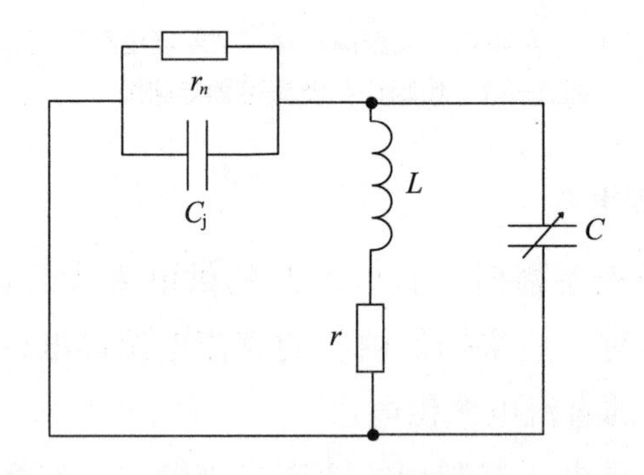

（b）隧道二极管负阻振荡器交流电路

图 5-22　隧道二极管负阻振荡器相关电路图

隧道二极管负阻振荡器优点较多，如振荡频率高、噪声低、受温度影响小、电路简单和体积小等。但缺点也较为明显，如输出功率小、输出电压低、前后级不易隔离、阻抗不易匹配，而且负载和器件参数对振幅和频率的影响比较严重，其频率和幅度稳定性不如反馈振荡器。

5.6　压控振荡器

有些可变电抗元件的等效电抗值能随外加电压的变化而变化，将这种电抗元件接在正弦波振荡器中，可使其振荡频率随外加控制电压的变化而变化，这种振荡器称为压控正弦波振荡器。其中最常用的压控电抗元件是变容二极管。

压控振荡器（voltage controlled oscillator，VCO）在频率调制、频率合成、锁相环路、电视调谐器、频谱分析仪等方面有着广泛的应用。

5.6.1　压控特性

变容二极管是利用 PN 结的结电容随反向电压变化这一特性制成的一种压控电抗元件。变容二极管的符号和结电容变化曲线如图 5-23 所示。

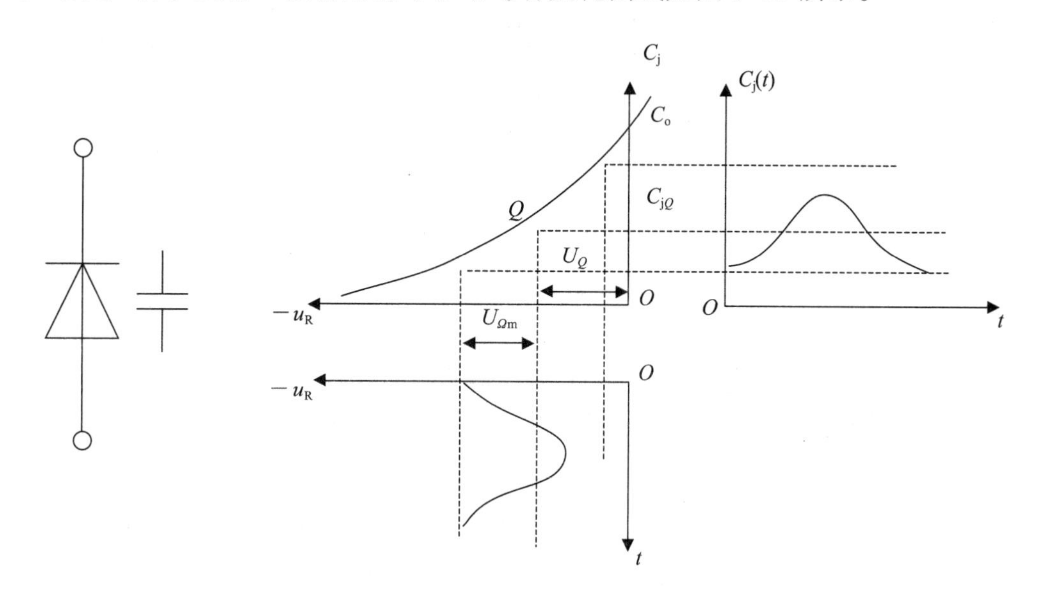

（a）变容二极管电气符号　　（b）变容二极管结电容电压曲线

图 5-23　变容二极管

变容二极管结电容可表示为

$$C_{\mathrm{j}}=\frac{C_0}{\left(1+\frac{U_{\mathrm{R}}}{U_{\mathrm{D}}}\right)^{\gamma}} \tag{5-32}$$

式中：γ 为电容指数，其值随半导体掺杂浓度和 PN 结的结构不同而变化；C_0 为外加电压 $U_{\mathrm{R}}=0$ 时的结电容值；U_{D} 为 PN 结的内建电位差；U_{R} 为变容二极管所加反向偏压的绝对值。

变容二极管必须工作在反向偏压状态，所以工作时需加负的静态直流偏压 $-U_Q$。若交流控制电压 U_Ω 为正弦信号，则变容二极管上的有效电压的绝对值为

$$U_{\mathrm{R}}=U_Q+U_\Omega=U_Q+U_{\Omega\mathrm{m}}\cos(\Omega t) \tag{5-33}$$

代入式（5-32），则有

$$C_{\mathrm{j}}=\frac{C_{\mathrm{J}Q}}{[1+m\cos(\Omega t)]^{\gamma}} \tag{5-34}$$

式中：$C_{\mathrm{J}Q}$ 为静态结电容，有

$$C_{\mathrm{J}Q}=\frac{C_0}{\left(1+\frac{U_Q}{U_{\mathrm{D}}}\right)^{\gamma}} \tag{5-35}$$

m 为结电容调制系数，有

$$m=\frac{U_{\Omega\mathrm{m}}}{U_{\mathrm{D}}+U_Q}<1 \tag{5-36}$$

压控振荡器的主要性能指标是压控灵敏度和线性度。其中压控灵敏度定义为单位控制电压引起的振荡频率的增量，用 S 表示，即

$$S=\frac{\Delta f}{\Delta u\Omega} \tag{5-37}$$

5.6.2　变容二极管压控振荡器

将变容二极管作为压控电容接入 LC 振荡器中，就组成了 LC 压控振荡器。一般 LC 压控振荡器可采用各种类型的三点式振荡电路。

需要注意的是，为了使变容二极管能正常工作，必须正确地给其提供静态负偏压和交流控制电压，而且要抑制高频振荡信号对直流偏压和低频控制电压的干扰。所以，在电路设计时要适当采用高频扼流圈、旁路电容、隔直流电容等。

无论是分析一般的振荡器还是分析压控振荡器，都必须正确画出振荡器的直流通路和高频振荡回路。对于后者，还需画出变容二极管的直流偏置电路与低频控制回路。

图 5-24 所示的是变容二极管压控振荡器的频率－电压特性。一般情况下，这一特性是非线性的，其非线性程度与电容指数 γ 和电路结构有关。在中心频率 f_0 附近较小区域内线性度较好，灵敏度也较高。

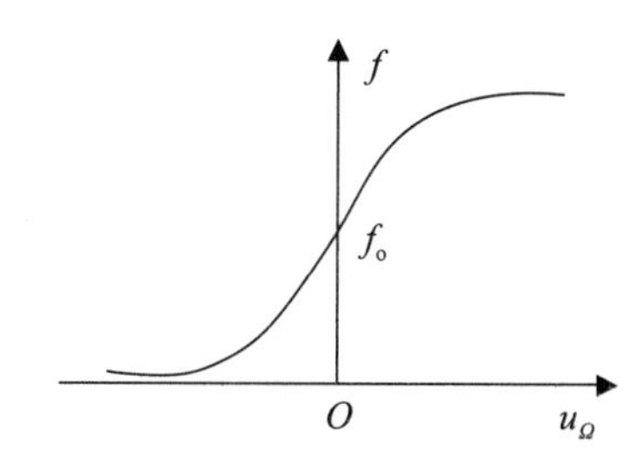

图 5-24　变容二极管压控振荡器的频率－电压特性

【例 5.1】图例 5.1（a）所示的是中心频率为 360 MHz 的变容二极管压控振荡器电路，画出图中晶体管的直流通路和高频振荡回路、变容二极管的直流偏置电路和低频控制回路。

解　画晶体管直流通路，只需将所有电容开路、电感短路即可，变容二极管也应开路，因为它工作在反偏状态，如图例 5.1（b）所示。

画变容二极管直流偏置电路，需将与变容二极管有关的电容开路、电感短路，晶体管的作用可用一个等效电阻表示。由于变容二极管的反向电阻很大，可以将其他与变容管串联的电阻做近似短路处理。例如，本例中变容二极管的负端可直接与 15 V 电源相接，如图例 5.1（c）所示。

画高频振荡回路与低频控制回路前，应仔细分析每个电容与电感的作用。对于高频振荡回路，小电容是工作电容，大电容是耦合电容或旁路电容；小电感是工作电感，大电感是高频扼流圈。当然，变容二极管也是工作电容。保留工作电容与工作电感，将耦合电容与旁路电容短路，高频扼流圈 L_{z1} 、 L_{z2} 开路，直流电源与地短路，即可得到高频振荡回路，如图例 5.1（d）所示。正常情况下，可以不必画出偏置电阻。

判断工作电容和工作电感方法：一是根据参数值的大小；二是根据其所处的位置。电路中数值最小的电容（电感）和与其处于同一数量级的电容（电感）均被视为工作电容（电感），耦合电容与旁路电容的值往往要大于工作电容几十倍以上，高频扼流圈 L_{z1} 、 L_{z2} 的值也远远大于工作电感。另外，工作电容与工作电感是按照振荡器组成法则设置的，耦合电容起隔直流和交流耦合作用，旁路电容对电阻起旁路作用，高频扼流圈为直流和低频信号提供通路，对高频信号起阻挡作用，因此它们在电路中所处位置不同。据此也可以进行正确判断。

对于低频控制通路，只需将与变容二极管有关的电感 L_{z1} 、 L_{z2} 、L 短路（由于其感抗值相对较小）；除了低频耦合或旁路电容短路外，其他电容开路，直流电源与地短路即可。由于此时变容二极管的等效容抗和反向电阻均很大，所以对于其他电阻可做近似处理。本例中 $C_5 = 1000$ pF，是高频旁路电容，但对于低频信号却是开路的。图例 5.1（e）所示的即为低频控制通路。

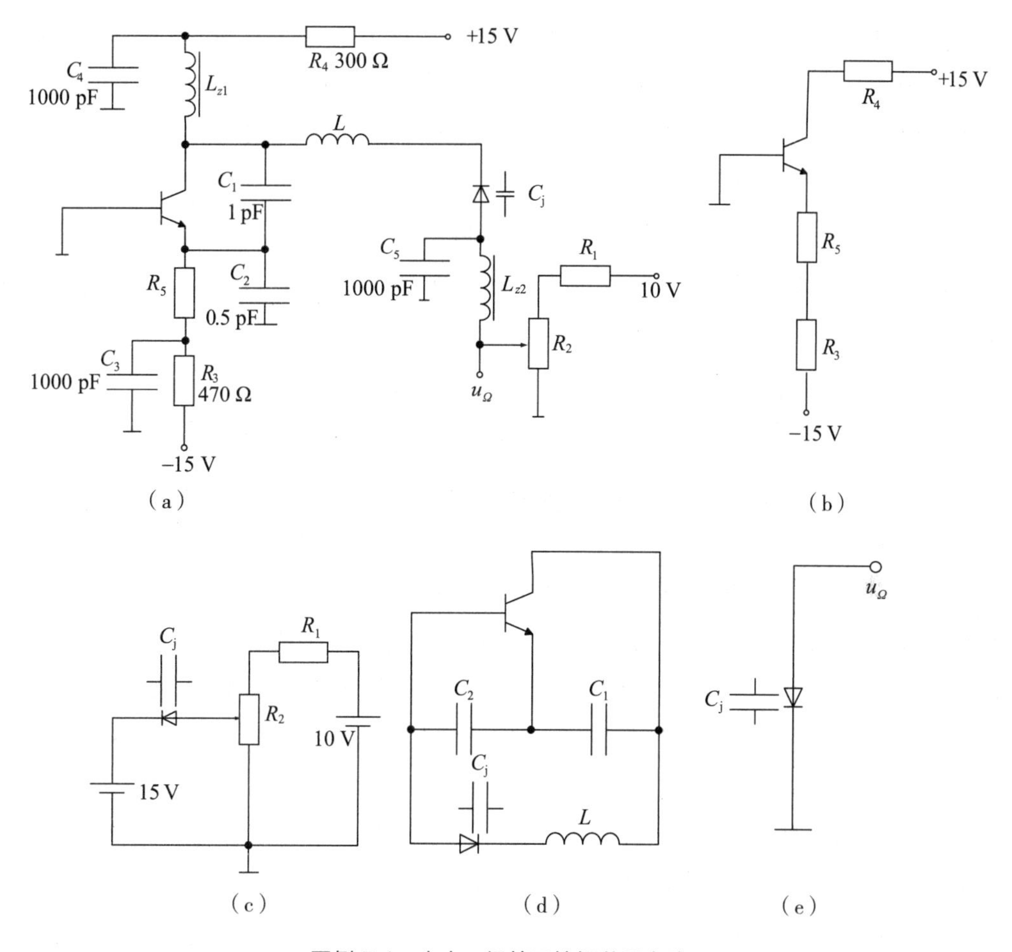

图例 5.1　变容二极管压控振荡器电路

5.6.3　集成压控振荡器

1. 压控振荡电路

一般来说，振荡电路振荡频率的改变，可以通过采取调节振荡回路的数值来实现。例如，LC 振荡器需要采用手动的方式来改变振荡回路中 L、C 的数值。但是在许多设备中，实现自动调节振荡器的振荡频率是我们所希望的。压控振荡器就能适应自动调节频率的需要。所谓压控振荡器，就是其振荡频率会随着外加控制电压的变化而变化，通常用 VCO 表示。

构成压控振荡的方法一般可分为两类：一类是改变 LC 振荡器的振荡回路元件 L 或 C 的值实现频率控制。目前，应用最多的是改变变容二极管的反向电压值实现频率控制。这种振荡电路大多是正弦波振荡电路。另一类是改变高频多谐振荡器中的电容充放电的电流实现频率控制。这种振荡电路输出方波。随着集成电路技术的不断发展，有许多集成压控振荡器的成品可供选用，其优点较多：不仅性能好，而且将外接电路减到很少，使用非常方便。因而压控振荡器基本上可以选用单片集成振荡电路来构成。输出为正弦波的振荡器大多用变容二极管实现回路调频。而输出为方波的集成压控振荡器可以全部集成不需外加元件，直接用控制电压实现控制。

2. MC1648 集成压控振荡电路

图 5-25 是集成压控振荡电路 MC1648 的内部电路图。该振荡器由差分对管振荡电路、偏置电路和放大电路三部分组成。差分对管振荡电路由 VT_6、VT_7、VT_8 管组成，其中 VT_6 基极和 VT_7 集电极相连，而 VT_7 的集电极与基极之间外接并联 LC 谐振回路，调谐于振荡频率。从交流通路来看，该振荡电路实际上是由 VT_6 组成共集和 VT_7 组成共基级联放大的正反馈振荡电路。振荡信号从 VT_7 集电极送给 VT_4 基极，经 VT_4 共射极放大送给 VT_3 和 VT_2 组成的单端输入和单端输出的差动放大级进行放大，然后经 VT_1 组成射随器输出。振荡电路的偏置电路由 VT_9、VT_{10}、VT_{11} 组成。

为了提高振荡的稳幅性能，振荡信号经 VT_4 射极送到 VT_5 放大后加到二极管 VD_1 上，控制 VT_8 管的恒流值 I_0，脚外接电容 C_B 为滤波电容，用来滤除高频分量。当振荡电压振幅因某一原因增大时，VT_5 管的集电极平均电位下降，经 VD_1 使 I_0 减小，从而使振荡幅度降低。反之，若振荡信号振幅减小，VT_5 管的集电极平均电位增高，I_0 增大，从而使振荡幅度增大。这是一自动调整环节。

MC1648 的振荡频率可达 200 MHz，可以产生正弦波振荡，也可以产生方波振幅。在单电源供电时，在脚 5 外接电容 C_B，脚 12 和脚 10 之间接入 LC 并联谐振回路，则输出为正弦波。而要求输出方波时，应在脚 5 上外加正电压，使差分对管振荡电路的 I_0 增大，振荡电路的输出振荡电压增大，经 VT_4、VT_3 和 VT_2 放大后，将它变换为方波电压输出。

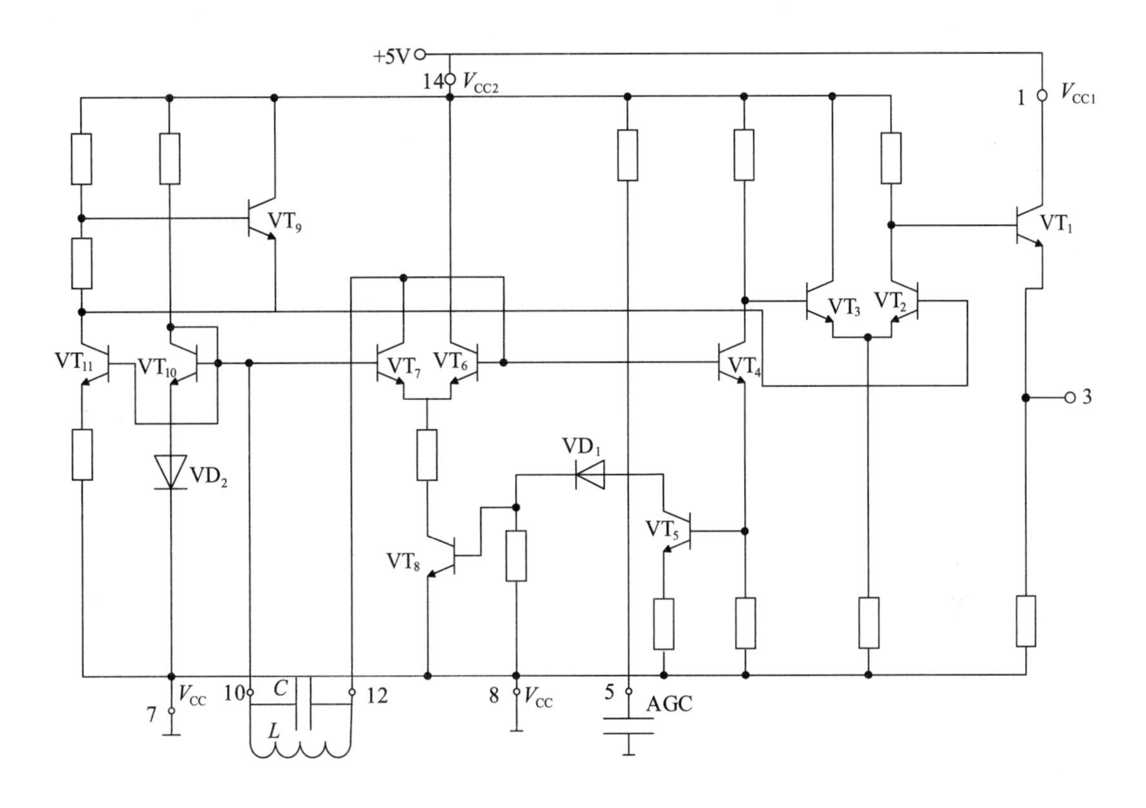

图 5-25　MC1648 集成压控振荡电路

MC1648 集成压控振荡电路实现振荡功能的主要部分是差分对振荡电路和放大输出电路。图 5-25 中只列出了主要连接管脚，其他脚在实用电路中应根据实际标注连接线路。图 5-26 所示的是由 MC1648 集成压控振荡电路组成的实际正弦波振荡电路，其振荡频率可由振荡回路电容 C 调整。

MC1648 集成压控振荡电路也能够实现压控振荡的功能，只要将振荡回路中的电容 C 用变容二极管代替就可实现压控振荡，如图 5-26 所示。

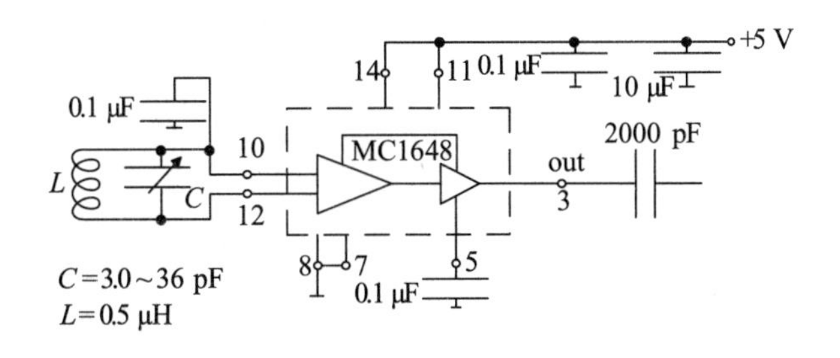

图 5-26　构成压控振荡器的回路

习题 5

1. 振荡电路如图 P5.1 所示，试画出该电路的交流等效电路，标出电感线圈同名端位置；说明该电路属于什么类型的振荡电路，有什么优点。若 $L=180\ \mu H$，$C_2=30\ pF$，C_1 的变化范围为 20 ~ 270 pF，求振荡器的最高和最低振荡频率。

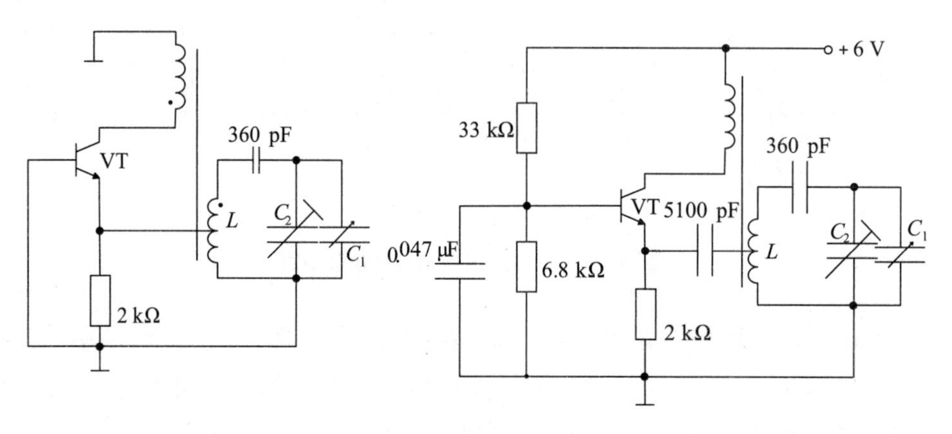

图 P5.1

2. 振荡器的振荡特性和反馈特性如图 P5.2 所示，试分析该振荡器的建立过程，并判断 A、B 两平衡点是否稳定。

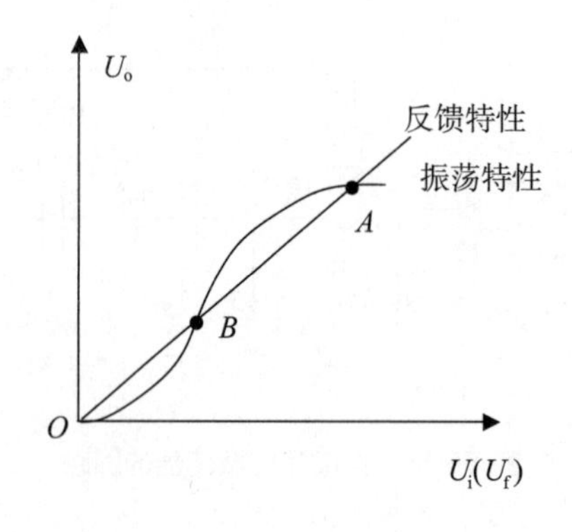

图 P5.2

3. 振荡电路如图 P5.3 所示，试分析下列现象振荡器工作是否正常。

（1）图中 A 点断开，振荡停止，用直流电压表测得 $V_B = 3$ V，$V_E = 2.3$ V。接通 A 点，振荡器有输出，测得直流电压 $V_B = 2.8$ V，$V_E = 2.5$ V。

（2）振荡器振荡时，用示波器测得 B 点为正弦波，且 E 点波形为一余弦脉冲。

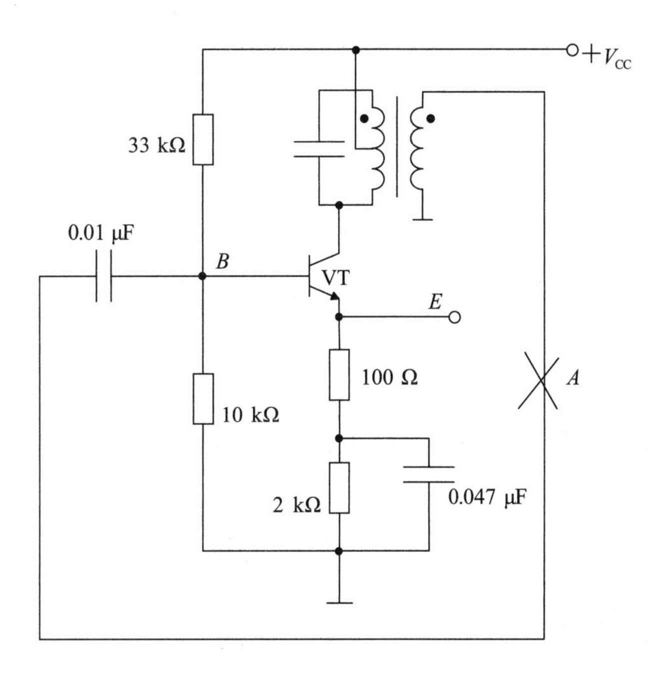

图 P5.3

4. 振荡电路如图 P5.4 所示，已知 L=25 μH，Q=100，C_1=500 pF，C_2=1000 pF，C_3 为可变电容，且调节范围为 10 ～ 30 pF，试求振荡频率 f_0 的变化范围。

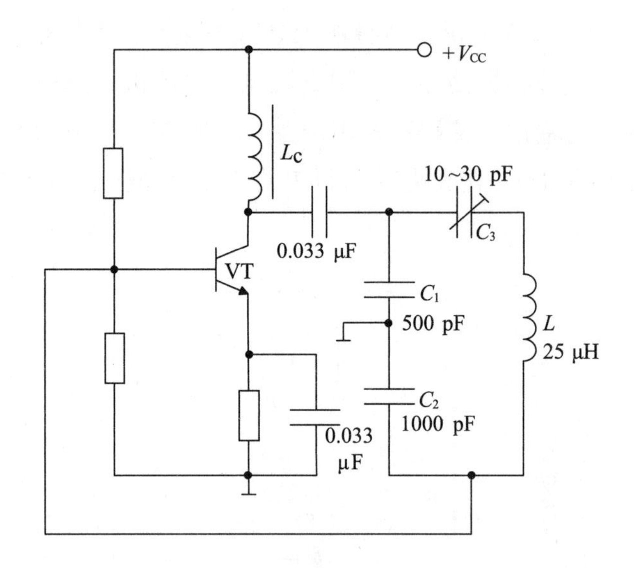

图 P5.4

5. 试从振荡的相位平衡条件出发，分析图 P5.5 所示的各振荡器的交流等效电路中的错误，并说明应如何改正。

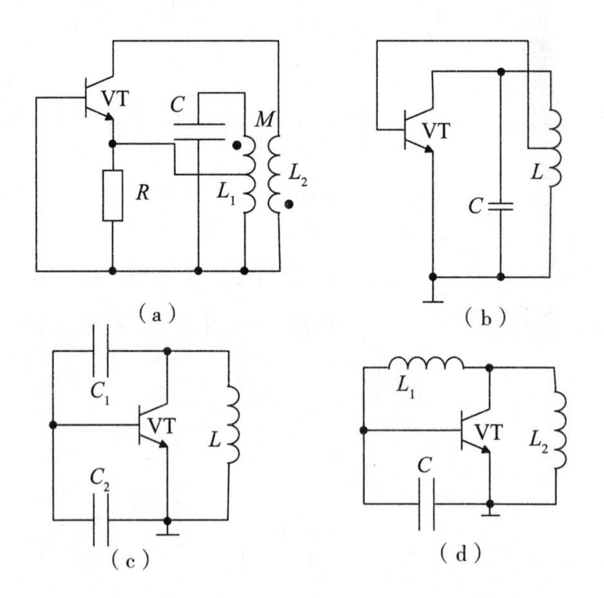

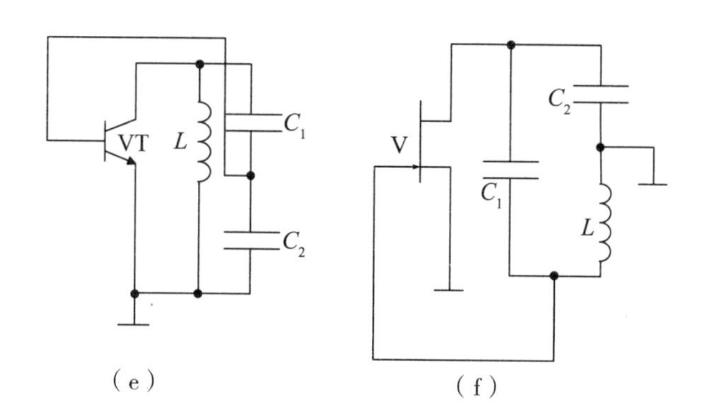

图 P5.5

6. 若石英晶片的参数为：L_q =4 H，C_q =9 × 10^{-2} pF, C_0=3 pF，r_q =100 Ω。

（1）求串联谐振频率f_s。

（2）并联谐振频率f_q与f_s相差多少？求它们的相对频差。

7. 图 P5.6 所示的电路为 5 次泛音晶体振荡器，输出频率为 5 MHz，试画出振荡器的交流等效电路，并说明 LC 回路的作用，输出信号为什么要由 VT_2 输出。

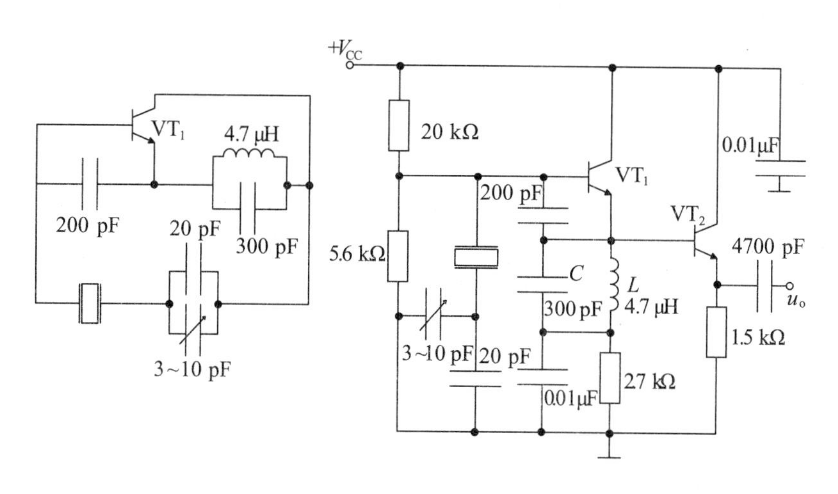

图 P5.6

8. 试用相位平衡条件说明图 P5.7 所示的电路产生自激振荡的原理（该电路属于 RC 移相式振荡器）。

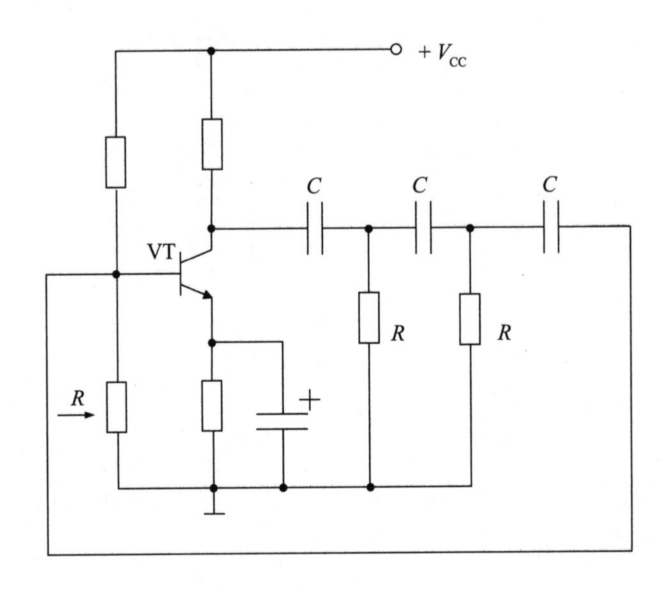

图 P5.7

9. 图 P5.8 所示的电路为 RC 文氏电桥振荡器。

（1）计算振荡频率 f_0。

（2）求热敏电阻的冷态阻值。

（3）R_t 应具有怎样的温度特性?

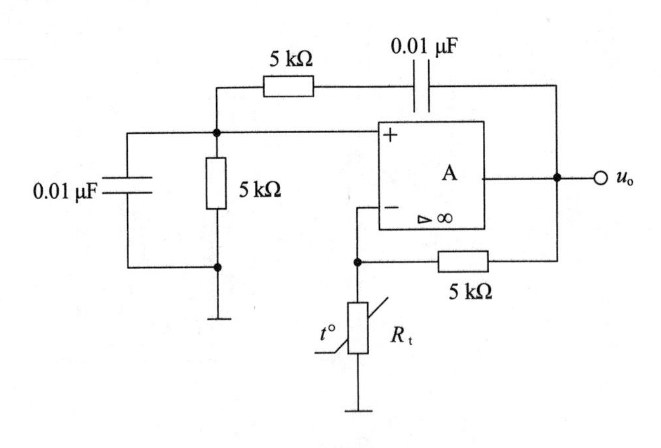

图 P5.8

10. 如图 P5.9 所示，RC 桥式振荡器的振荡频率分为三挡，可调，在图中所给的参数条件下，求每挡的频率调节范围（设 R_{p1}、R_{p2} 阻值的变化范围为 0 ~ 27 kΩ），并说明场效应管 VT_1 的作用。

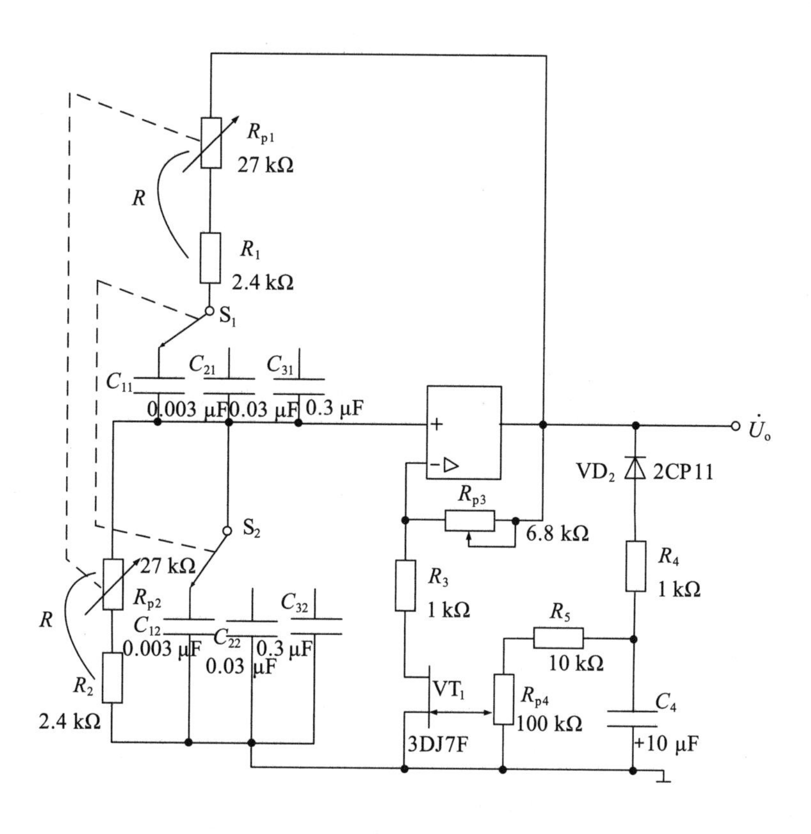

R
Rp1
27 kΩ
R1
2.4 kΩ
S1
C11
C21
C31
0.003 μF
0.03 μF
0.3 μF
+
−
Rp3
6.8 kΩ
S2
27 kΩ
Rp2
R
C12
C22
C32
0.003 μF
0.3 μF
0.03 μF
R2
2.4 kΩ
R3
1 kΩ
VT1
3DJ7F
Rp4
100 kΩ
R5
10 kΩ
VD2
2CP11
R4
1 kΩ
C4
+10 μF
U̇o

图 P5.9

第6章　振幅调制与解调

调制是在发送端将调制信号从低频段变换到高频段，便于天线发射，实现不同信号源、不同系统的频分复用，并改善系统性能。解调是在接收端将已调波从高频段变换到低频段，恢复原调制信号。

在接收端经过解调，把载波所携带的信号取出来，得到原有的信息。解调的过程也叫检波。调制与解调都是频谱变换的过程，必须用非线性元件才能完成。

6.1　频谱搬移电路的组成模型

6.1.1　调幅波的基本性质

调幅就是使载波的振幅随调制信号的变化规律而变化。当调制信号为正弦波形时，调幅波的形成过程如图 6-1 所示。调幅波是载波振幅按照调制信号的大小成线性变化的高频振荡。它的载波频率维持不变，波形的疏密程度与未调制时的载波波形疏密程度相同。

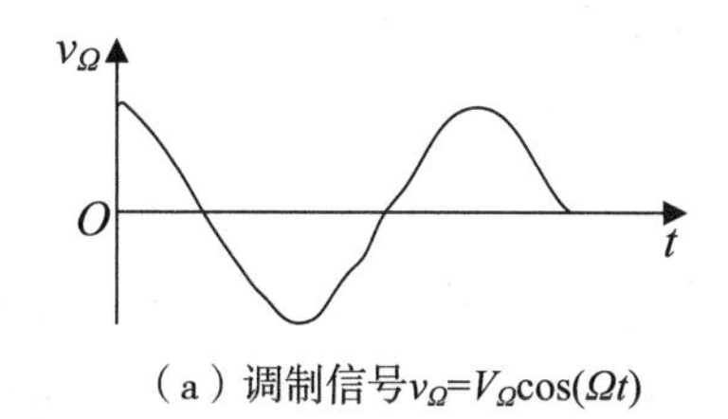

（a）调制信号$v_\Omega=V_\Omega\cos(\Omega t)$

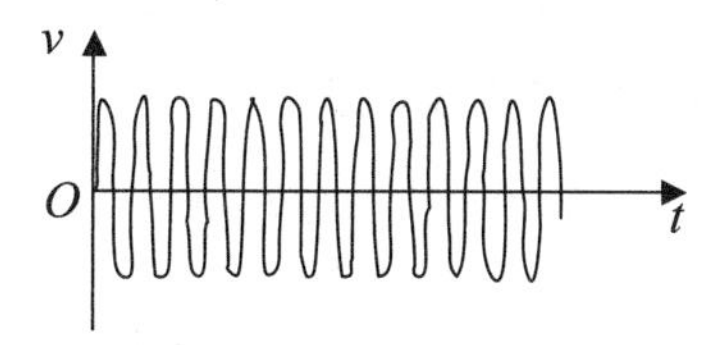

（b）载波$v=V_0\cos(\omega_0 t)$

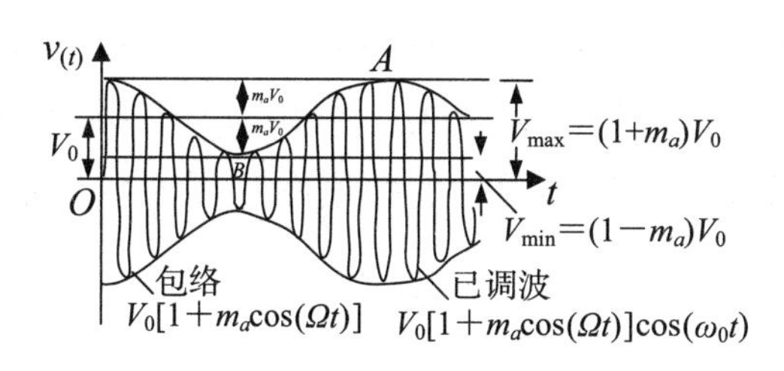

（c）调幅波形

图 6-1　调幅波的形成（正弦调制）

在对复杂波形进行分析时，可将其分解为多个正弦波分量，对各个分量单独分析，这样复杂的调制信号就能被传送出去。图 6-2 所示的为非正弦波的调制过程。当无失真时，已调波形应当与调制信号的波形完全相似。

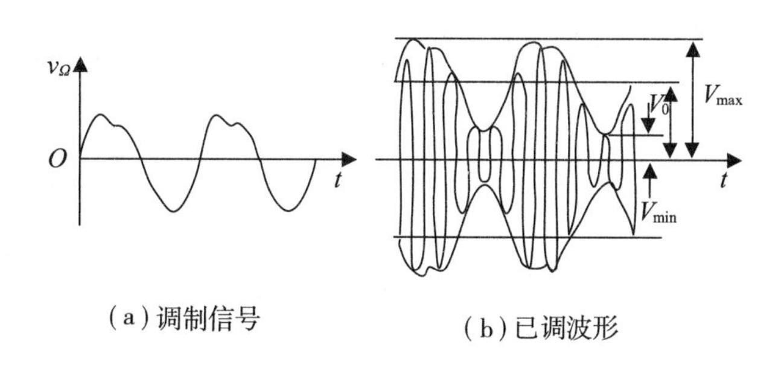

（a）调制信号　（b）已调波形

图 6-2　非正弦波调制后的调幅波形

6.1.2 双边带调制与单边带调制

1. 双边带调制

由于载波分量不包含任何信息，为了节省发射机的发射功率，载波会被抑制掉，仅发射含有信息的两个边带，此种调制方式称为抑制载波的双边带（double side band）调制，简称双边带调制，用 DSB 表示。

单频调制时双边带调制信号的数学表示式为

$$
\begin{aligned}
u_{\mathrm{DSB}}(t) &= k_a u_\Omega(t)\cos(\omega_{\mathrm{c}}t) = m_a U_{\mathrm{cm}}\cos(\omega_{\mathrm{c}}t) \\
&= \frac{1}{2}m_a U_{\mathrm{cm}}\cos(\omega_{\mathrm{c}}-\Omega)t + \frac{1}{2}m_a U_{\mathrm{cm}}\cos(\omega_{\mathrm{c}}+\Omega)t
\end{aligned}
\tag{6-1}
$$

根据上式可画出双边带信号的波形与频谱，如图 6-3 所示。由图 6-3 可以看出，双边带信号与调制信号的绝对值成正比，此时的双边带信号包络已不再反映原调制信号的波形。当调制信号 $u_\Omega(t)$ 进入负半周时，双边带信号 $u_{\mathrm{DSB}}(t)$ 的相位突变 180°；双边带多频调制时的频谱图如图 6-4 所示，带宽为调制信号带宽的 2 倍，即 $\mathrm{BW}=2F_{\max}$。

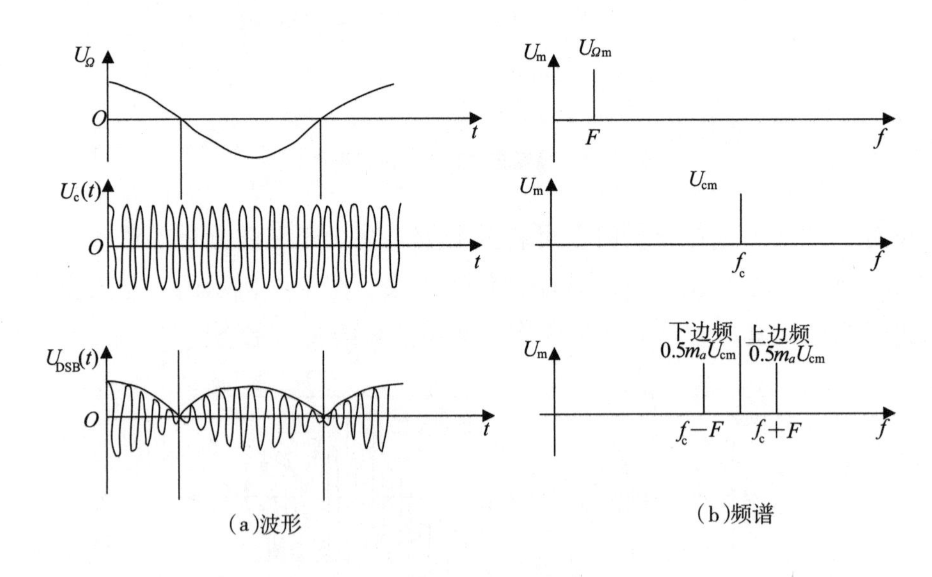

图 6-3 DSB 信号的波形与频谱图

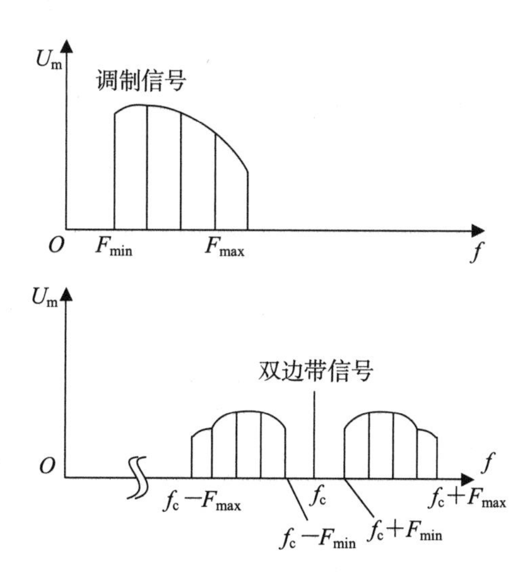

图 6-4　双边带多频调制频谱图

2. 单边带调制

由于调幅波的上、下边带中的任意一个边带已包含了调制信号的全部信息，则可只发送一个边带，这样的调制方式称为单边带（single side band）调制，用 SSB 表示。其数学表示式如下：

$$u_{SSB}(t)=\frac{1}{2}m_aU_{cm}\cos(\omega_c+\Omega)t \quad \text{（上边带）} \tag{6-2}$$

或

$$u_{SSB}(t)=\frac{1}{2}m_aU_{cm}\cos(\omega_c-\Omega)t \quad \text{（下边带）} \tag{6-3}$$

单频调制的单边带调制信号仍为等幅波，其频率高于或低于载频，当调制信号为多频时，单边带调制不是等幅波。图 6-5 所示的为多频调制的上边带信号的频谱。由图 6-5 可以看出，其频带宽度仅为双边带信号频带宽度的一半，大大提高了频带的利用率，在短波波段中能发挥巨大优势。与普通调幅相比，在发射功率相同的情况下，可使接收端的信噪比明显提高，使得通信距离大大增加。但单边带信号的调制和解调技术实现难度大，设备复杂，在民用方面的推广难度较大。

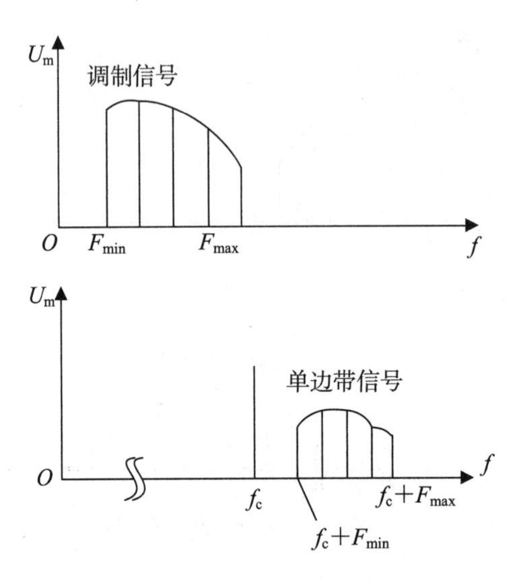

图 6-5　单边带（上边带）多频调制的频谱

6.1.3　调幅波的数学表示式与频谱

假定调制信号是简谐振荡，其表示式为

$$v_{\Omega}=V_{\Omega}\cos(\Omega t) \tag{6-4}$$

如果用它来对载波 $v=V_0\cos(\omega_0 t)$ 进行调幅，理想情况下，已调波的振幅为

$$V(t)=V_0+k_aV_{\Omega}\cos(\Omega t) \tag{6-5}$$

式中：k_a 为比例常数。

因此，已调波可用下式表示：

$$\begin{aligned} v(t)&=V(t)\cos(\omega_0 t)\\ &=\left[V_0+k_aV_{\Omega}\cos(\Omega t)\right]\cos(\omega_0 t)\\ &=V_0\left[1+m_a\cos(\Omega t)\right]\cos(\omega_0 t) \end{aligned} \tag{6-6}$$

式中：$m_a=\dfrac{k_aV_{\Omega}}{V_0}$ 为调幅指数（amplitude modulation factor）或调幅度，通常以百分数表示。

式（6-6）所表示的调幅波形如图 6-1 所示，可得到

$$m_a=\frac{\frac{1}{2}\left(V_{\max}-V_{\min}\right)}{V_0}=\frac{V_{\max}-V_0}{V_0}=\frac{V_0-V_{\min}}{V_0} \tag{6-7}$$

m_a 的取值范围在 0（未调幅）到 1（百分之百调幅）之间。$m_a>1$ 时的已调波形如图 6-6 所示，此时已调波的包络发生了严重失真，此种情形被称为过量调幅（over modulation）。即使经过检波，也不能恢复原来调制信号的波形，且会对其他设备产生干扰。因此，过量调幅必须尽量避免。

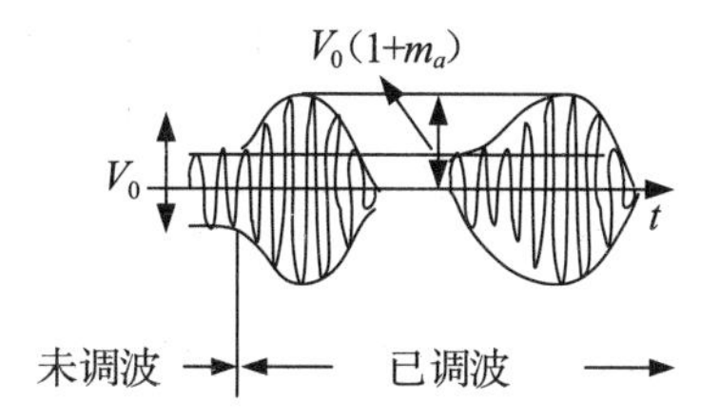

图 6-6　过量调幅的波形

当调制波形为正弦波时，调幅波方程为式（6-6）。将此式展开，得

$$\begin{aligned}v(t)&=V_0\cos(\omega_0 t)+m_aV_0\cos(\Omega t)\cos(\omega_0 t)\\&=V_0\cos(\omega_0 t)+\frac{1}{2}m_aV_0\cos\left(\omega_0-\Omega\right)t+\frac{1}{2}m_aV_0\cos\left(\omega_0+\Omega\right)t\end{aligned} \tag{6-8}$$

由此可见，由正弦波调制的调幅波由三个频率分量组成，即载波分量 ω_0、上边频分量 $\omega_0+\Omega$ 和下边频分量 $\omega_0-\Omega$，其频谱如图 6-7 所示。由于 m_a 的最大值只能为 1，所以边频振幅的最大值为载波振幅的一半。

在实际情况中，调制信号含有许多频率，产生了多个上变频与下变频，组成了上边频带与下边频带。例如，设调制信号为

$$v_\Omega(t)=V_{1\mathrm{m}}\cos(\Omega_1 t)+V_{2\mathrm{m}}\cos(\Omega_2 t)+V_{3\mathrm{m}}\cos(\Omega_3 t)+\cdots \tag{6-9}$$

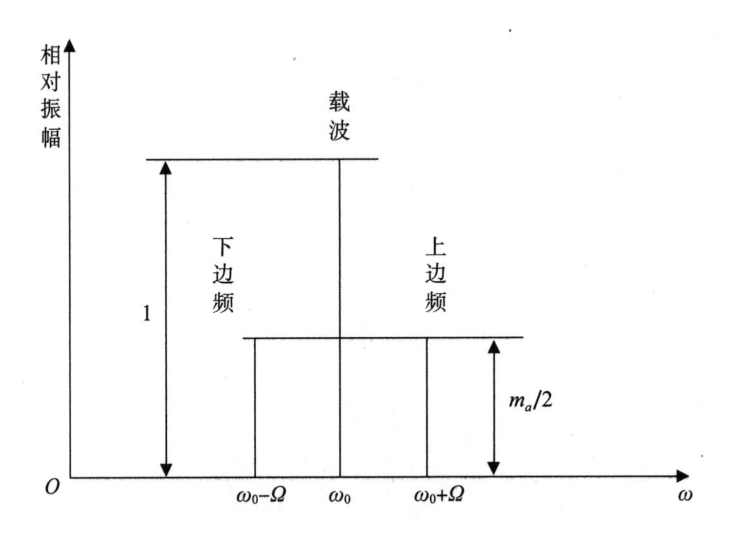

图 6-7　正弦调制的调幅波频谱

类似于式（6-6）的方法，得到相应的调幅波方程为

$$\begin{aligned}v(t) &= V_0\left[1+m_1\cos(\Omega_1 t)+m_2\cos(\Omega_2 t)+m_3\cos(\Omega_3 t)+\cdots\right]\cos(\omega_0 t)\\ &= V_0\cos(\omega_0 t)+\frac{m_1}{2}V_0\cos\left(\omega_0+\Omega_1\right)t+\frac{m_1}{2}V_0\cos\left(\omega_0-\Omega_1\right)t\\ &+\frac{m_2}{2}V_0\cos\left(\omega_0+\Omega_2\right)t+\frac{m_2}{2}V_0\cos\left(\omega_0-\Omega_2\right)t\\ &+\frac{m_3}{2}V_0\cos\left(\omega_0+\Omega_3\right)t+\frac{m_3}{2}V_0\cos\left(\omega_0-\Omega_3\right)t\\ &+\cdots\end{aligned}\tag{6-10}$$

上述讨论的频谱图如图 6-8 所示。图中，$g(\Omega)$代表式（6-9）的频谱；调幅波的两个边带频谱分别用$\frac{1}{2}g(\omega_0+\Omega)$和$\frac{1}{2}g(\omega_0-\Omega)$来表示，可以看出其频谱分布相对载波是对称的。由图 6-8 可见，调幅过程实际上是一种频率搬移过程。经过调制后，调制信号的频谱由低频搬移到载频附近，成为上、下变频带。

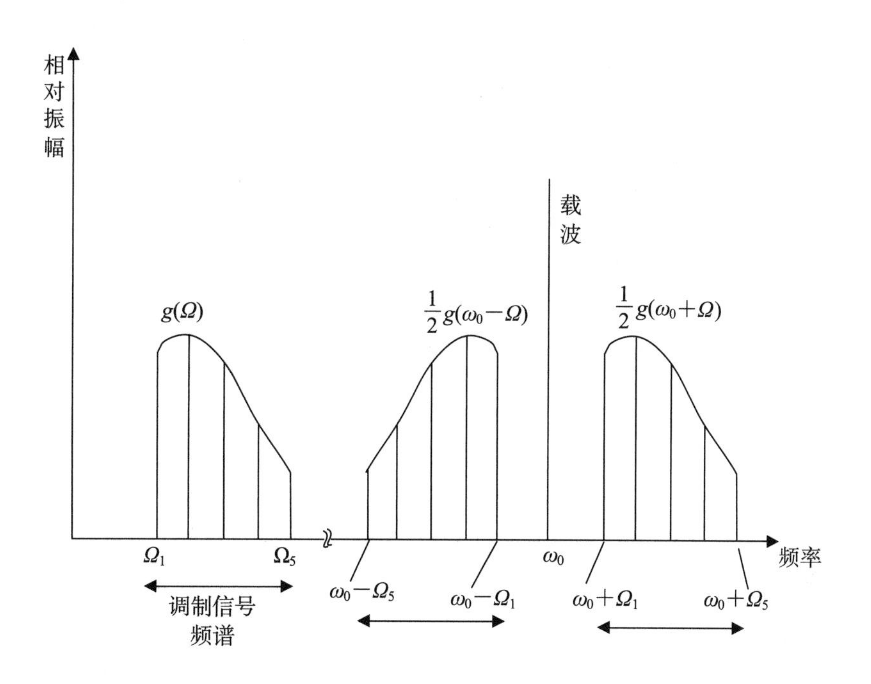

图 6-8 非正弦调幅波的频谱

在非正弦调制时，由图 6-2 可得到，调幅波峰值 $V_{\max}$ 与谷值 $V_{\min}$ 相对载波不一定对称，此时其调幅度定义如下：

$$\text{峰值调幅度} m_{\text{上}} = \frac{V_{\max} - V_0}{V_0} \tag{6-11}$$

$$\text{谷值调幅度} m_{\text{下}} = \frac{V_0 - V_{\min}}{V_0} \tag{6-12}$$

【例 6.1】设调制信号 $v_\Omega(t)$ 为图例 6.1.1（a）所示的矩形脉冲串，脉冲宽度为 τ，周期为 T。试求出它产生的调幅波频谱。

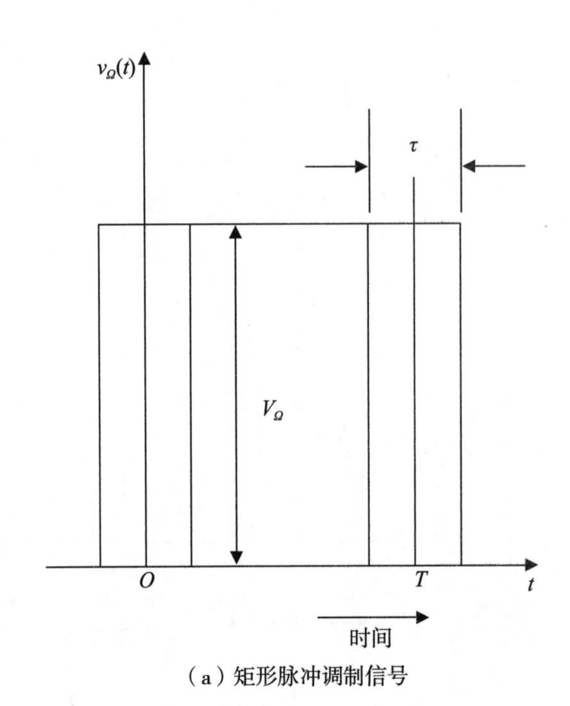

（a）矩形脉冲调制信号

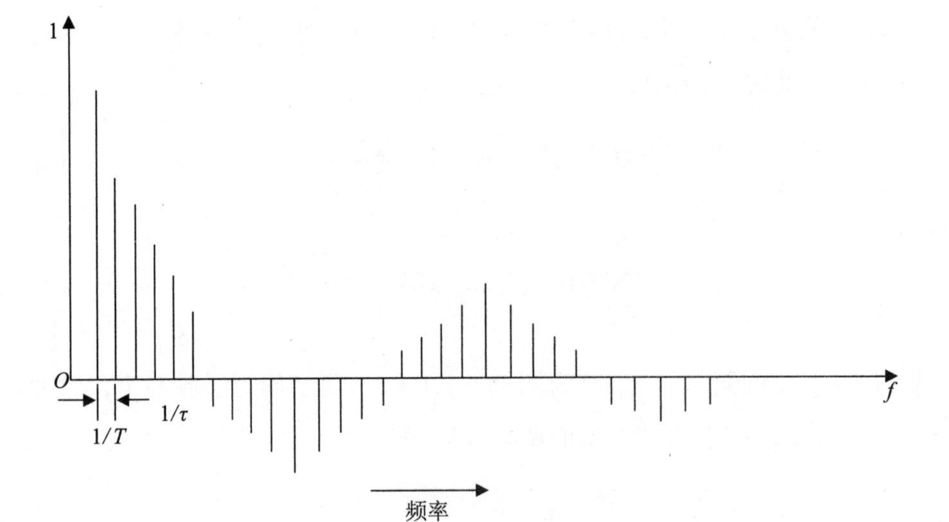

（b）矩形脉冲的频谱

图例 6.1.1　矩形脉冲及其频谱

解　首先求出矩形脉冲的频谱。适当选取时间坐标原点，使傅里叶级数只包含余弦项，则傅里叶级数的系数为

$$A_n=\frac{2}{T}\int_{-\frac{T}{2}}^{\frac{T}{2}}V_\Omega\cos\left(n\frac{2\pi}{T}t\right)\mathrm{d}t=\frac{4}{T}\int_0^{\frac{T}{2}}V_\Omega\cos\left(n\frac{2\pi}{T}t\right)\mathrm{d}t$$

由于在 $\frac{\tau}{2}<t<\frac{T}{2}$ 区间内，脉冲值等于零，因此上式可写为

$$A_n=\frac{2V_\Omega}{T}\frac{\sin\frac{\pi n\tau}{T}}{\frac{\pi n}{T}}$$

将上式的分子和分母各乘以 τ，则可进一步写为

$$A_n=\frac{2V_\Omega\tau}{T}\frac{\sin\frac{\pi n\tau}{T}}{\frac{\pi n\tau}{T}}$$

因此，矩形脉冲可展开成如下的无穷级数：

$$v_\Omega(t)=\frac{2V_\Omega\tau}{T}\left[\frac{1}{2}+\frac{\sin\frac{\pi\tau}{T}}{\frac{\pi\tau}{T}}\cos\left(\frac{2\pi}{T}t\right)+\frac{\sin\frac{2\pi\tau}{T}}{\frac{2\pi\tau}{T}}\cos\left(\frac{4\pi}{T}t\right)+\cdots\right]$$

由此可见，各个谐波分量振幅是 $\sin x/x$ 的形式。由此可求出矩形脉冲的频谱，如图例 6.1.1（b）所示。令 $T=\frac{1}{F}$，则 $\frac{2\pi}{T}=2\pi F=\Omega$，上式可改写为

$$v_\Omega(t)=\frac{2V_\Omega\tau}{T}\left[\frac{1}{2}+\frac{\sin\frac{\pi\tau}{T}}{\frac{\pi\tau}{T}}\cos(\Omega t)+\frac{\sin\frac{2\pi\tau}{T}}{\frac{2\pi\tau}{T}}\cos(2\Omega t)+\cdots\right]$$

由 $v_\Omega(t)$ 对载波 $v=V_0\cos(\omega_0 t)$ 进行振幅调制，所产生的已调波包括 ω_0，$\omega_0\pm\Omega$，$\omega_0\pm 2\Omega$，…频率分量，它们的相对振幅分别与 $\frac{1}{2}$，$\frac{\sin\frac{\pi\tau}{T}}{\frac{\pi\tau}{T}}$，$\frac{\sin\frac{2\pi\tau}{T}}{\frac{2\pi\tau}{T}}$，…成正比，因此已调波的频谱如图例 6.1.2 所示。

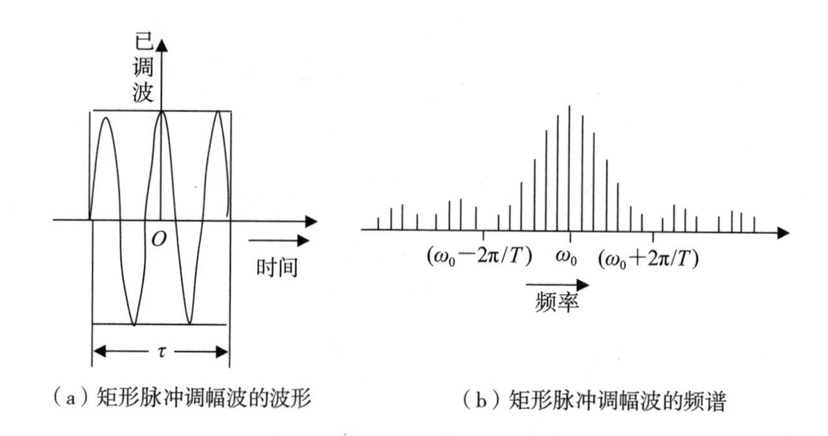

（a）矩形脉冲调幅波的波形　　（b）矩形脉冲调幅波的频谱

图例 6.1.2　矩形脉冲调幅波及其频谱

频谱分量出现零点的条件为

$$A_n = \frac{2V_{\Omega}\tau}{T}\frac{\sin\dfrac{\pi n\tau}{T}}{\dfrac{\pi n\tau}{T}} = 0$$

因此，出现第一个零点的条件是

$$\frac{\pi n\tau}{T} = \pi \text{ 或 } n = \frac{T}{\tau}$$

由图例 6.1.2 可知，从理论上来说，脉冲调幅波的频宽为无限大。实际上，由于高次边频分量迅速下降，一般只考虑取第一次零点之前的各分量就够了。这样，脉冲调幅波的频谱宽度可近似写为（每一频率分量的间隔为 $\frac{1}{T}$ ）

$$\text{BW} \approx 2\left[n\left(\frac{1}{T}\right)\right] = 2\cdot\frac{T}{\tau}\cdot\frac{1}{T} = \frac{2}{\tau}$$

可见，脉宽 τ 越小，所占频带越宽。

6.1.4　振幅调制电路的组成模型

调幅的关键在于实现调制信号与载波的相乘，其实现必须以乘法器为基础。

1. 乘法器的基本概念

乘法器是一种完成两个信号相乘功能的电路或器件。其电路符号如图 6-9

所示。它有两个输入端口（X 和 Y）和一个输出端口，若输入信号为 u_X、u_Y，则输出信号 u_o 为

$$u_o = A_M u_X u_Y \tag{6-13}$$

式中：A_M 为乘法器的乘积系数，单位为 $\frac{1}{\mathrm{V}}$。

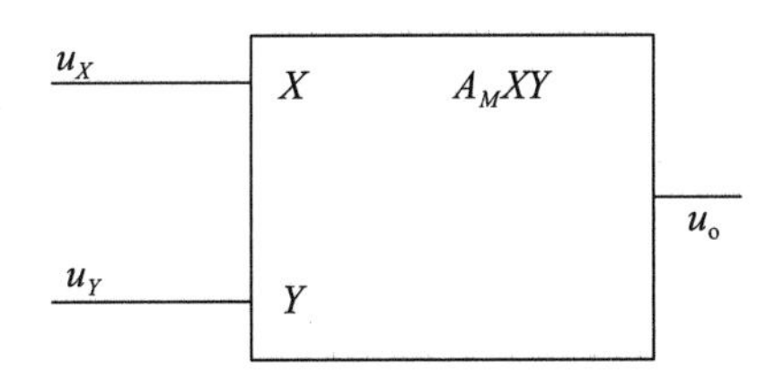

图 6-9　乘法器电路符号

式（6-13）表示一个理想乘法器，A_M 为常数，其输出电压与两个输入电压同一时刻瞬时值的乘积成正比，输入电压的波形、幅度、极性和频率可以是任意的。

2. AM 调幅电路组成模型

普通调幅电路组成模型如图 6-10 所示，它由乘法器和加法器组成，U_Q 为直流电压。调制信号 $u_\Omega(t)$ 与直流电压 U_Q 叠加后与载波 $u_c(t)$ 相乘，电路输出电压 $u_{AM}(t)$ 的表示式为

$$\begin{aligned} u_{AM}(t) &= A_M\left[U_Q + u_\Omega(t)\right]u_c(t) \\ &= A_M U_Q U_{cm}\cos(\omega_0 t) + A_M U_Q U_{cm} u_\Omega(t)\cos(\omega_0 t) \\ &= U_m\cos(\omega_0 t) + k_a u_\Omega(t)\cos(\omega_0 t) \end{aligned} \tag{6-14}$$

式中：$U_m = A_M U_Q U_{cm}$，为乘法器载波输出电压的振幅；常数 $k_a = A_M U_{cm}$，由乘法器和输入载波电压振幅决定。

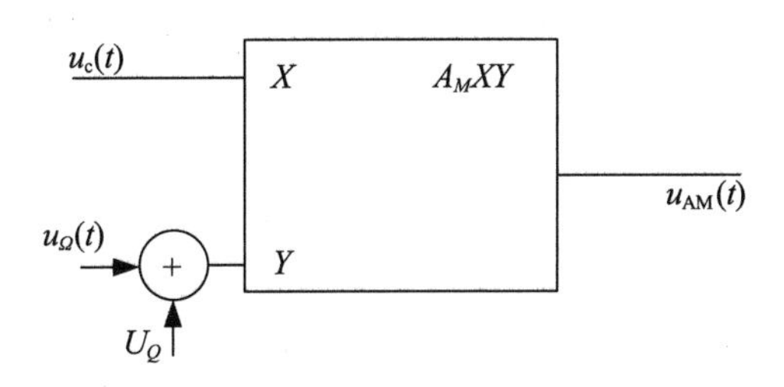

图 6-10　AM 调幅电路组成模型

3. DSB 调幅电路组成模型

双边带调幅电路组成模型如图 6-11（a）所示，与普通调幅电路组成模型不同，仅需调制信号 $u_{\Omega}(t)$ 与载波 $u_{\mathrm{c}}(t)$ 直接相乘，即可获得双边带调幅信号。可得到

$$u_{\mathrm{DSB}}(t)=A_M u_{\mathrm{c}}(t)u_{\Omega}(t)=A_M U_{\mathrm{cm}}u_{\Omega}(t)\cos(\omega_0 t)=k_a u_{\Omega}(t)\cos(\omega_0 t) \quad (6\text{-}15)$$

4. SSB 调幅电路组成模型

运用滤波法，可实现单边带调幅的电路组成模型，如图 6-11（b）所示。调制信号 $u_{\Omega}(t)$ 和载波信号 $u_{\mathrm{c}}(t)$ 经乘法器获得抑制载波的 DSB 信号，通过带通滤波器滤除 DSB 信号的一个边带，即可获得 SSB 信号。滤波法实现的关键一环在于高频带通滤波器，其必须具备如下特性：能很好地抑制无需传输的边带信号，保证有效信号不失真地通过。

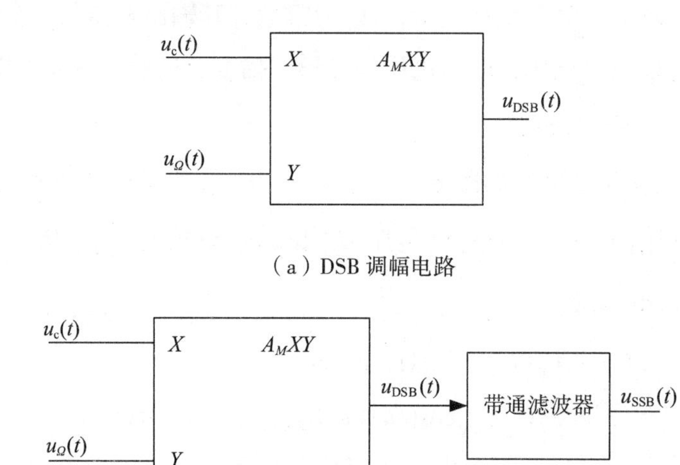

（a）DSB 调幅电路

（b）SSB 调幅电路

图 6-11　DSB 与 SSB 调幅电路组成模型

6.1.5　振幅解调和混频电路的组成模型

1. 振幅解调电路

解调是调制的逆过程，是从高频已调波中恢复出原低频调制信号的过程。调幅波的解调也称为检波，而完成调幅波解调作用的电路称为检波器。从频谱

上看，解调也是一种信号频谱的线性搬移过程，是将高频载波端边带信号的频谱线性搬移到低频端。广义地说，凡是具有频谱线性搬移功能的实用电路均可用于调幅波的解调。

在图 6–12 中，$v_s(t)$ 为输入振幅调制信号电压，$v_o(t)$ 为反映调制信号变化的输出电压。在频域上，其作用为将振幅调制信号频谱不失真地搬回到零频率附近。图 6–13（a）所示的为电路组成模型，由乘法器和低通滤波器组成，图 6–13（b）所示的为频谱搬移特性。

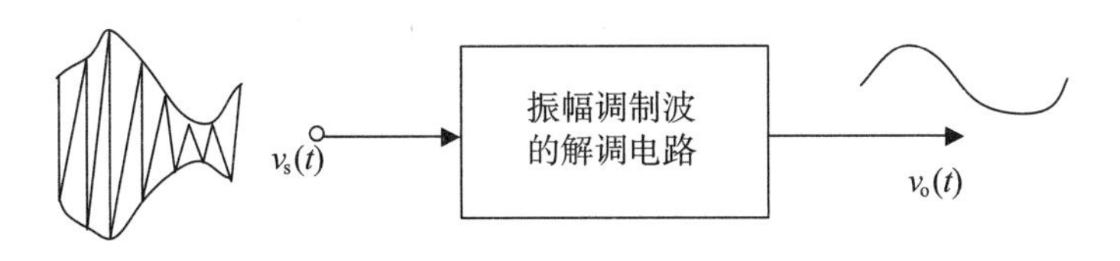

图 6–12　振幅检波电路的作用

假设 $v_s(t)$ 为双边带调制信号，将其与等幅余弦电压 $v_\tau(t)$ 相乘，$v_\tau(t)$ 必须与输入载波信号同频同相，即 $v_\tau(t)=V_m\cos(\omega_c t)$，称为同步信号。相乘后的结果是 $v_s(t)$ 频谱被搬移到 ω_c 的两边，一边搬移到 $2\omega_c$ 上，构成载波角频率为 $2\omega_c$ 的双边带调制信号，此为无用的寄生分量；另一边搬到了零频率上。$v_s(t)$ 的边带被搬移到了负频率轴上，在实际中，负频率并不存在，这些负频率分量应叠加到相应的正频率分量上，构成实际的频谱，因而它比搬移到 $2\omega_c$ 上的任一边带频谱在数值上加倍。之后用低通滤波器滤除无用的寄生分量，取出所需的解调电压。

只有同步信号 $v_\tau(t)$ 与输入信号保持同频同相，才能实现上述电路模型，也将此种电路称为同步检波电路，否则检波性能就会下降。

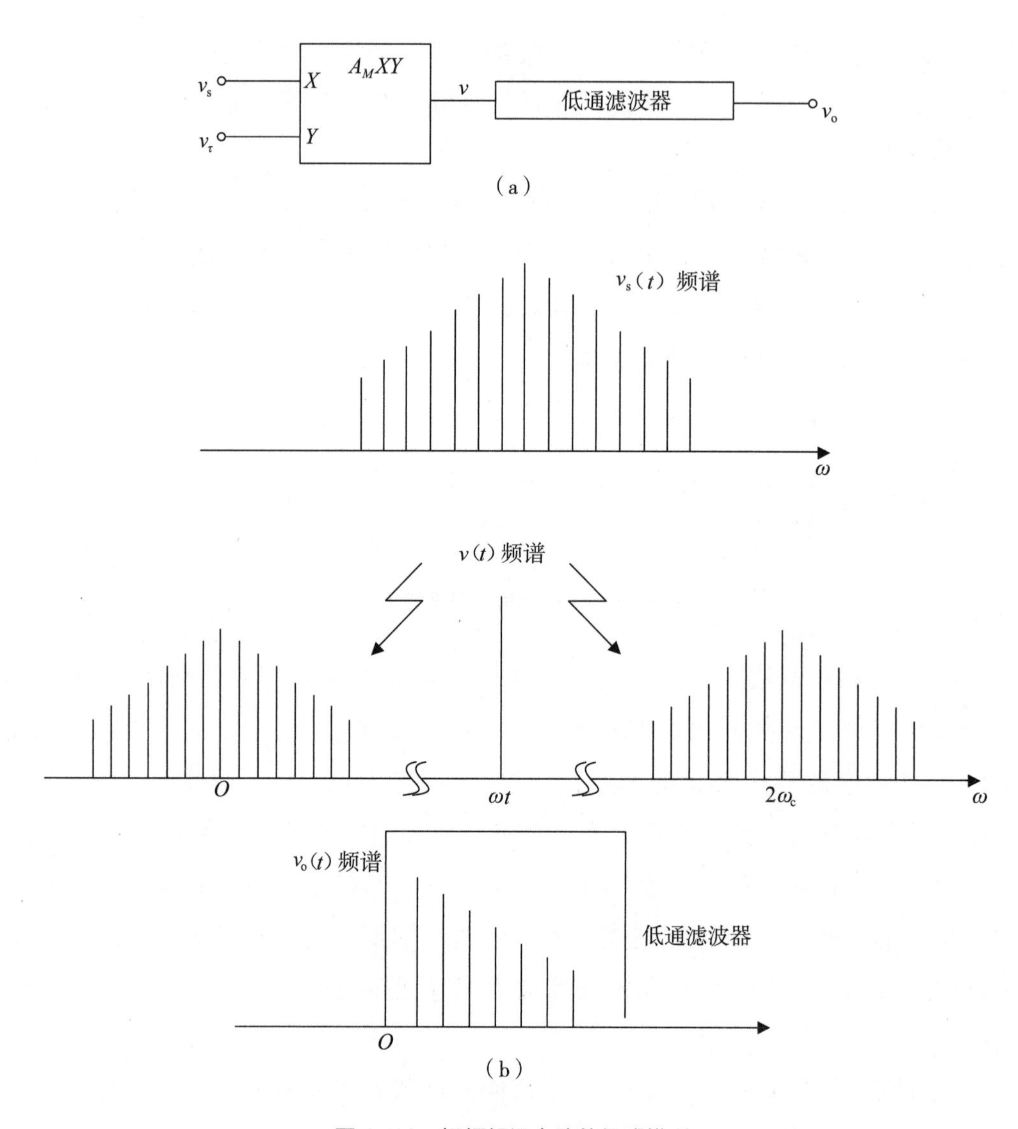

图 6–13　振幅解调电路的组成模型

2. 混频电路

混频电路又称变频电路，是超外差式接收机的重要组成部分。如图 6–14 所示，它的作用是将载频为f_c的已调信号$v_s(t)$不失真地变换为载频为f_I的已调信号$v_I(t)$。通常将$v_I(t)$称为中频信号，f_I称为中频频率，简称中频。

图 6–14 中，本振电压$u_L(t)=U_{Lm}\cos(\omega_L t)$，本振角频率$\omega_L=2\pi f_L$，其与$f_I$、$f_c$之间的关系为

$$f_{\mathrm{I}}=\begin{cases}f_{\mathrm{c}}-f_{\mathrm{L}}, & f_{\mathrm{c}}>f_{\mathrm{L}}\\ f_{\mathrm{L}}-f_{\mathrm{c}}, & f_{\mathrm{c}}<f_{\mathrm{L}}\end{cases} \tag{6-16}$$

f_{I}高于f_{c}的混频称为上混频，f_{I}低于f_{c}的混频称为下混频。从频谱观点来看，混频的作用就是将输入已调信号频谱不失真地从f_{c}搬移到f_{I}的位置。因此，频谱电路是一种典型的频谱搬移电路，可用乘法器和带通滤波器实现这种频谱搬移。

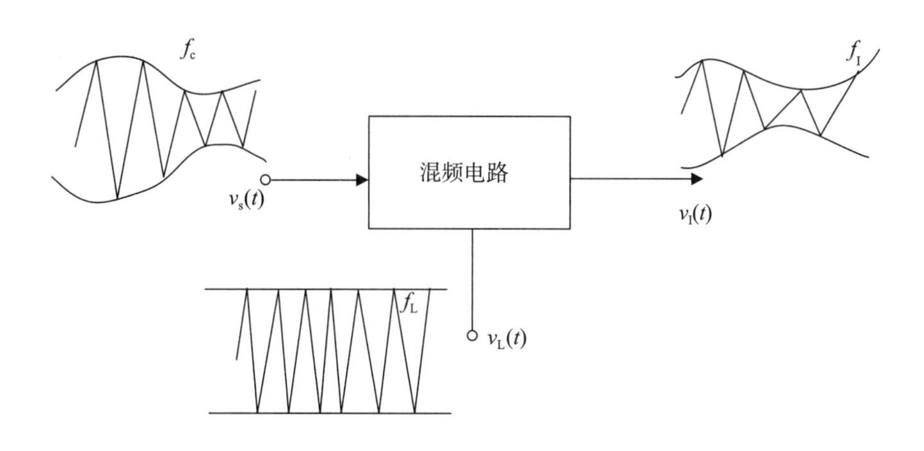

图 6–14　混频电路的作用

6.2　振幅调制电路

按照输出功率的高低，调幅电路可分为低电平调幅电路和高电平调幅电路。

低电平调幅在低电平级先实现振幅调制，再经过功率放大器进行放大，达到要求的发射功率。低电平调幅电路的功率小，输出功率和效率不是主要的性能指标，其重点在于提高调制的线性度，提高滤波的性能，减少无效频率分量的产生。

高电平调幅可直接产生达到发射要求的已调波，调制信号无需放大即可直接发送。此种调制方式主要用于产生普通调幅信号，调幅电路需考虑输出功率、效率、线性度等主要性能指标，它的主要优点是整机效率高，在广播发射机中得到了广泛应用。

6.2.1 低电平调幅电路

1. 双差分对模拟乘法器调幅电路

采用 MC1496 构成的双边带调幅电路如图 6–15 所示，电阻 R_8 、R_9 用于分压，以此来提供乘法器内部 VT_1 ～ VT_4 管的基极偏压；负电源通过 R_P 、R_1 、R_2 及 R_3 、R_4 的分压供给乘法器内部 VT_5、VT_6 管的基极偏压，R_P 称为载波调零电位器，调节 R_P 可使电路减小载波信号输出；R_C 为输出端的负载电阻，接于 2、3 端的电阻 R_Y 用来扩大 u_Ω 的线性动态范围。

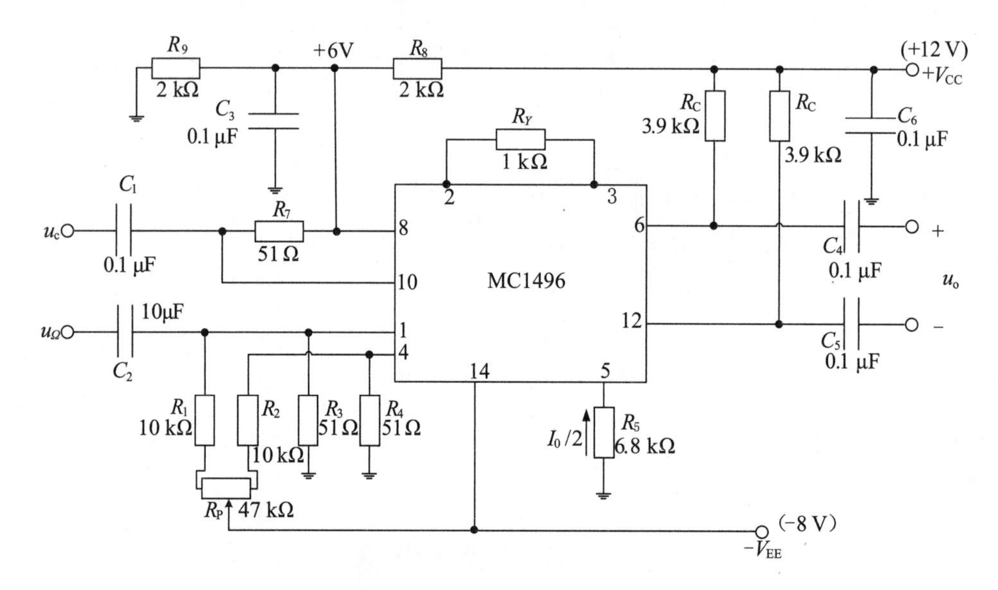

图 6–15　MC1496 模拟乘法器调幅电路

根据图 6–15 中负电源值及 R_5 的阻值，可得到 $\frac{I_0}{2}\approx 1\text{ mA}$ ，以及模拟乘法器各管脚的直流电位分别为

$$U_1=U_4\approx 0\ \text{V},\quad U_2=U_3\approx -0.7\ \text{V},\quad U_8=U_{10}\approx 6\ \text{V}$$

$$U_6=U_{12}=V_{CC}-\frac{R_C I_0}{2}\approx 8.1\ \text{V},\quad U_5=-\frac{R_5 I_0}{2}=-6.8\ \text{V}$$

在实际运用中，为了保证集成模拟乘法器能正常工作，各引脚的直流电位应满足下列要求：

（1）$U_1=U_4$ ，$U_8=U_{10}$ ，$U_6=U_{12}$ 。

（2）$U_{6(12)}-U_{8(10)}\geqslant 2$ V，$U_{8(10)}-U_{4(1)}\geqslant 2.7$ V，$U_{4(1)}-U_5\geqslant 2.7$ V。

载波信号 $u_c(t)=U_{cm}\cos(\omega_0 t)$ 通过电容 C_1、C_3 及 R_7 加到乘法器的输入端 8、10 脚，低频信号通过加到乘法器的输入端 1、4 脚，输出信号可由 C_4 和 C_5 单端输出或双端输出。

为了减少载波信号输出，可先令 $u_\Omega(t)=0$，即将 $u_\Omega(t)$ 输入端对地短路，只有载波 u_c 输入时，调节 R_P 才能使乘法器输出电压为零。在非理想状态下，调节 R_P 不能使输出电压为零，故只需将输出载波信号保持为毫伏级。当器件性能不好时，载波输出电压往往过大。

低频输入信号 $u_\Omega(t)$ 的幅度不能过大，其最大值不超过 $\frac{I_0}{2}$ 与 R_Y 的乘积。$u_\Omega(t)$ 幅度过大，会造成输出调幅波形失真。

调节 R_P 使载波输出电压不为零，即可产生普通调幅波输出，当载波输出不为零时，1、4 两端直流电位不相等，相当于 u_Y 端输入了一个固定的直流电压 U_Q，此时双差分电路不对称，达到了普通调幅。为了调节 R_P 使 1、4 两端直流电位变化明显，可将 R_1、R_2 改用 750 Ω 的电阻。

2. 二极管平衡与环形调幅电路

1）二极管平衡调幅电路

图 6-16 所示的为二极管平衡调幅电路，调制电压 u_Ω 为单端输入，已调信号单端输出，无需中心抽头的输出变压器。VD_1、VD_2 处于反接状态，作用于两个二极管的电压仍为 $u_{D1}=u_c+u_\Omega$，$u_{D2}=u_c-u_\Omega$，输出电流 $i_L=i_1-i_2$。图中 C_1 对高频短路，对低频开路；R_2、R_3 分别与二极管串联，通过并联可调电阻 R_1 来平衡两个二极管的正向特性；C_2、C_3 用于平衡反向工作时两管的结电容。

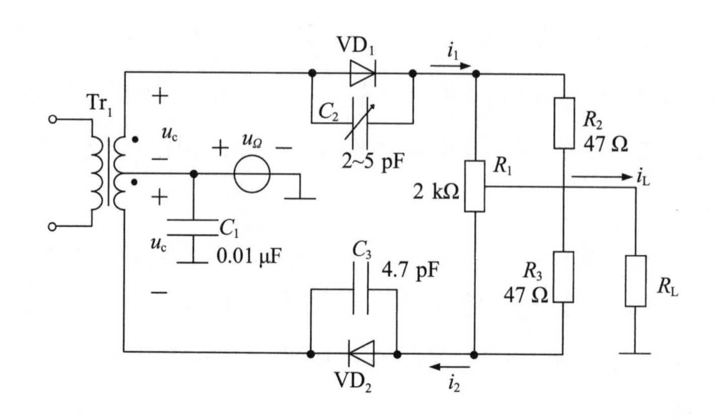

图 6–16　二极管平衡调幅电路

图 6–17 所示的为另一种常用的平衡调幅电路，输入和输出变压器无需中心抽头，桥路由 4 个二极管接成，称为桥式调幅器。载波电压和调制电压分别接在桥路的对角线端点上，当 u_c 处于正半周时，4 个二极管同时截止，输出变压器电压与 u_Ω 相同；当 u_c 处于负半周时，4 个二极管同时导通，A、B 两点短路，输出变压器电压为 0。桥式调幅器的调制电压 u_Ω 波形不连续。令 Tr_2 的匝比为 1，则 u_o 的表示式为

$$u_o = u_\Omega(t) K_1 \omega_0 t \tag{6–17}$$

当桥路平衡时，调幅器输出端的载波电压为 0。

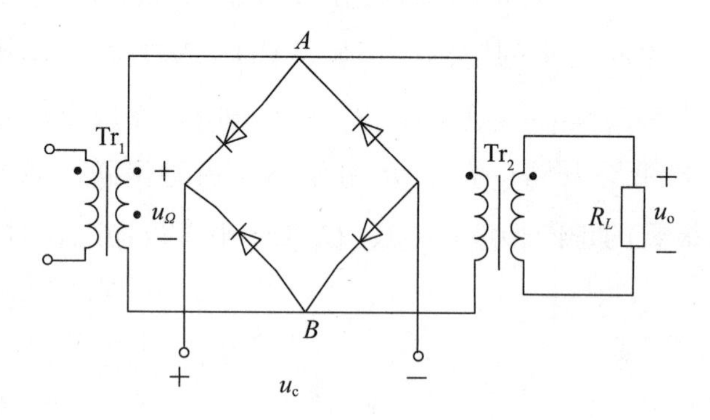

图 6–17　桥式平衡调节器

2）二极管环形调幅电路

二极管环形乘法器可减少调幅电路输出电流中的无用频率分量。输入低频调制信号 $u_\Omega(t)$ 和高频载波信号 $u_c(t)$，即可得到双边带调幅信号。对于混频组

件变压器，其低频特性较差，调制信号 $u_{\Omega}(t)$ 一般加到两变压器的中心抽头 I 端口，载波信号加到 L 端口，双边带调幅信号由 R 端口输出。当载波信号振幅足够大时，才能保证二极管工作在开关状态，并使 $U_{\Omega m} \leqslant U_{cm}$。

3. 单边带调幅电路

1）滤波法

如图 6-11（b）所示，调制信号 $u_{\Omega}(t)$ 与载波信号 $u_c(t)$ 相乘后，得到双边带调幅信号，经由带通滤波器滤掉一个边带后，得到单边带调幅信号。滤波法实现起来较为简单，但由于上下边带衔接处的频率间隔等于调制信号最低频率的 2 倍（$2F_{min}$），所以对带通滤波器要求很高。

如图 6-18 所示，为了滤除无需传输的边带，滤波器在载频处需具有良好的滤波特性。载频 f_c 远远大于调制信号频率 F，当 f_c 越高，过渡带的相对带宽 $\Delta f / f_c$ 越小时，滤波器制作起来越困难。

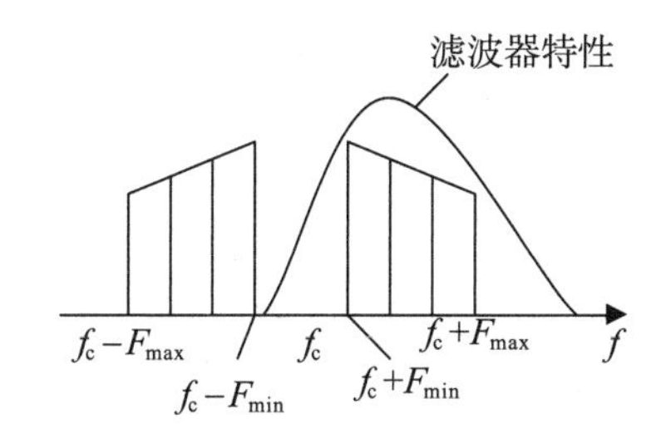

图 6-18　产生 SSB 信号带通滤波器的特性

为了降低滤波器的制作难度，通常降低载频，在较低的频率上进行第一次调制，产生载频较低的 SSB 信号。而后可逐渐采用较高的载频进行多次调制，直至达到期望的频率，如图 6-19 所示。可以看出，调制的过程实质上是频谱搬移的过程，这样可以加大上、下边带的频率间距，使得滤波器的制作更为简单。

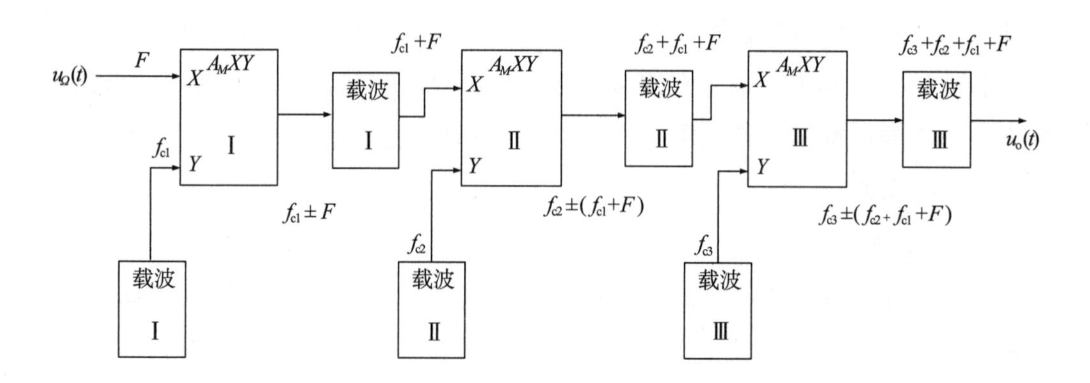

图 6-19　逐级滤波法实现 SSB 信号的电路模型

逐级滤波法在实现 SSB 信号过程中采用了多次调制，所采用的载波分别为 f_{c1}，f_{c2}，f_{c3}，…，获得的信号载频为 $f_c=f_{c1}+f_{c2}+f_{c3}+\cdots$，在实际中，频率为 f_c 的载波分量被抑制掉了。

2）移相法

采用移相法调幅的电路组成模型如图 6-20 所示，假设 90° 移相器的传输系数为 1。

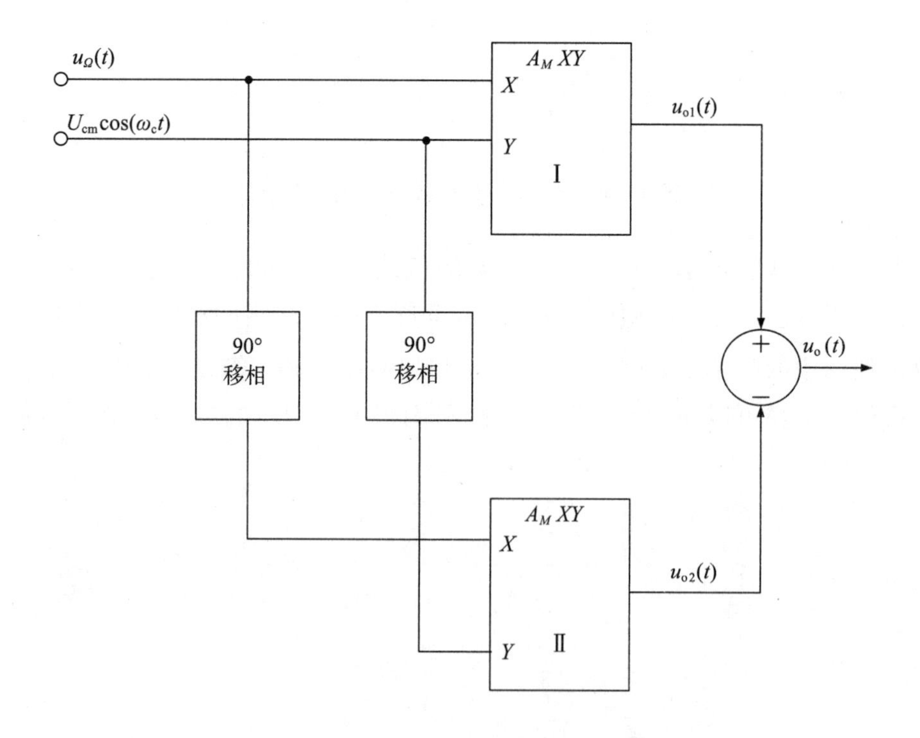

图 6-20　移相法单边带调幅电路组成模型

设 $u_{\Omega}(t)=U_{\Omega\mathrm{m}}\cos(\Omega t)$，乘法器 I 的输出电压为

$$\begin{aligned}u_{\mathrm{o}1}(t)&=A_M U_{\Omega\mathrm{m}}U_{\mathrm{cm}}\cos(\Omega t)\cos(\omega_{\mathrm{c}}t)\\&=\frac{1}{2}A_M U_{\Omega\mathrm{m}}U_{\mathrm{cm}}\left[\cos\left(\omega_{\mathrm{c}}+\Omega\right)t+\cos\left(\omega_{\mathrm{c}}-\Omega\right)t\right]\end{aligned} \tag{6-18}$$

乘法器Ⅱ的输出电压为

$$\begin{aligned}u_{\mathrm{o}2}(t)&=A_M U_{\Omega\mathrm{m}}U_{\mathrm{cm}}\cos\left(\Omega t-\frac{\pi}{2}\right)\cos\left(\omega_{\mathrm{c}}t-\frac{\pi}{2}\right)\\&=A_M U_{\Omega\mathrm{m}}U_{\mathrm{cm}}\sin(\Omega t)\sin(\omega_{\mathrm{c}}t)\\&=\frac{1}{2}A_M U_{\Omega\mathrm{m}}U_{\mathrm{cm}}\left[\cos\left(\omega_{\mathrm{c}}-\Omega\right)t-\cos\left(\omega_{\mathrm{c}}+\Omega\right)t\right]\end{aligned} \tag{6-19}$$

将 $u_{\mathrm{o}1}(t)$ 与 $u_{\mathrm{o}2}(t)$ 相加可得

$$u_{\mathrm{o}1}(t)+u_{\mathrm{o}2}(t)=A_M U_{\Omega\mathrm{m}}U_{\mathrm{cm}}\cos\left(\omega_{\mathrm{c}}-\Omega\right)t \tag{6-20}$$

此时，上边带被抵消掉，两个下边带叠加后输出。

将 $u_{\mathrm{o}1}(t)$ 与 $u_{\mathrm{o}2}(t)$ 相减可得

$$u_{\mathrm{o}1}(t)-u_{\mathrm{o}2}(t)=A_M U_{\Omega\mathrm{m}}U_{\mathrm{cm}}\cos\left(\omega_{\mathrm{c}}+\Omega\right)t \tag{6-21}$$

此时，下边带被抵消掉，两个上边带叠加后输出。

移相法省去了带通滤波器，其实现的关键在于两个移相器，该方法对载频和调制信号的移相要求较高，必须为 90°，其幅频特性必须为常数。

6.2.2　高电平调幅电路

高电平调幅电路主要用于产生普通调幅波，根据调制信号所加的电极位置，可分为基极调幅、集电极调幅等。

图 6–21 所示的为基极调幅电路。载波信号 $u_{\mathrm{c}}(t)$ 经过变压器 Tr_1 和 L_1、C_1 构成的 L 形网络加到晶体管的基极电路，低频调制信号 $u_{\Omega}(t)$ 通过低频变压器 Tr_2 加到晶体管基极电路上。C_2 为高频旁路电容，为载波信号提供通路，其对低频信号的容抗很大；C_3 为低频耦合电容，为低频信号提供通路。

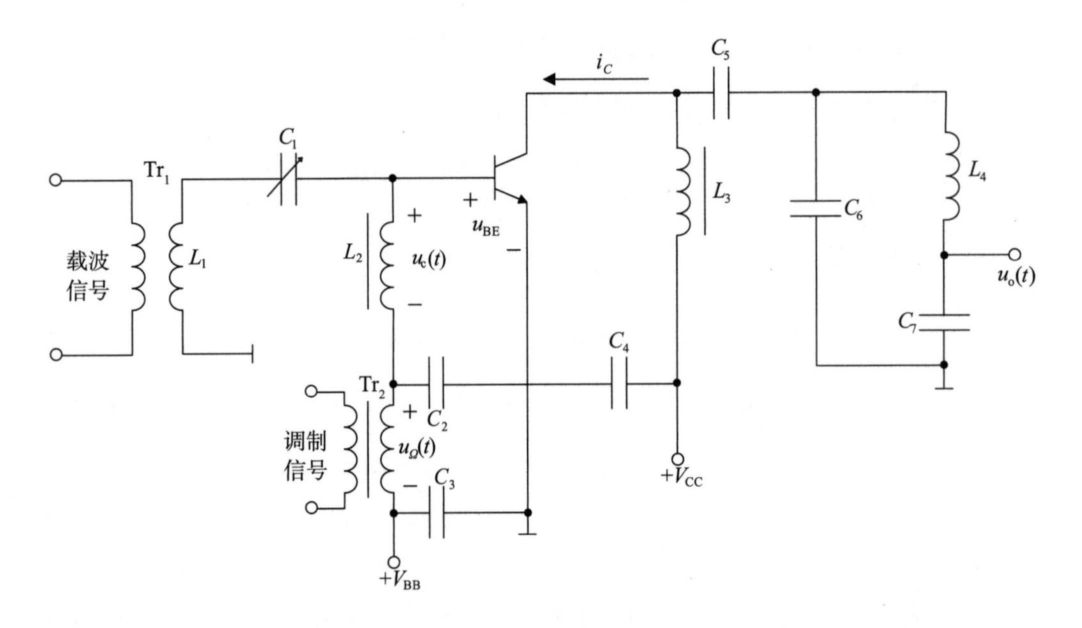

图 6-21　基极调幅电路

令 $u_\Omega(t)=U_{\Omega\mathrm{m}}\cos(\Omega t)$， $u_{\mathrm{c}}(t)=U_{\mathrm{cm}}\cos(\Omega t)$，晶体管基极与发射极之间的电压为

$$u_{\mathrm{BE}}=V_{\mathrm{BB}}+U_{\Omega\mathrm{m}}\cos(\Omega t)+U_{\mathrm{cm}}\cos(\omega_0 t) \tag{6-22}$$

波形如图 6-22（a）所示，在调制过程中，晶体管基极电压、放大器的集电极脉冲电流最大值 i_{cmax} 与导通角 θ 均随着调制信号的变化而变化，如图 6-22（b）所示。图 6-22（c）所示的为集电极谐振回路调谐在载频 f_{c} 上时的调幅波电压 u_{o} 的波形。为了减小调制失真，被调放大器始终工作在欠压状态，使得基极调幅电路效率较低。

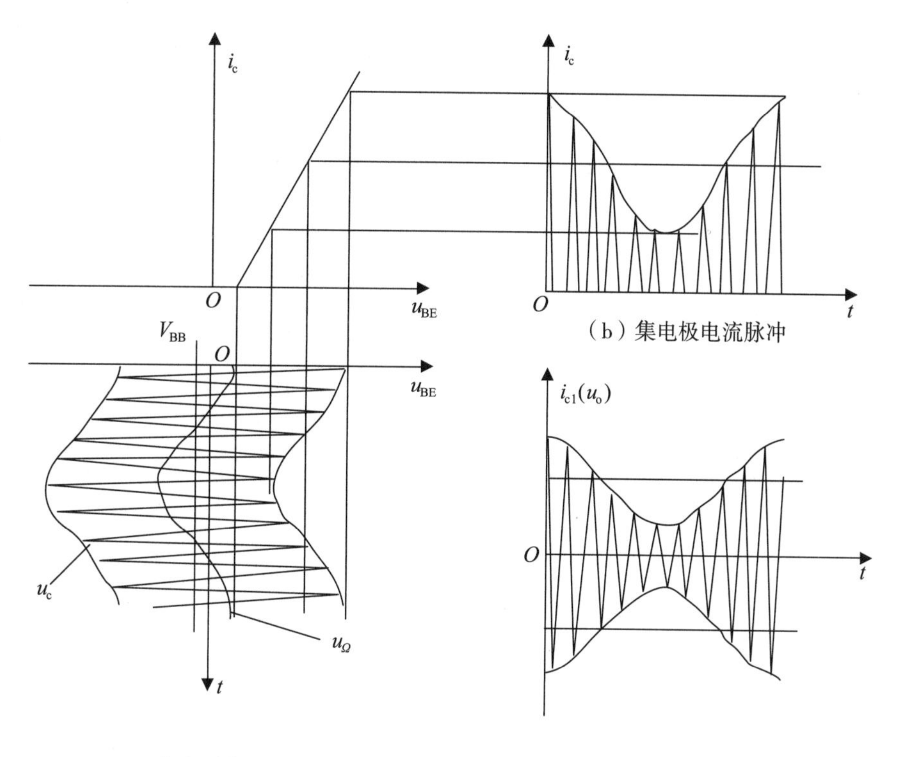

（b）集电极电流脉冲

（a）基极电压波形

（c）输出调幅波

图 6-22　基极调幅波形

集电极调幅电路如图 6-23 所示。载波信号从基极加入，调制信号经过变压器 Tr_2 加到集电极电路中，与直流电源 V_{CC} 串联。若令 $u_\Omega(t)=U_{\Omega m}\cos(\Omega t)$，晶体管集电极电压 $u_{CC}(t)=V_{CC}+U_{\Omega m}\cos(\Omega t)$，且随 $u_\Omega(t)$ 的变化而变化。当放大器工作在过压状态时，集电极脉冲电流的基波振幅 I_{c1m} 随 $u_\Omega(t)$ 成正比变化，达到调幅的目的。采用基极自给偏压电路 (R_B、C_B)，可减少调幅失真。集电极调幅能量转换效率高，在大功率调幅发射机中得到了广泛应用。

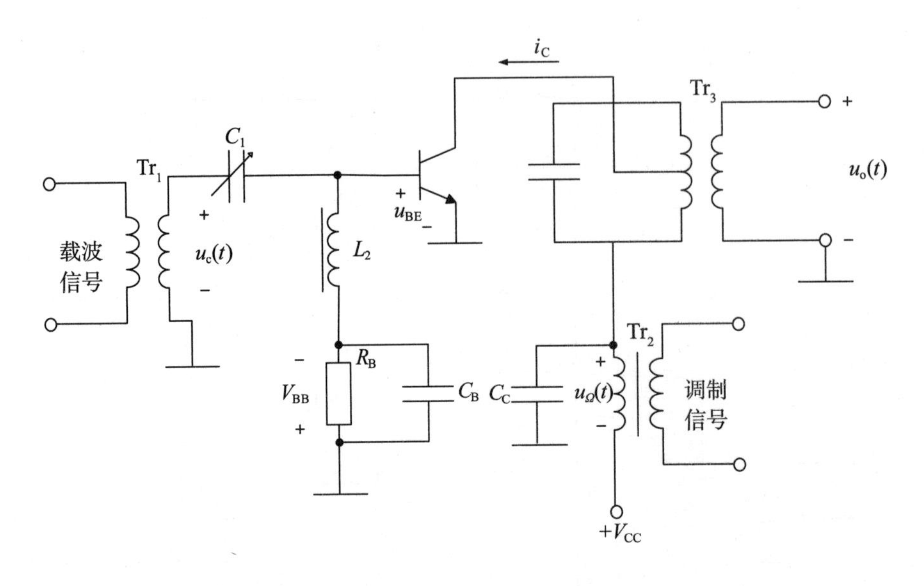

图 6-23　集电极调幅电路

6.3　调幅信号的解调

6.3.1　调幅波的解调方法

1. 检波电路的功能

对于不同的调制方式，其解调方式也不同。振幅解调的方法可分为包络检波和同步检波两大类。

包络检波是指检波器的输出电压直接反映输入高频调幅波包络变化规律的一种检波方式。由于普通调幅波信号的包络与调制信号成正比，因此包络检波只适用于普通调幅波的解调。其原理方框图如图 6-24 所示。

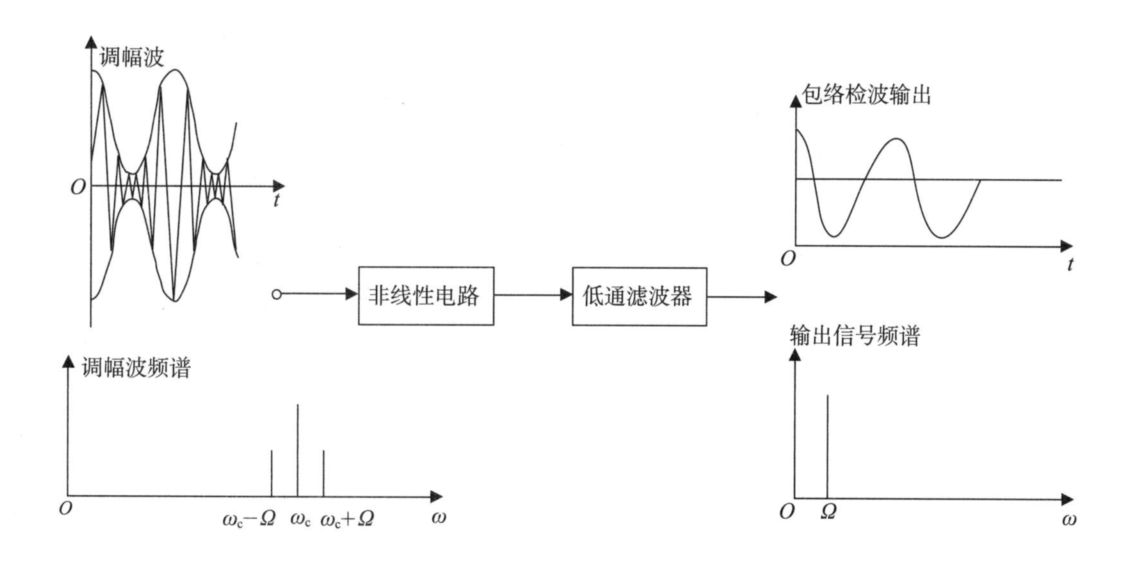

图 6-24　包络检波原理方框图

包络检波器主要由非线性电路和低通滤波器两部分组成。

振幅调制信号：

$$u_{\mathrm{i}}(t)=U_{\mathrm{im}}[1+m_a\cos(\Omega t)]\cos(\omega_0 t) \tag{6-23}$$

其频谱由载频 ω_0 和变频 $\omega_0 \pm \Omega$ 组成，其中不含有调制信号本身的频率分量 Ω，但二者之差就是 Ω。为了解调出原调制信号，检波器必须含有非线性电路（或器件），以便产生新的频率分量，再经由低通滤波器滤除不需要的高频分量，即可得到调制信号。根据电路及工作状态的不同，包络检波又分为峰值包络检波和平均包络检波。

不同于调制信号，单边带调幅信号和双边带调幅信号的包络必须使用同步检波器。同步检波器是一个三端口网络，单边带（双边带）调幅信号与外加的解调载波电压加在两个输入端口上。在同步检波过程中，为了正常解调，必须使所恢复的载波与原调制载波同步（同频同相）。

2. 检波电路的主要技术指标

（1）电压传输系数 K_{d}。检波电路的电压传输系数是指检波电路的输出电压与输入高频电压的振幅之比。

当检波电路的输入信号为高频等幅波，即 $u_{\mathrm{i}}(t)=U_{\mathrm{im}}\cos(\omega_0 t)$ 时，电压传输系数定义为输出直流电压 U_{o} 与输入高频电压振幅 U_{im} 的比值，即

$$K_{\mathrm{d}}=\frac{U_{\mathrm{o}}}{U_{\mathrm{im}}} \quad (6\text{-}24)$$

当输入高频调幅波 $u_{\mathrm{i}}(t)=U_{\mathrm{im}}[1+m_a\cos(\Omega t)]\cos(\omega_0 t)$ 时，K_{d} 定义为输出低频信号（Ω分量）的振幅 $U_{\Omega\mathrm{m}}$ 与输入高频调幅波包络变化的振幅 $m_a U_{\mathrm{im}}$ 的比值，即

$$K_{\mathrm{d}}=\frac{U_{\Omega\mathrm{m}}}{m_a U_{\mathrm{im}}} \quad (6\text{-}25)$$

（2）等效输入电阻 R_{id}。检波器的等效输入电阻将作为前级高频放大器的负载，会影响放大器的电压增益和通频带。实际情况下，检波器的输入阻抗可以看成由输入电阻 R_{id} 和输入电容 C_{id} 并联而成，一般为复数。通常 C_{id} 会影响前级高频谐振回路的谐振频率，而 R_{id} 会影响前级放大器的增益及谐振回路的品质因数和选择性。

因为检波器是非线性电路，所以 R_{id} 的定义与线性放大器的不同。R_{id} 定义为输入高频等幅电压的振幅 U_{im} 与输入端高频脉冲电流基波分量的振幅之比，即

$$R_{\mathrm{id}}=\frac{U_{\mathrm{im}}}{I_{1\mathrm{m}}} \quad (6\text{-}26)$$

R_{id} 应尽量大一些，以此来减少检波器对前级回路的影响。

（3）非线性失真系数 K_f。非线性失真的大小一般用非线性失真系数 K_f 表示。当输入信号为单频调制的调幅波时，非线性失真系数定义为

$$K_f=\frac{\sqrt{U_{2\Omega}^2+U_{3\Omega}^2+\cdots}}{U_{\Omega}} \quad (6\text{-}27)$$

式中：U_{Ω}，$U_{2\Omega}$，$U_{3\Omega}$，…分别为输出电压中调制信号的基波和各次谐波分量的有效值。

（4）高频滤波系数 F。检波器输出电压中的高频分量应该尽可能地被滤除，以免产生高频寄生反馈，导致接收机工作不稳定。通常用高频滤波系数来衡量滤波能力。

高频滤波系数的定义为输入高频电压的振幅 U_{im} 与输出高频电压的振幅 U_{om} 的比值，即

$$F=\frac{U_{\mathrm{im}}}{U_{\mathrm{om}}} \tag{6-28}$$

在输入高频电压一定的情况下，滤波系数 F 越大，检波器输出端的高频电压越小，滤波效果越好。

6.3.2　大信号包络检波

二极管包络检波器的电路如图 6-25 所示。该电路由二极管 VD 和 R_L、C_L 组成的低通滤波器串接而成。R_L 为检波负载电阻，C_L 为检波负载电容，它一方面使输入已调波信号完全加到二极管两端，提高检波效率；另一方面起着高频滤波的作用。图中，变压器 Tr 将前级的调幅波送到检波器的输入端，而 C_C 为低频耦合电容，起着隔直流耦合低频信号的作用，R_{i2} 为后级输入电阻。大信号是指输入高电压 $u_{\mathrm{i}}(t)$ 的振幅在 500 mV 以上，忽略二极管的导通电压，即认为二极管两端电压 $u_{\mathrm{i}}(t)$ 为正时就导通，为负时就截止。

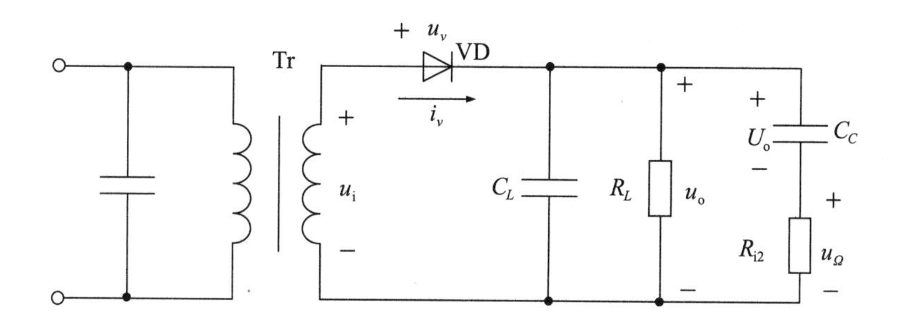

图 6-25　二极管包络检波器的电路

1. 工作原理

假设检波器输入高频调幅波为 $u_{\mathrm{i}}(t)=U_{\mathrm{im}}[1+m_a\cos(\Omega t)]\cos(\omega_0 t)$，此时，由于负载电容 C_L 的高频阻抗很小，因此，高频输入电压 $u_{\mathrm{i}}(t)$ 的绝大部分加到二极管 VD 上。当高频已调波为正半周时，二极管导通，并对电容 C_L 充电。由于二极管导通时的内阻 R_V 很小，即充电时间常数 R_VC_L 很小，因而充电电流较大，电容 C_L 上的电压，即检波器输出电压 u_{o} 很快就会接近高频输入电压的最大值。u_{o}

通过信号源电路，反向施加到二极管 VD 的两端，形成对二极管的反偏压。这时二极管的导通与否，由电容器上的电压 u_o 与输入电压 u_i 共同决定。当高频输入电压的幅度下降到小于 u_o 时，二极管处于截止状态，电容器则通过负载 R_L 放电，由于放电时间常数 R_LC_L 远远大于 R_VC_L，故放电速度很慢。当 u_o 下降得不多时，输入信号 u_i 的下一个正峰值又到来了，且当 $u_i > u_o$ 时，二极管又导通，重复上述充、放电过程。检波电路中各波形如图 6-26 所示。由于充电快，放电慢，u_o 实际上起伏很小，可近似认为与高频已调波的包络基本一致，故称为包络检波。

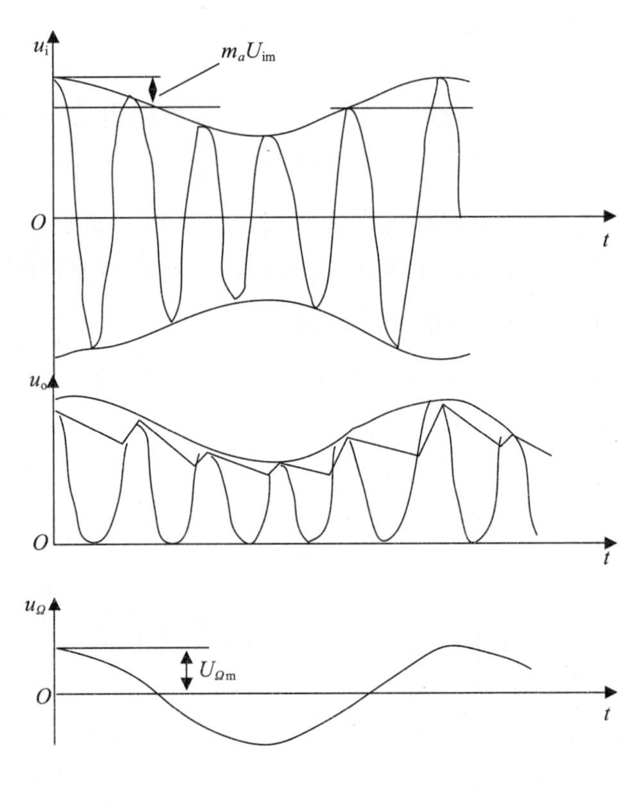

图 6-26　检波器各点波形

2. 性能指标

检波器的主要性能指标有电压传输系数、输入电阻及其失真等。

（1）电压传输系数 η_d。电压传输系数用来说明检波器对高频信号的解调能力，又称为检波效率，用 η_d 表示。

当输入信号为高频调幅波时，其包络振幅为 m_aU_{im}，而输出低频电压振幅为 $U_{\Omega m}$，如图 6-26 所示。检波器的电压传输系数定义为

$$\eta_{\rm d}=\frac{U_{\Omega\rm m}}{m_aU_{\rm im}} \tag{6-29}$$

由于二极管大信号包络检波器的输出电压与高频已调波的包络基本一致，因此 $\eta_{\rm d}\approx 1$。

（2）输入电阻 $R_{\rm i}$。检波器的输入电阻 $R_{\rm i}$ 是指从检波器输入端看进去的等效电阻，用来说明检波器对前级电路的影响程度。定义 $R_{\rm i}$ 为输入高频等幅波的电压振幅 $U_{\rm im}$ 与输入高频脉冲电流中的基波振幅 $I_{\rm im}$ 之比，即

$$R_{\rm i}=\frac{U_{\rm im}}{I_{\rm im}} \tag{6-30}$$

由理论分析得，二极管大信号包络检波器的输入电阻 $R_{\rm i}\approx\frac{R_L}{2}$。增大 $R_{\rm i}$、R_L，可减少二极管检波器对前级电路的影响。但是增大 R_L 将受到检波器中非线性失真的限制。图 6-27 所示的三极管包络检波电路能有效解决这个问题。其输入电阻比二极管检波器增大了 $(1+\beta)$ 倍，这种检波电路在集成电路中得到了广泛应用。

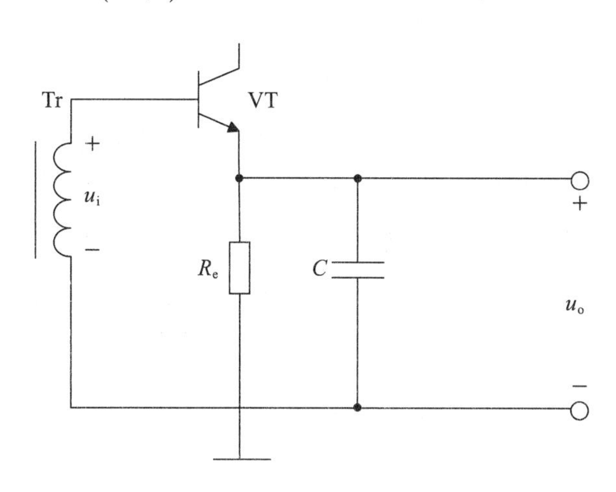

图 6-27　三极管包络检波器

（3）失真。在实际情况下，检波器由于参数选择不当会发生失真现象，二极管包络检波器会产生其特有的惰性失真和负峰切割失真。

①惰性失真。为了提高检波效率和滤波效果，常选用较大的 R_LC_L 值，这样会增加电容器的放电时间，使得电容器上电压的平均值达到不失真追踪输入电压包络变化的目的。如果 R_LC_L 值过大，电容器的放电速度将变得很慢，输出电

压与调幅波的包络变化不一致，由此发生失真现象，此种失真方式为惰性失真，如图 6-28 所示。

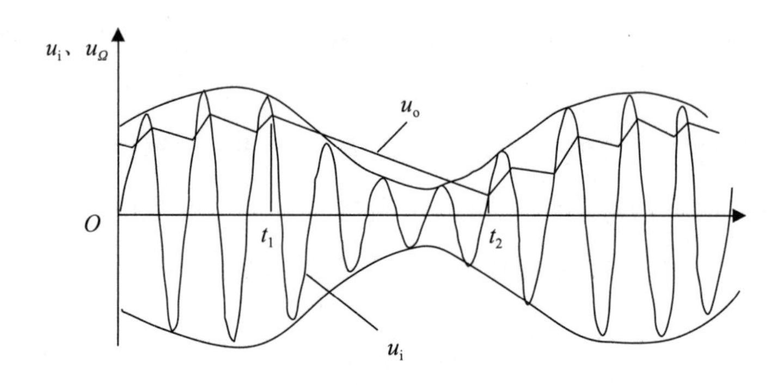

图 6-28　惰性失真

可以看出，当调制信号的频率 F 越高，调制系数 m_a 越大时，调幅波包络的下降速度就越快，更容易发生惰性失真现象。为了有效避免惰性失真的发生，R_L 、C_L 应满足如下条件：

$$R_L C_L \leqslant \frac{\sqrt{1-m_a^2}}{2\pi F_{\max} m_a} \tag{6-31}$$

②负峰切割失真。实际电路中，检波电路的输出端要经过一个隔直电容 C_C 与下级电路相连接，如图 6-29 所示。为了传送低频信号，要求 C_C 对低频信号阻抗很小，使得它的容量较大，在低频一周内 C_C 上的电压 $U_o \approx U_{im}$ 基本不变，可以近似当成一个直流电源。R_L 上的电压 U_{RL} 远远大于 $U_{im}\dfrac{R_L}{R_L+R_{i2}}$。电压 U_{RL} 作为一个反向偏压加在了二极管上，当电压过大时，可能导致输入调幅波包络在负半周的某段时间内小于该电压而导致二极管截止。此时 U_{RL} 不随包络变化，进而发生失真，如图 6-29 所示。

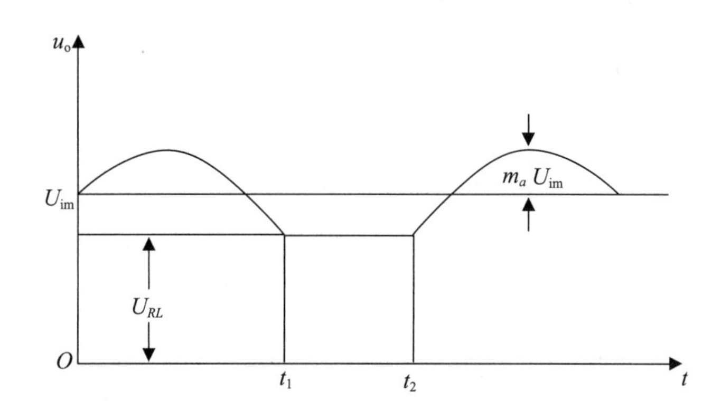

图 6-29　负峰切割失真

由于上述失真出现在低频信号的负半周，其负峰被切割，称为负峰切割失真。

为了有效避免负峰切割失真，必须使输入调幅波包络的最小值 $U_{im}(1-m_a)>U_{RL}$。可得到：

$$m_a<\frac{R_{i2}}{R_L+R_{i2}} \tag{6-32}$$

由于检波器直流负载为 R_L，而低频交流负载 $R_\Omega=R_L\ //\ R_{i2}$，由上式可得

$$m_a<\frac{R_\Omega}{R_L} \tag{6-33}$$

检波器交、直流负载不等和调幅系数较大会引起负峰切割失真。R_{i2} 越大，R_Ω 越接近 R_L，越不容易出现负峰切割失真。如图 6-30 所示，在实际电路中可减小交直流负载的差别来降低负峰切割失真的发生率。可将 R_L 分为 R_{L1} 和 R_{L2}，并通过 C_C 将 R_{i2} 并联在 R_{L2} 两端。此时，检波器的直流负载 $R_L=R_{L1}+R_{L2}$，交流负载 $R_L=R_{L1}+R_{L2}\ //\ R_{i2}$。当 R_L 一定时，R_{L1} 越大，交、直流负载的差别就越小，输出低频电压也就越小。图中电容 C_1 用来进一步滤除高频分量。

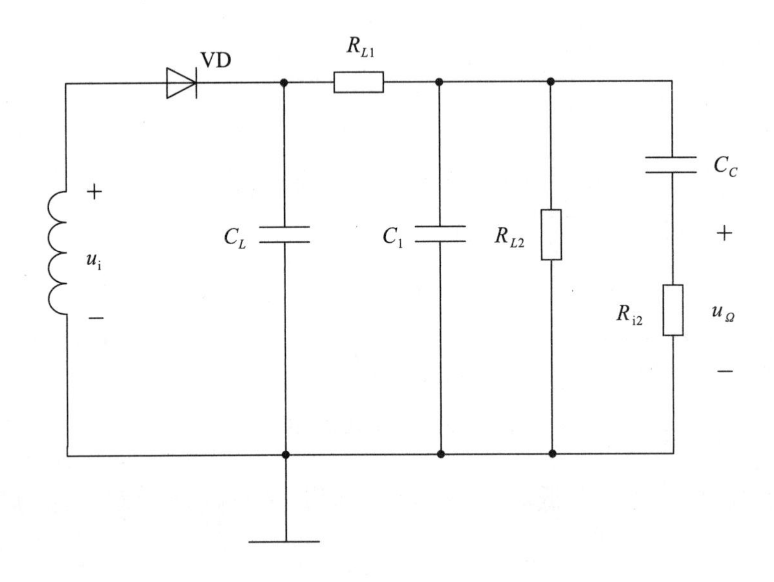

图 6-30　避免负峰切割失真的检波器改进电路

6.3.3　同步检波

同步检波分为乘积型和叠加型两种方式，这两种检波方式都需要接收端恢复载波支持。恢复载波性能的好坏，直接关系到接收机解调性能的优劣。

1. 乘积型同步检波器

乘积型同步检波器是直接把本地恢复的解调载波与接收信号相乘，然后用低通滤波器将低频信号提取出来。在这种检波器中，要求本地的解调载波与发送端的调制载波同频同相。如果其频率或相位有一定的偏差，将会使恢复出来的调制信号产生失真。乘积型同步检波器的原理方框图如图 6-31（a）所示。

设输入信号 $u_{\mathrm{i}}=U_{\mathrm{im}}\cos(\Omega t)\cos(\omega_{\mathrm{c}}t)$，本地解调载波 $u_{\mathrm{o}}=U_{\mathrm{om}}\cos\left(\omega_0 t+\varphi\right)$，两信号相乘后的输出为

$$\begin{aligned}u_{\mathrm{i}}u_{\mathrm{o}}&=kU_{\mathrm{im}}U_{\mathrm{om}}\cos(\Omega t)\cos(\omega_{\mathrm{c}}t)\cos\left(\omega_0 t+\varphi\right)\\&=\frac{1}{2}kU_{\mathrm{im}}U_{\mathrm{om}}\cos(\Omega t)\left\{\cos\left[\left(\omega_{\mathrm{c}}+\omega_0\right)t+\varphi\right]+\cos\left[\left(\omega_{\mathrm{c}}-\omega_0\right)t+\varphi\right]\right\}\end{aligned}\tag{6-34}$$

式中：k 为乘法器的相乘系数。令 $\omega_{\mathrm{c}}-\omega_0=\Delta\omega_0$，低通滤波器传输系数为 1，经过滤波器后的输出信号为

$$u_\Omega = \frac{1}{2}kU_{\text{im}}U_{\text{om}}\cos(\Omega t)\cos(\Delta\omega_0 t + \varphi) \\ = U_\Omega\cos(\Delta\omega_0 t + \varphi)\cos(\Omega t) = U_\Omega(t)\cos(\Omega t) \tag{6-35}$$

输入、输出信号的频谱如图 6-31（b）所示。

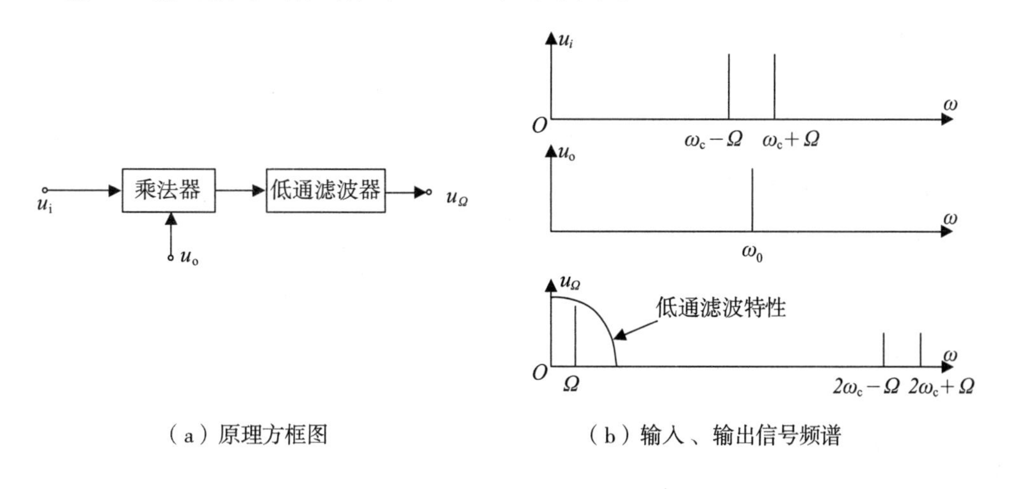

（a）原理方框图

（b）输入、输出信号频谱

图 6-31　乘积型同步检波器

由式（6-35）得：

（1）当恢复的本地载波与发射端的调制载波同步（同频、同相），即 $\Delta\omega_0 = 0$，$\varphi = 0$ 时，$u_\Omega = U_\Omega\cos(\Omega t)$，表明同步检波器能无失真地将调制信号恢复出来。

（2）若本地载波与调制载波有一定的频差，即 $\Delta\omega_0 \neq 0$，$\varphi = 0$，则有

$$u_\Omega = U_\Omega\cos(\Delta\omega_0 t)\cos(\Omega t)$$

可见，同步检波器输出解调信号的振幅相对于原调制信号，已引起振幅失真。

（3）若本地载波与调制载波同频，但有一定的相位差，即 $\Delta\omega_0 = 0$，$\varphi \neq 0$，则有

$$u_\Omega = U_\Omega\cos\varphi\cos(\Omega t)$$

此时，同步检波器输出的解调信号中引入了一个振幅衰减因子 $\cos\varphi$。如果 φ 随时间变化，也会引起振幅失真。

由上述分析与讨论可以看出：①乘积型同步检波器的关键是电路应具有乘积项，凡是具有乘积项的线性频谱搬移电路，只要后接低通滤波器都可实现乘积型同步检波；②同步检波器输出解调信号无失真的关键是，保证本地解调载波与调制载波同步。

2. 叠加型同步检波器

叠加型同步检波器是在 DSB 或 SSB 信号中插入本地载波，使之成为或近似为 AM 信号，再利用包络检波器将调制信号恢复出来。对于 DSB 信号，只要载波电压达到一定数值，就可得到一个不失真的 AM 波。叠加型同步检波器的原理电路如图 6-32（a）所示，图 6-32（b）为原理电路方框图。

以 SSB 信号为例，设输入单频调制的单边带信号（上边带）为

$$u_{\mathrm{SSB}}=U_{\mathrm{SSB}}\cos\left(\omega_{\mathrm{c}}+\Omega\right)t=U_{\mathrm{SSB}}\cos(\Omega t)\cos(\omega_{\mathrm{c}}t)-U_{\mathrm{SSB}}\sin(\Omega t)\sin(\omega_{\mathrm{c}}t) \quad (6-36)$$

恢复的本地载波信号为

$$u_{\mathrm{o}}=U_{\mathrm{om}}\cos(\omega_{\mathrm{c}}t) \quad (6-37)$$

如果设变压器 Tr_1、Tr_2 的匝数比均为 1 ∶ 1，由图 6-32（a）可得

$$\begin{aligned} u_{\mathrm{d}}&=u_{\mathrm{SSB}}+u_{\mathrm{o}}=\left[U_{\mathrm{SSB}}\cos(\Omega t)+U_{\mathrm{om}}\right]\cos(\omega_{\mathrm{c}}t)-U_{\mathrm{SSB}}\sin(\Omega t)\sin(\omega_{\mathrm{c}}t)\\ &=U_{\mathrm{m}}(t)\cos\left[\omega_{\mathrm{c}}t+\varphi(t)\right] \end{aligned} \quad (6-38)$$

式中：

$$U_{\mathrm{m}}(t)=\sqrt{\left[U_{\mathrm{SSB}}\cos(\Omega t)+U_{\mathrm{om}}\right]^2+\left[U_{\mathrm{SSB}}\sin(\Omega t)\right]^2} \quad (6-39)$$

$$\varphi(t)=\arctan\frac{U_{\mathrm{SSB}}\sin(\Omega t)}{U_{\mathrm{SSB}}\cos(\Omega t)+U_{\mathrm{om}}} \quad (6-40)$$

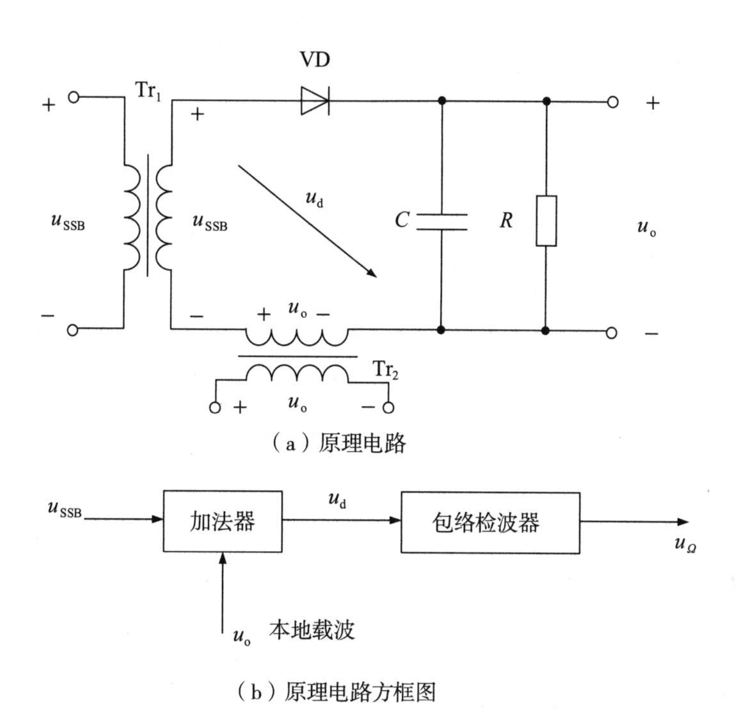

图 6-32　叠加型同步检波器原理电路

由于包络检波器对相位不敏感，下面只讨论包络的变化。由式（6-39）可得

$$\begin{aligned} U_m(t) &= \sqrt{U_{SSB}^2 + U_{om}^2 + 2U_{SSB}U_{om}\cos(\Omega t)} \\ &= U_{om}\sqrt{1+\left(\frac{U_{SSB}}{U_{om}}\right)^2 + 2\frac{U_{SSB}}{U_{om}}\cos(\Omega t)} \\ &= U_{om}\sqrt{1+m^2+2m\cos(\Omega t)} \end{aligned} \tag{6-41}$$

式中：$m = U_{SSB}/U_{om}$。当 m 远小于 1 时，忽略高次项 m^2，则式（6-41）可近似表示为

$$U_m(t) \approx U_{om}\sqrt{1+2m\cos(\Omega t)} \approx U_{om}[1+m\cos(\Omega t)] \tag{6-42}$$

二极管包络检波器的端口电压 u_d 可近似为

$$u_d = U_{om}[1+m\cos(\Omega t)]\cos[\omega_c t + \varphi(t)]$$

u_d 经包络检波器后，其输出电压为

$$u_{\Omega} = K_{\mathrm{d}} U_{\mathrm{om}} \left[1 + m\cos(\Omega t) \right] \tag{6-43}$$

经电容隔直后，就可将调制信号恢复出来。

图 6-33 所示的为二极管平衡式叠加型同步检波电路，其平衡对称电路由两个单二极管叠加型同步检波器构成，如此做可减少输出电压的非线性失真。其输出解调电压抵消了 2Ω 及各偶次谐波分量。

由原理电路可以看出，上检波器的输出与式（6–43）相同，下检波器的输出为

$$u_{\Omega 2} = K_{\mathrm{d}} U_{\mathrm{om}} \left[1 - m\cos(\Omega t) \right] \tag{6-44}$$

总输出为

$$u_{\Omega} = u_{\Omega 1} - u_{\Omega 2} = 2K_{\mathrm{d}} U_{\mathrm{om}} m\cos(\Omega t) \tag{6-45}$$

由以上分析可知，同步检波实现的关键在于产生一个与调制载波信号同频、同相的本地载波。对于 AM 波来说，同步载波信号可以直接从信号中提取。AM 波去除包络变化可得到等幅载波信号，再经选频即可得到所需的同频、同相的本地载波。对于双边带调幅信号，将其取平方之后，从中取出角频率为 $2\omega_{\mathrm{c}}$ 的分量，再经二分频，就可得到角频率为 ω_{c} 的恢复载波。对于单边带调幅信号，本地载波无法从信号中直接提取。为了产生同步信号，往往在发送端发送单边带调幅信号的同时，附带发送一个功率远低于边带信号功率的载波信号，称为导频信号，接收端收到导频信号后，经放大就可以作为同步信号。如发送端不发送导频信号，发送端和接收端均应采用频率稳定度很高的石英晶体振荡器或频率合成器，以使两者频率相同且稳定不变。在这种情况下，两者不可能保持严格同步，只要接收端同步信号与发送端载波信号的频率之差在容许的范围之内，该方法仍然可用。

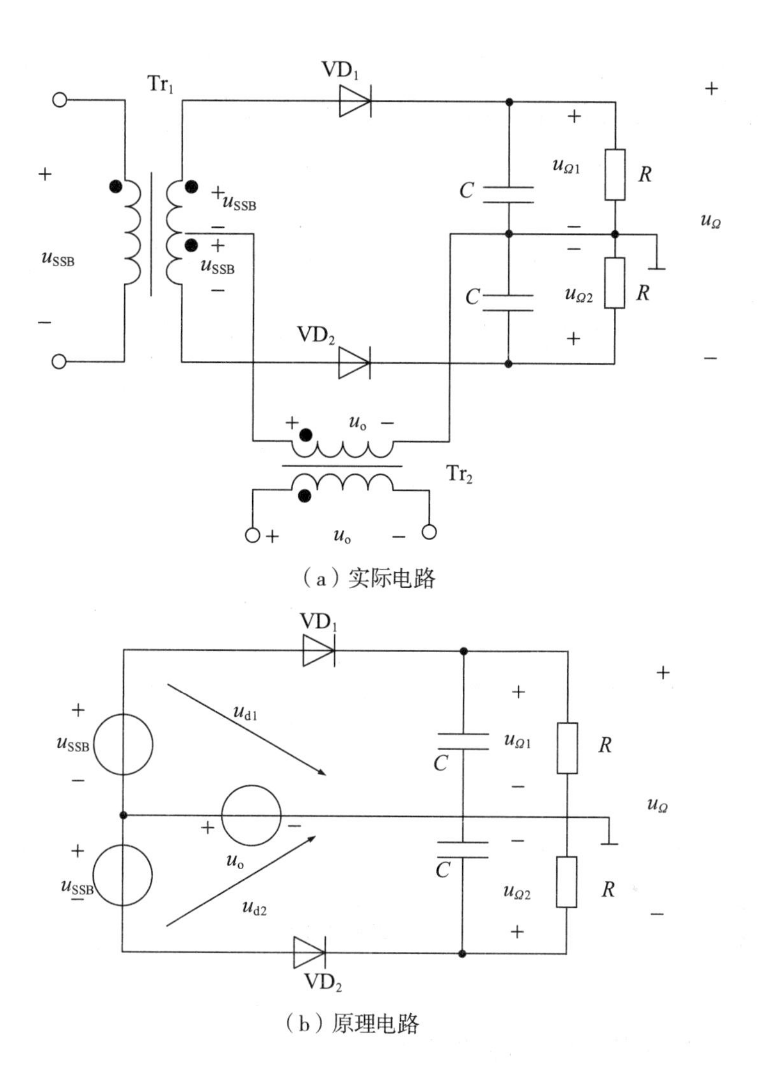

图 6-33　二极管平衡式叠加型同步检波电路

6.4　混频器电路

混频就是将两个不同频率的信号（其中一个称为本机振荡信号，另一个称为高频已调波信号）加到非线性器件上进行频率变换，然后由选频回路取出中频（差频或和频）分量，如图 6-34 所示。在混频过程中，信号的频谱内部结构

（各频率分量的相对振幅和相互间隔）和调制类型（调幅、调频和调相）保持不变，改变的只是信号的载频。具有这种功能的电路称为混频器。

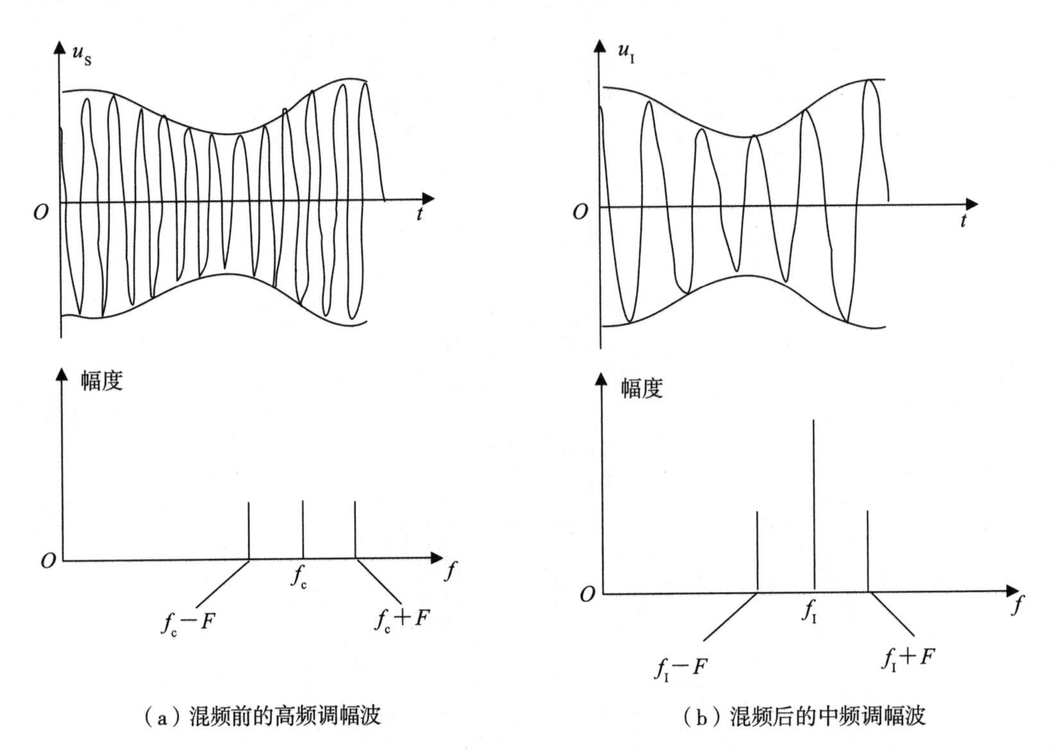

（a）混频前的高频调幅波

（b）混频后的中频调幅波

图 6-34　调幅波混频时的波形和频谱变化

6.4.1　通信接收机中的混频电路

1. 混频增益

混频增益是指混频中的输出中频信号电压 $U_I(t)$ 与输入信号电压的比值，即

$$A_u = \frac{U_I(t)}{U_c(t)} \tag{6-46}$$

2. 噪声系数

混频器的噪声系数是指输入信号噪声功率比（P_S/P_N）与输出中频信号噪声功率比（P_I/P_N）的比值，用分贝数表示，即

$$\mathrm{NF}=10\lg\frac{\dfrac{P_\mathrm{S}}{P_\mathrm{N}}}{\dfrac{P_\mathrm{I}}{P_\mathrm{N}}}\tag{6-47}$$

接收机的噪声系数主要取决于它的前端电路，在没有高频放大器的情况下，主要由混频电路决定。

3.1 dB 压缩电平

当输入信号功率较小时，混频增益为定值，输出中频功率随输入信号功率线性增大，之后由于非线性，输出中频功率的增大将趋于缓慢，直到比线性增长低于 1 dB 时所对应的输出中频功率电平称为 1 dB 压缩电平，用 $P_{\Pi\mathrm{dB}}$ 表示，如图 6-35 所示。图中，P_S 和 P_I 的大小均用 dBm 表示，即高于 1 mW 的分贝数，$P(\mathrm{dBm})=10\lg P(\mathrm{mW})$。

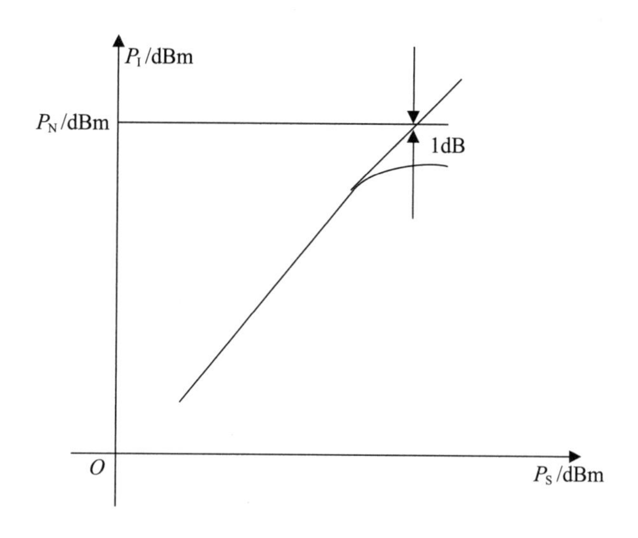

图 6-35　1dB 压缩电平

$P_{\Pi\mathrm{dB}}$ 的输入信号功率是混频器动态范围的上限电平，而动态范围的下限电平是由噪声系数确定的最小输入信号功率。

4. 混频失真

在接收机中，除加在混频器输入端的有用输入信号外，往往同时存在着多个干扰信号。由于非线性，混频器件输出电流中将包含众多组合频率分量，其中，除了有用输入信号产生的中频分量外，还可能有某些组合频率分量的频率十分靠近中频，输出中频滤波器无法将它们滤除。这些寄生分量叠加在有用中频信号上，引起失真，通常将这种失真统称为混频失真，其将严重影响通信质量。

5. 隔离度

理论上，混频器各端口之间是隔离的，任一端口上的功率不会窜通到其他端口。实际上，由于各种原因，总有极少量功率在各端口之间窜通，隔离度就是用来评价这种窜通大小的一个性能指标，定义为本端口功率与其窜通到另一端口的功率之比，用分贝数表示。

在接收机中，本振端口功率向输入信号端口的窜通危害最大。一般情况下，为保证混频性能，加在本振端口的本振功率都比较大，当它窜通到输入信号端口时，就会通过输入信号回路加到天线上，产生本振功率的反向辐射，严重干扰邻近接收机。

6.4.2 实用混频电路

1. 二极管混频器

二极管混频器可分为单端式混频器、平衡式混频器和环形混频器。平衡式和环形混频器的优点是实现简单、输出频谱较纯净、噪声低和工作频带宽等。二极管平衡式混频器和二极管环形混频器的电路如图 6–36 所示。

由图 6–36 可见，二极管混频器电路的结构与二极管调幅电路的相同，二者的差别在于输入信号的形式不同和负载回路的谐振频率不同。在混频器的输入端输入已调波信号 $u_c = U_c(t)\cos(\omega_c t)$，其中 $U_c(t) = U_{cm}[1 + m_a\cos(\Omega t)]$ 为已调波信号的包络；本振电压 $u_L = U_L\cos(\omega_L t)$，且 U_L 远远大于 U_c；负载回路的谐振频率为中频 $\omega_I = \omega_L - \omega_c$，则二极管平衡式混频器输出的中频电压为

$$u_I = \frac{2}{\pi} g_d R_L U_c(t)\cos(\omega_I t) = U_I(t)\cos(\omega_I t) \tag{6–48}$$

式中：

$$U_I(t) = \frac{2}{\pi} g_d R_L U_{cm}[1 + m_a\cos(\Omega t)] = U_{Im}[1 + m_a\cos(\Omega t)] \tag{6–49}$$

二极管环形混频器输出的中频电压为

$$u_{\mathrm{I}}=\frac{4}{\pi}g_{\mathrm{d}}R_{L}U_{\mathrm{c}}(t)\cos(\omega_{\mathrm{I}}t)=U_{\mathrm{I}}(t)\cos(\omega_{\mathrm{I}}t) \tag{6-50}$$

式中：

$$U_{\mathrm{I}}(t)=\frac{4}{\pi}g_{\mathrm{d}}R_{L}U_{\mathrm{cm}}\left[1+m_{a}\cos(\Omega t)\right]=U_{\mathrm{Im}}\left[1+m_{a}\cos(\Omega t)\right] \tag{6-51}$$

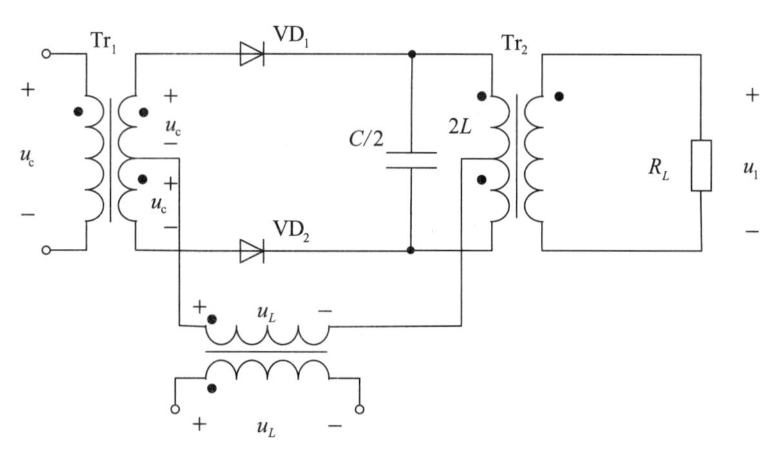

（a）二极管平衡式混频器

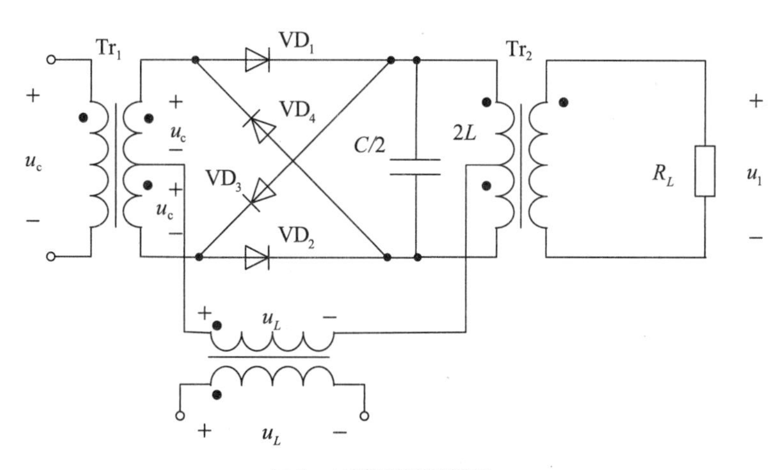

（b）二极管环形混频器

图 6-36　常用的二极管混频器

可以看出，环形混频器的输出电压是平衡式混频器输出的 2 倍。环形混频器大大减少了电流频谱中的组合频率分量，这样就会减少混频器输出信号中的组合频率干扰。二极管混频器相较于其他混频器虽没有变频增益，但其动态范围大、线性好、使用率高等，得到了广泛应用。

【例 6.2】分析图例 6.2 所示的二极管混频器。

解　对于理想变压器，初、次级的匝数比为 1 ∶ 2，且中心抽头准确；R_s 端电压可以忽略，则混频器的等效电路可以画成图例 6.2（b）所示的形式。

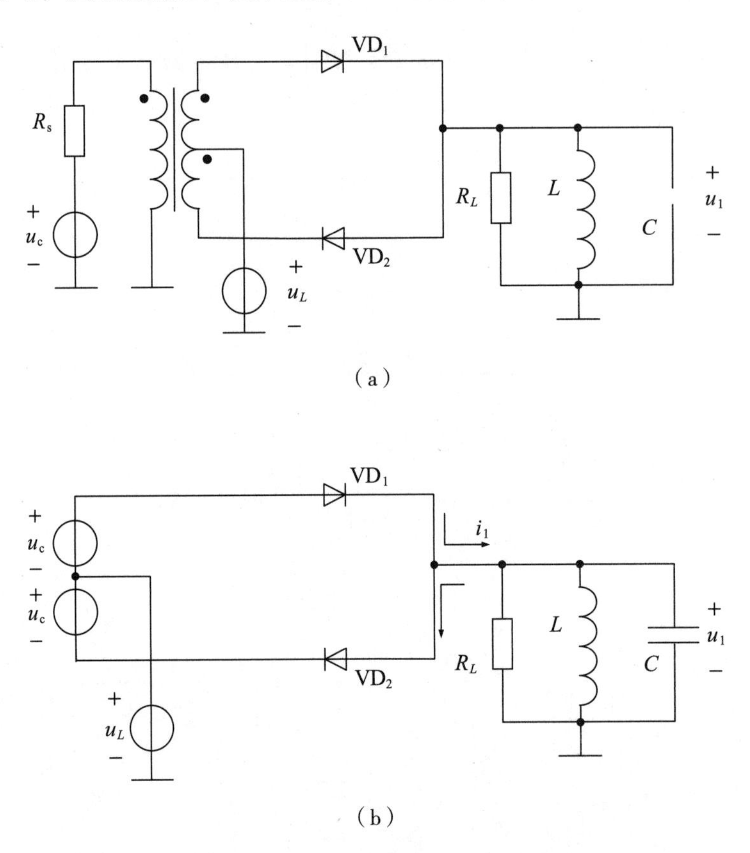

图例 6.2　二极管混频器

当本振信号 u_L 比输入信号 u_c 大得多时，可认为二极管的开关状态只受本振电压 u_L 的控制。u_L 为正时，二极管 VD_1 导通，VD_2 截止；u_L 为负时，VD_2 导通，VD_1 截止。若设二极管的导通电阻为 r_d，负载回路的谐振阻抗 $Z_L = R_L$，则负载回路谐振时流过负载回路的电流为

$$i_I = \begin{cases} \dfrac{u_L + u_c}{r_d + Z_L}, & u_L > 0 \\ \dfrac{u_L - u_c}{r_d + Z_L}, & u_L < 0 \end{cases}$$

可将上式统一写为 $i_{\mathrm{I}}=g_{\mathrm{d}}\left[u_L+S(t)u_{\mathrm{c}}\right]$，其中 $g_{\mathrm{d}}=1/\left(r_{\mathrm{d}}+R_L\right)$，$S(t)$ 是受本振信号频率 ω_L 控制的双向开关函数，即

$$S(t)=\begin{cases}1, & u_L>0\\-1, & u_L<0\end{cases}$$

其傅里叶展开式为

$$S(t)=\frac{4}{\pi}\cos(\omega_L t)-\frac{4}{3\pi}\cos3(\omega_L t)+\frac{4}{5\pi}\cos5(\omega_L t)+\cdots$$

输入已调波信号 $u_{\mathrm{c}}=U_{\mathrm{c}}(t)\cos(\omega_{\mathrm{c}}t)$，其中 $U_{\mathrm{c}}(t)=\left[1+m_a\cos(\Omega t)\right]$ 为已调波信号的包络；本振电压 $u_L=U_L\cos(\omega_L t)$，那么输出电压为

$$u_{\mathrm{I}}=i_{\mathrm{I}}Z_L=\frac{Z_L}{r_{\mathrm{d}}+R_L}\left\{U_L\cos(\omega_L t)+\left[\frac{4}{\pi}\cos(\omega_L t)-\frac{4}{3\pi}\cos3(\omega_L t)+\frac{4}{5\pi}\cos5(\omega_L t)+\cdots\right]U_{\mathrm{c}}(t)\cos(\omega_{\mathrm{c}}t)\right\}$$

如果负载 LC 并联回路的谐振频率为 $\omega_{\mathrm{I}}=\omega_L-\omega_{\mathrm{c}}$，且通频带 $B=2\Omega$，负载 LC 回路的谐振阻抗 $Z_L=R_L$，则选出的中频输出电压为

$$u_{\mathrm{I}}=\frac{2R_L}{\left(r_{\mathrm{d}}+R_L\right)\pi}U_{\mathrm{c}}(t)\cos(\omega_{\mathrm{I}}t)=U_{\mathrm{I}}(t)\cos(\omega_{\mathrm{I}}t)$$

式中：$U_{\mathrm{I}}(t)=\dfrac{2R_L}{\left(r_{\mathrm{d}}+R_L\right)\pi}U_{\mathrm{cm}}\left[1+m_a\cos(\Omega t)\right]$。

2. 双极型晶体三极管混频器

双极型晶体三极管混频器基本电路的交流通路如图 6–37 所示。图 6–37（a）、（b）所示的为共射极混频电路，在广播电路中应用较多，图 6–37（b）所示电路的本振信号由射极注入；图 6–37（c）、（d）所示的为共基极混频电路，适用于工作频率较高的调频接收机。

设输入已调信号 $u_{\mathrm{c}}=U_{\mathrm{c}}(t)\cos(\omega_{\mathrm{c}}t)$，其中 $U_{\mathrm{c}}(t)=U_{\mathrm{cm}}\left[1+m_a\cos(\Omega t)\right]$ 为已调信号的包络；本振电压 $u_L=U_L\cos(\omega_L t)$。在图 6–37（a）所示的基极注入式共射极混频电路中，

$$i_{\mathrm{c}}=I_{\mathrm{co}}(t)+g(t)u_{\mathrm{c}} \tag{6–52}$$

式中：$I_{\mathrm{co}}(t)$ 和 $g(t)$ 是受本振电压 $u_L=U_L\cos(\omega_L t)$ 控制的非线性函数。利用傅里叶级数展开可得

$$I_{co}(t)=I_{co}+I_{c1m}\cos(\omega_L t)+I_{c2m}\cos(2\omega_L t)+\cdots \tag{6-53}$$

$$g(t)=g_0+g_1\cos(\omega_L t)+g_2\cos(2\omega_L t)+\cdots \tag{6-54}$$

将其代入式（6-52）中：

$$\begin{aligned} i_c(t)=&\left[I_{co}+I_{c1m}\cos(\omega_L t)+I_{c2m}\cos(2\omega_L t)+\cdots\right] \\ &+\left[g_0+g_1\cos(\omega_L t)+g_2\cos(2\omega_L t)+\cdots\right]U_c(t)\cos(\omega_c t) \end{aligned}$$

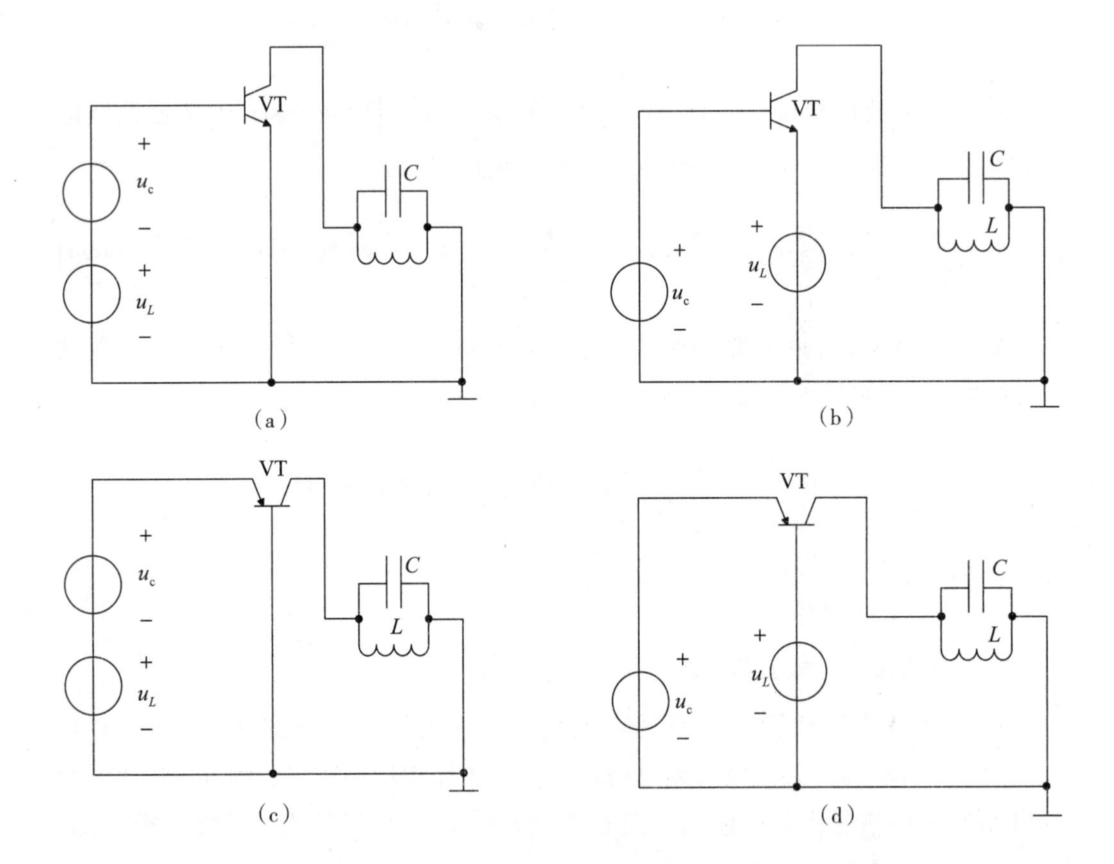

图 6-37　晶体三极管混频器基本电路的交流通路

若集电极负载 LC 并联回路的谐振频率为 $\omega_I=\omega_L-\omega_c$，通频带 $B=2\Omega$，回路的谐振阻抗为 R_L，则其中频输出电压为

$$u_I=\frac{1}{2}g_1R_LU_c(t)\cos(\omega_I t)=U_I(t)\cos(\omega_I t) \tag{6-55}$$

$$U_{\mathrm{I}}(t)=\frac{1}{2}g_1R_LU_{\mathrm{cm}}\left[1+m_a\cos(\Omega t)\right] \tag{6-56}$$

可以看出，只有时变跨导 $g(t)$ 的基波分量能产生中频（和频或差频）分量，其他频率分量只能产生本振信号的各次谐波与信号的组合频率，可得变频（混频）增益为

$$A_u=\frac{U_{\mathrm{I}}(t)}{U_{\mathrm{c}}(t)}=\frac{1}{2}g_1R_L \tag{6-57}$$

变频增益直接决定了变频器的噪声系数，由式（6-57）可以看出，只有 g_1 才会影响 A_u，而 g_1 仅与晶体管特性、直流工作点和本振电压 u_L 有关，与 u_{c} 无关。

双极型晶体三极管混频器实用电路的交流通路如图 6-38 所示，VT_1 作为混频器，输入信号由 C_1 耦合到基极；本振信号由 C_2 耦合到基极，构成共射极混频方式，其特点是所需信号功率小、功率增益较大。混频器的负载是共基极中频放大器（由 VT_2 构成）的输入阻抗。

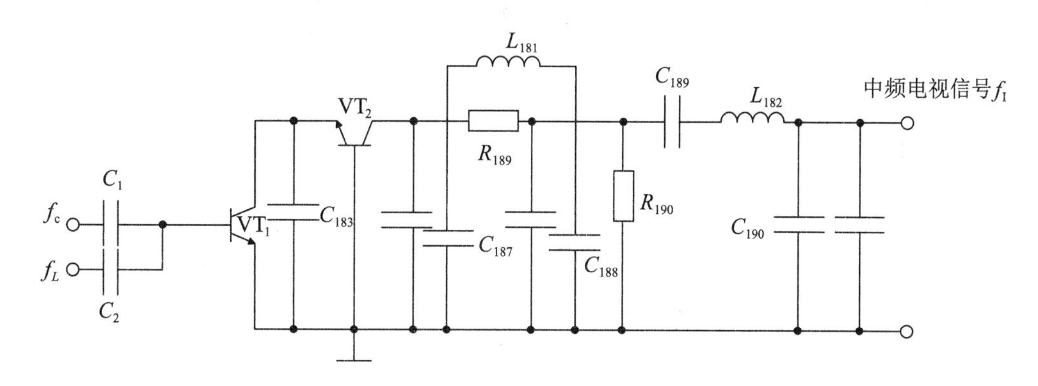

图 6-38　双极型晶体三极管混频器实用电路的交流通路

【例 6.3】图例 6.3 所示的是某型号晶体管中波收音机混频级电路，分析其混频原理。

解　L_1、L_2 分别为中波磁棒天线（其实质是带有高频磁芯的线圈）的初、次级。L_1 和与之并联的可变电容一起构成并联谐振电路，谐振在接收电台信号的载波频率上，并滤除其他电台信号。

被初级选出的 AM 信号通过 L_2 耦合到混频三极管 VT_1 的基极，同时，由 VT_1、

振荡线圈 T_{r1}、电容 C_3、C_{bv}、C_b 构成的振荡器产生本振信号，通过耦合电容 C_2 注入 VT_1 的发射极。

VT_1 工作在线性时变状态。AM 信号和本振信号在 VT_1 中混频后从 VT_1 集电极输出中频（IF）信号，以及很多其他谐波频率干扰信号和组合频率干扰信号。中频变压器 Tr_2 的初级 LC 谐振回路构成中频滤波器，滤除其他不需要的干扰信号，选出有用的中频信号并耦合到次级，作为混频器的输出 IF 信号。

与 Tr_2 初级并联的电阻 R_4 可以调整中频滤波器的带宽，以便和中频信号的带宽相匹配。电阻 R_1、R_2、R_3，电容 C_{16}、C_{17} 和二极管 VD_2 ~ VD_4 为 VT_1 提供稳定、合适的偏置电压和工作电流，以得到最佳的混频效果。将 Tr_1、Tr_2 的金属外壳屏蔽接地可以降低干扰。

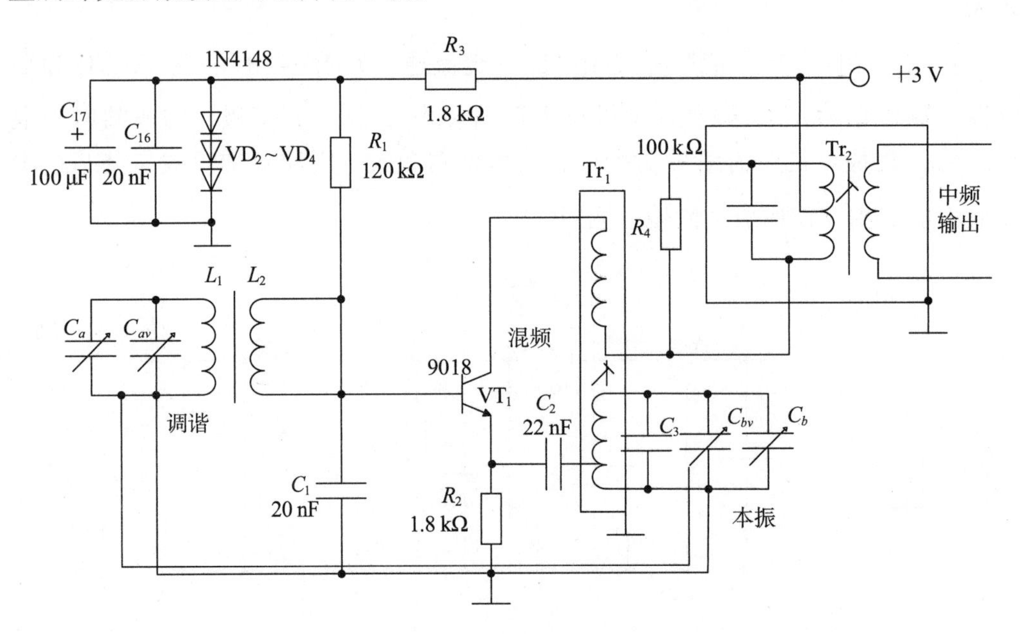

图例 6.3　某型号晶体管中波收音机混频级电路

3. 模拟乘法器混频电路

该电路输出电流频谱较纯净，对接收系统干扰小，所允许的输入信号的线性动态范围较大，可减少交调和互调失真；本振电压的大小没有限制，因为不会引起信号失真。图 6-39 所示的为 BG314 构成的混频器。

u_L、u_c 分别从 4、9 脚输入，在 2、14 脚接谐振回路。设输入已调高频信号 $u_c = U_c(t)\cos(\omega_c t)$，其中 $U_c(t) = U_{cm}\left[1 + m_a\cos(\Omega t)\right]$，$u_L = U_L\cos(\omega_L t)$。若谐

振回路的中心频率 $\omega_{\mathrm{I}}=\omega_L-\omega_{\mathrm{c}}$，其带宽 $B\geqslant 2\Omega$，回路谐振阻抗为 R_{p}，变压比 $n=N_2/N_1$，则输出中频信号电压为

$$u_{\mathrm{I}}=\frac{nR_{\mathrm{p}}U_L}{I_{\mathrm{ox}}R_xR_y}U_{\mathrm{c}}(t)\cos(\omega_{\mathrm{I}}t)=U_{\mathrm{I}}(t)\cos(\omega_{\mathrm{I}}t) \tag{6-58}$$

混频增益为

$$A_u=\frac{U_{\mathrm{I}}(t)}{U_{\mathrm{c}}(t)}=\frac{nR_{\mathrm{p}}U_L}{I_{\mathrm{ox}}R_xR_y} \tag{6-59}$$

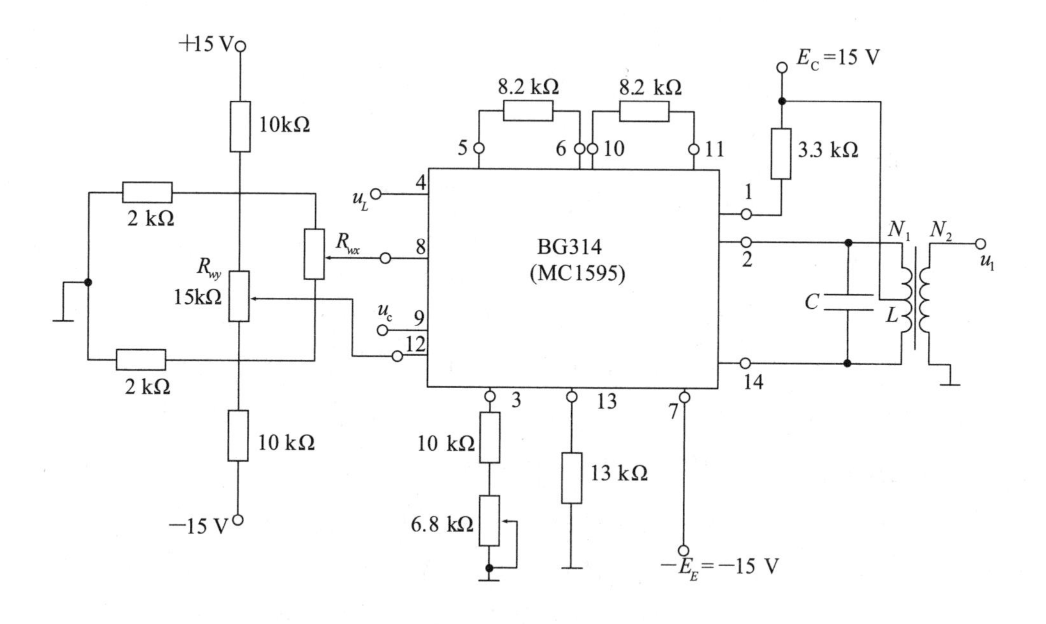

图 6-39 BG314 构成的混频器

6.4.3 混频干扰

1. 信号与本振产生的组合频率干扰

组合频率干扰是指有用信号 f_{c} 与本振信号 f_L 的不同组合产生的干扰。混频器在信号电压和本振电压下产生的频率分量可表示为

$$f_{p\cdot q}=\left|\pm pf_L\pm qf_{\mathrm{c}}\right|,\quad p,\ q=1,2,3,\cdots \tag{6-60}$$

当 $p=q=1$ 时，中频 $f_{\mathrm{I}}=f_L-f_{\mathrm{c}}$，除此以外的组合频率分量均为无用分量。若

$f_{p\cdot q}$接近中频f_{I}，二者将一起经中频放大器后加到检波器上，而后与有用中频信号发生差拍检波，在扬声器中产生哨叫形式的音频。这种干扰也称为哨叫干扰。

例如，某收音机的中频$f_{\mathrm{I}}=465$ kHz，若接收$f_{\mathrm{c}}=931$ kHz的电台，当$p=1$，$q=2$时的组合频率为$2f_{\mathrm{c}}-f_L=466$ kHz，接近465 kHz，此时的$\Delta f=1$ kHz，经放大后在扬声器在中听到了哨叫声。

在实际情况下，只有p和q较小时才会产生明显的干扰噪声。在理想状态下，具有相乘特性的混频器不会产生哨叫干扰，实际使用中应尽量减小混频器的非理想相乘特性。

2. 干扰与本振产生的组合频率干扰

混频器中的外来干扰均能与本振电压产生混频作用，若形成的组合频率满足

$$f_{\mathrm{I}}\approx\left|\pm pf_L\pm qf_{\mathrm{N}}\right|,\quad p,\ q=1,\ 2,\ 3,\cdots \tag{6-61}$$

此种情况下会形成干扰。f_{N}为外来干扰信号的频率。

在混频器中，通常把有用信号与本振电压变换为中频的通道称为主通道，把其余变换通道称为寄生通道。由此把外来干扰与本振电压产生的组合频率干扰称为寄生通道干扰。实际上，当p、q较小时才会形成较强的寄生通道干扰，其中最强寄生通道干扰为中频干扰和镜像干扰。

当$p=0$，$q=1$时，$f_{\mathrm{N}}=f_{\mathrm{I}}$，此种情况下为中频干扰。由于干扰信号频率接近中频，可以直接通过中放形成干扰。为了抑制中频干扰，应该提高混频器前端电路的选择性，或在前级增加一个中频滤波器，亦称中频陷波器。

当$p=q=1$时，$f_{\mathrm{N}}=f_{\mathrm{I}}+f_L=f_{\mathrm{c}}+2f_{\mathrm{I}}$，此种情况下为镜像干扰。$f_{\mathrm{N}}$与$f_{\mathrm{c}}$以$f_L$为轴成镜像关系，如图6–40所示。抑制此种干扰的主要方法是提高前级电路的选择性。

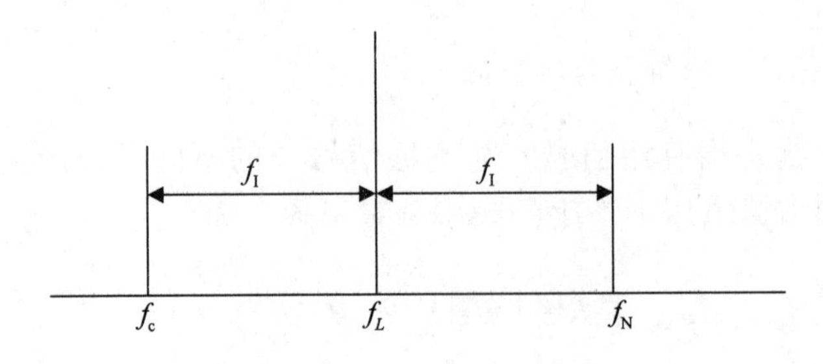

图6–40　镜像干扰分布情况

3. 交叉调制干扰

交叉调制干扰是由混频器非线性特性幂级数展开式中的高次方项所引起的。其现象为：当接收机对有用信号调谐时，输出端可以同时接收到有用信号和听到干扰电台的声音；当接收机对有用信号失谐时，干扰台的信号也随之消失，好像干扰台声音调制在有用信号的载波上，故称其为交叉调制干扰。

任何频率较强的干扰信号加到混频器的输入端都有可能形成交叉调制干扰，只有当干扰信号频率与有用信号频率相差较大，受前端电路较强抑制时形成的干扰才比较弱。抑制交叉调制干扰的主要措施有：

（1）提高混频前端电路的选择性，尽量减小干扰的幅度。

（2）适当选择混频器件（如集成模拟乘法器、场效应管和平衡混频器等）。

4. 互相调制干扰

两个或多个干扰信号同时加到混频器输入端，由于混频器的非线性作用，两干扰信号与本振信号相互混频，产生的组合频率分量若接近中频，它就能顺利地通过中频放大器，经检波器检波后产生干扰。这种与两个或多个干扰信号有关的干扰称为互调干扰。减小互相调制干扰的方法与抑制交叉调制干扰的方法相同。

习题 6

1. 已知调幅波的频谱如图 P6.1 所示。

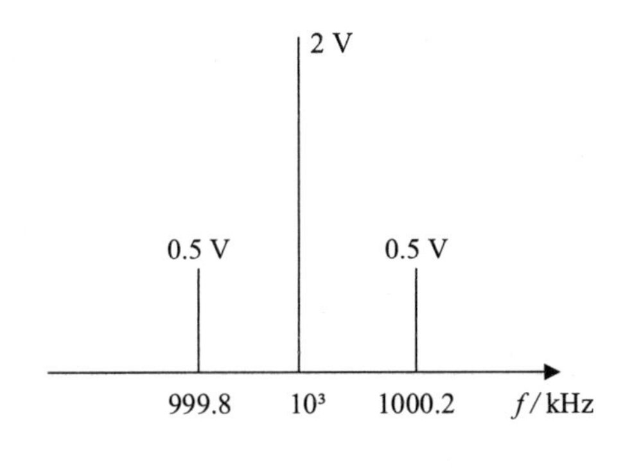

图 P6.1

（1）写出已调波的数学表示式。

（2）计算在 $R=2\,\Omega$ 上消耗的边带功率与总功率，以及已调波的频带宽度。

2. 载波功率为 1000 W，试求 $m_a=1.2$ 和 $m_a=2$ 时的总功率和两个边频功率。

3. 若调制信号频谱及载波信号频谱如图 P6.2 所示，示意画出 DSB 调幅波的频谱。

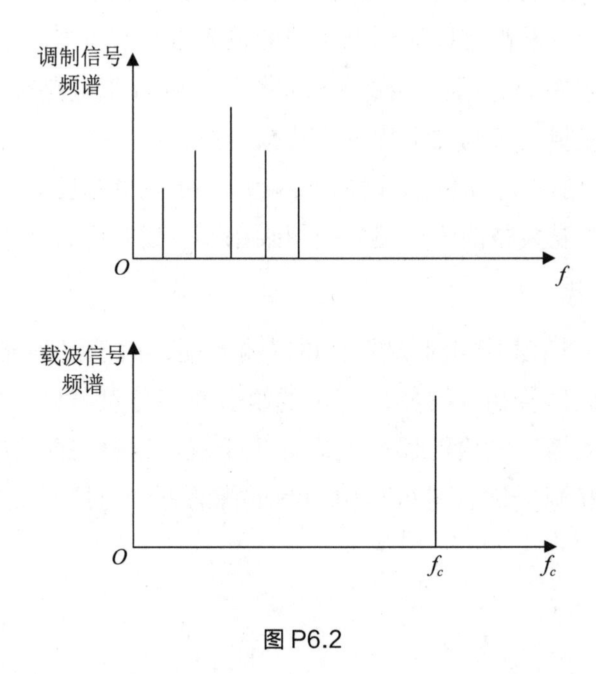

图 P6.2

4. 有两个已调波电压，其表示式分别为

$$v_1(t)=2\cos(2\pi\times10^6t)+0.4\cos\left[2\pi\left(10^6+10^3\right)t\right]$$
$$+0.4\cos\left[2\pi\left(10^6-10^3\right)t\right]\text{V}$$

$$v_2(t)=0.4\cos\left[2\pi\left(10^6-10^3\right)t\right]+0.4\cos\left[2\pi\left(10^6+10^3\right)t\right]\text{V}$$

$v_1(t)$ 与 $v_2(t)$ 为哪种已调波？计算消耗在 $R=1\ \Omega$ 上的功率与频谱宽度。

5. 图 P6.3 所示的为二极管桥式调幅电路。若调制信号 $u_\Omega=U_{\Omega\text{m}}\cos(\Omega t)$，四只二极管的伏安特性完全一致，载波电压为 $u_\text{c}=U_\text{cm}\cos(\omega_\text{c}t)$，且 ω_c 远远大于 Ω，U_cm 远远大于 $U_{\Omega\text{m}}$。带通滤波器的中心频率为 ω_c，带宽 $B=2\Omega$，谐振阻抗 $Z_\text{po}=R_\text{p}$。试求输出电压 u_CD 和 u_DSB 的表示式。

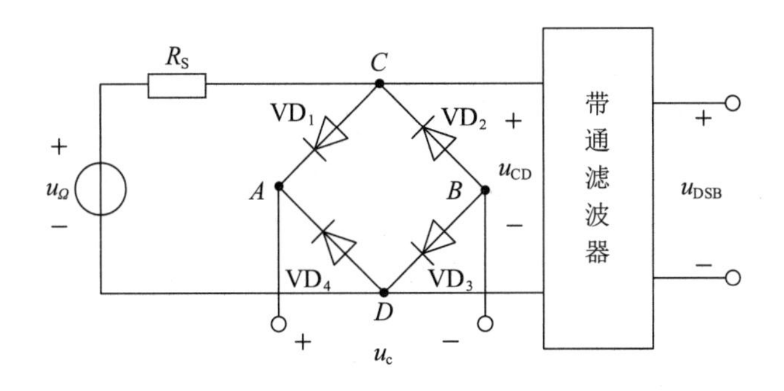

图 P6.3

6. 用图 P6.4 所示的输入、输出动态范围为 ±10 V 的模拟乘法电路实现普通调幅。若载波电压振幅为 5 V，欲得 100% 的调幅度。

（1）容许的最大调制信号的幅度为多少?

（2）若相乘系数 $K=1$，其他条件不变，容许的最大调制信号的幅度为多少?

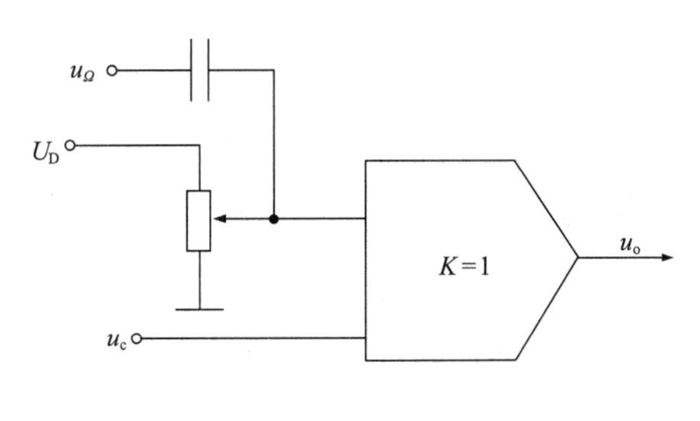

图 P6.4

7. 二极管大信号包络检波电路如图 P6.5 所示，二极管导通电阻 $r_D=100\,\Omega$，$u_i=5\left[1+0.5\cos\left(2\pi\times10^3 t\right)\right]\cos\left(2\pi\times10^6 t\right)\text{V}$，$C=0.01\,\mu\text{F}$，$R=10\,\text{k}\Omega$，$C_d=10\,\mu\text{F}$，$R_L=5\,\text{k}\Omega$。试计算：

（1）二极管电流导通角 θ；

（2）电压传输系数 K_d；

（3）输入电阻 R_{id}；

（4）电压 u_{o1}、u_o 的表示式；

（5）检验有无惰性失真及底部切割失真。

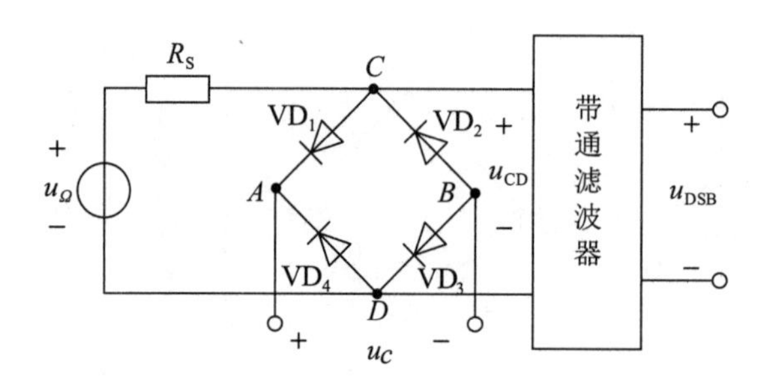

图 P6.5

8. 已知二极管大信号包络检波器的 R_L=220 kΩ，C_L=100 pF，设 F_{max}=6 kHz，为避免出现惰性失真，最大调幅系数应为多少？

9. 图 P6.6 所示的为双平衡同步检波器电路，输入信号 $u_s = U_s\cos(\omega_c + \Omega)t$，$u_r = U_r\cos(\omega_c t)$，$U_r$ 远远大于 U_s。求输出电压 $u_o(t)$ 的表示式，并证明二次谐波的失真系数为零。

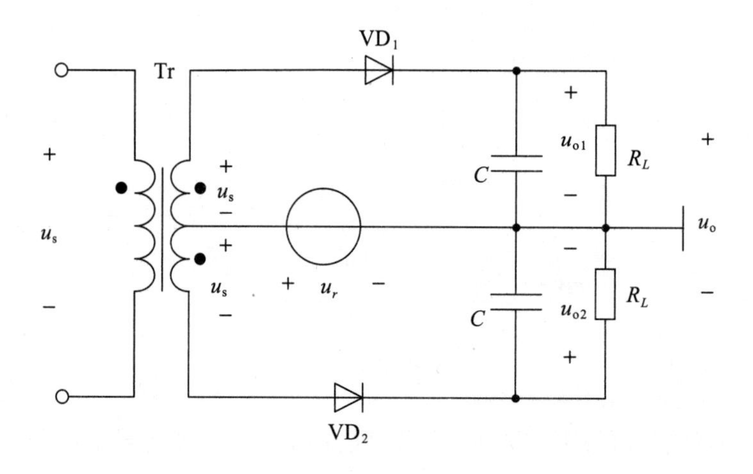

图 P6.6

10. 有一中波段调幅超外差收音机，试分析下列现象属于何种干扰，又是如何形成的。

（1）当收听到 f_c=570 kHz 的电台时，听到频率为 1500 kHz 的强电台播音；

（2）当收听 f_c=929 kHz 的电台时，伴有频率为 1 kHz 的哨叫声；

（3）当收听 f_c=1500 kHz 的电台播音时，听到频率为 750 kHz 的强电台播音。

第7章　角度调制与解调

7.1　角度调制信号的基本特性

7.1.1　瞬时角频率与瞬时相位

频率就是在简谐振荡时每秒时间内重复的次数，而瞬时角频率 $\omega(t)$ 就是在载波角频率 ω_c 的基础上对随调制信号 $u_\Omega(t)$ 变化的量进行叠加而得到的，故调频信号的瞬时角频率 $\omega(t)$ 可以表示为

$$\omega(t)=\omega_c+K_f u_\Omega(t)=\omega_c+\Delta\omega(t) \tag{7-1}$$

式中：K_f 为比例常数，是由调频电路所决定的，单位为 rad/(s•V)；$\Delta\omega(t)=K_f u_\Omega(t)$ 为瞬时角频率偏移，是随调制信号规律变化的。

瞬时相位 $\varphi(t)$ 是关于时间的函数，在余弦信号 $u(t)=U_m\cos[\varphi(t)]$ 中，$\varphi(t)$ 为其瞬时相位。零时刻的初始瞬时相位为 φ_0，瞬时相位 $\varphi(t)$ 为在 t 时间内信号的瞬时角频率 $\omega(t)$ 与初始相位 φ_0 之和，故调频的瞬时相位 $\varphi(t)$ 可以表示为

$$\varphi(t)=\int_0^t \omega(t)\mathrm{d}t+\varphi_0(t) \tag{7-2}$$

将上式微分后得到瞬时相位 $\varphi(t)$ 与瞬时角频率 $\omega(t)$ 的关系：

$$\omega(t)=\frac{\mathrm{d}\varphi(t)}{\mathrm{d}t} \tag{7-3}$$

由式（7-3）可知，瞬时角频率 $\omega(t)$ 等于瞬时相位 $\varphi(t)$ 对时间的变化率，它们之间的矢量关系可由图 7-1 表示。图中矢量长度为 U_m，其绕原点沿逆时针方向转动，旋转的角速度为载波角频率 ω_c。在零时刻矢量 $\boldsymbol{U}_m$ 与实轴的夹角为初始相位 φ_0，在 t 时刻矢量 $\boldsymbol{U}_m$ 与实轴的夹角为瞬时相位 $\varphi(t)$。

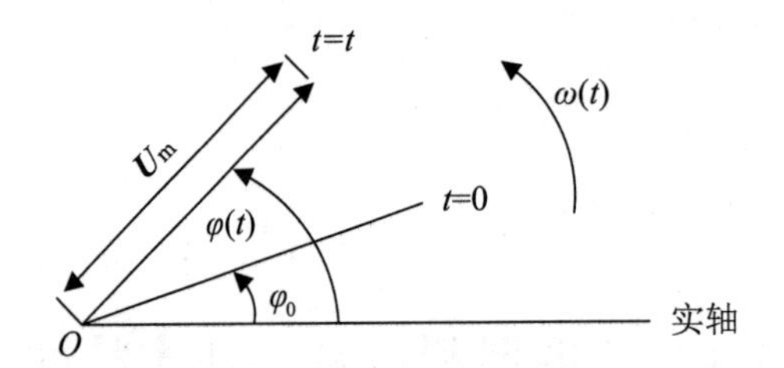

图 7-1　余弦信号的矢量表示

7.1.2　调频信号和调相信号

1. 调频信号

频率调制简称调频，用 FM 表示，它是使载波信号的频率按照调制信号规律变化的一种调制方式。在未进行调频时调频电路的输出电压的瞬时角频率设为 ω_c，则瞬时相位应满足以下公式：

$$\varphi(t)=\omega_c t+\varphi_0 \tag{7-4}$$

由瞬时相位的表示式可以得到对应调频电路的输出电压：

$$u_c(t)=U_m\cos\left(\omega_c t+\varphi_0\right) \tag{7-5}$$

将式（7-5）代入式（7-4）可得到瞬时相位 $\varphi(t)$：

$$\varphi(t)=\omega_c t+K_f\int_0^t u_\Omega(t)\mathrm{d}t+\varphi_0 \tag{7-6}$$

上式中 $K_f\int_0^t u_\Omega(t)\mathrm{d}t$ 为瞬时相位的变化量 $\Delta\varphi(t)$，可进一步得到瞬时相位 $\varphi(t)$ 公式：

$$\varphi(t)=\omega_c t+K_f\Delta\varphi(t)+\varphi_0 \tag{7-7}$$

由式（7–1）与式（7–7）可知，当加入调制信号 $u_\Omega(t)$ 后瞬时角频率 $\omega(t)$ 与瞬时相位 $\varphi(t)$ 都发生了相应变化。其中瞬时相位 $\varphi(t)$ 的变化量 $\Delta\varphi(t)$ 是在 $\omega_c t$ 的基础上进行叠加而得到的，故称之为附加相位。将式（7–6）代入余弦信号 $u(t)=U_m\cos\left[\varphi(t)\right]$ 得到：

$$u_{FM}(t)=U_m\cos\left[\omega_c t+K_f\int_0^t u_\Omega(t)\mathrm{d}t+\varphi_0\right] \tag{7-8}$$

当调制信号 $u_\Omega(t)=U_m\cos(\Omega t)$ 为单音调制时，调制信号的瞬时角频率 $\omega(t)$、瞬时相位 $\varphi(t)$ 和调频信号 $u_{FM}(t)$ 可分别表示为

$$\omega(t)=\omega_c+K_f U_{\Omega m}\cos(\Omega t)=\omega_c+\Delta\omega_m\cos(\Omega t) \tag{7-9}$$

$$\varphi(t)=\omega_c t+\frac{K_f U_{\Omega m}}{\Omega}\sin(\Omega t)=\omega_c t+m_f\sin(\Omega t) \tag{7-10}$$

$$u_{FM}(t)=U_{\Omega m}\cos\left[\omega_c t+m_f\sin(\Omega t)+\varphi_0\right] \tag{7-11}$$

在式（7–9）和式（7–10）中，$\Delta\omega_m$、m_f 分别表示为

$$\Delta\omega_m=2\pi\Delta f_m=K_f U_{\Omega m} \tag{7-12}$$

$$m_f=\frac{K_f U_{\Omega m}}{\Omega}=\frac{\Delta\omega_m}{\Omega} \tag{7-13}$$

式中：$\Delta\omega_m$ 称为最大角频率偏移；m_f 称为调频指数。$\Delta\omega_m$ 是加入调制信号后瞬时角频率偏移 ω_c 的最大值，m_f 为调频信号附加信号的最大值。

单频调制信号输入时调制信号 $u_\Omega(t)$、瞬时角频率偏移 $\omega(t)$、瞬时相移 $\Delta\varphi(t)$ 和调频信号 $u_{FM}(t)$ 的波形如图 7–2 所示。

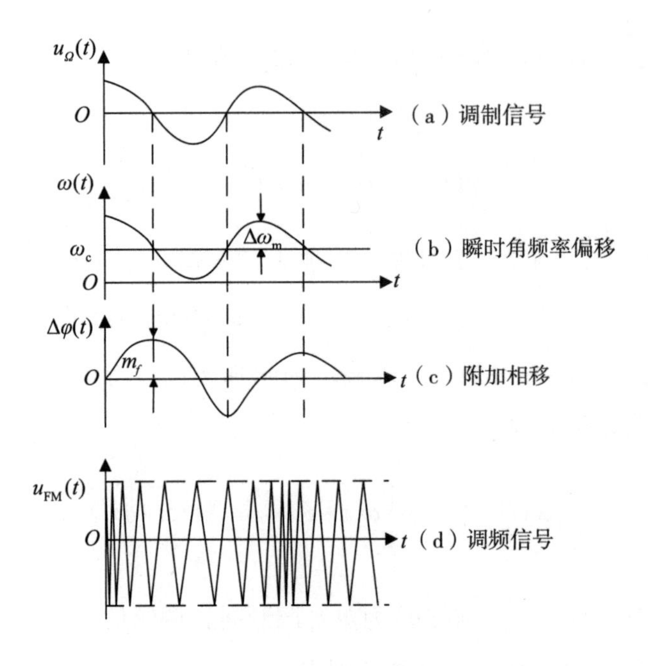

图 7-2 调频信号波形

2. 调相信号

相位调制简称调相，用 PM 表示，它是使载波信号的相位按照调制信号变化的一种调制方式。它与调频信号的不同之处在于调频信号的相位与调制信号成积分关系，而调相信号的相位与调制信号成正比关系。由于调相波的瞬时相位 $\varphi(t)$ 是在输入调制信号后对载波相位 $\omega_c t+\varphi_0$ 的变化量进行叠加得到的，则瞬时相位 $\varphi(t)$ 应满足以下公式：

$$\varphi(t)=\omega_c t+K_p u_\Omega(t)+\varphi_0=\omega_c t+\Delta\varphi(t)+\varphi_0 \tag{7-14}$$

式中：K_p 为与调相有关的比例常数，单位为 rad/V。当零时刻的初始瞬时相位 $\varphi_0=0$ 时，式（7-14）可以简化为

$$\varphi(t)=\omega_c t+K_p u_\Omega(t)=\omega_c t+\Delta\varphi(t) \tag{7-15}$$

式（7-15）中附加相位 $\Delta\varphi(t)=K_p u_\Omega(t)$ 为调制信号输入后对应瞬时相位 $\varphi(t)$ 的变化量。

调相电路的瞬时角频率为

$$\omega(t)=\frac{\mathrm{d}\varphi(t)}{\mathrm{d}t}=\omega_{\mathrm{c}}+K_{p}\frac{\mathrm{d}\varphi(t)}{\mathrm{d}t} \tag{7-16}$$

将式（7–15）代入余弦信号 $u(t)=U_{\mathrm{m}}\cos\left[\varphi(t)\right]$ 得到：

$$u_{\mathrm{PM}}(t)=U_{\mathrm{m}}\cos\left[\omega_{\mathrm{c}}t+K_{p}u_{\Omega}(t)\right] \tag{7-17}$$

当调制信号 $u_{\Omega}(t)=U_{\mathrm{m}}\cos(\Omega t)$ 为单音调制时，其瞬时角频率 $\omega(t)$、瞬时相位 $\varphi(t)$ 和调相信号 $u_{\mathrm{PM}}(t)$ 可分别表示为

$$\omega(t)=\omega_{\mathrm{c}}-m_{p}\Omega\sin(\Omega t)=\omega_{\mathrm{c}}-\Delta\omega_{\mathrm{m}}\sin(\Omega t) \tag{7-18}$$

$$\varphi(t)=\omega_{\mathrm{c}}t+K_{p}U_{\Omega\mathrm{m}}\cos(\Omega t)=\omega_{\mathrm{c}}t+m_{p}\cos(\Omega t)=\omega_{\mathrm{c}}t+\Delta\varphi(t) \tag{7-19}$$

$$u_{\mathrm{PM}}(t)=U_{\Omega\mathrm{m}}\cos\left[\omega_{\mathrm{c}}t+m_{p}\cos(\Omega t)+\varphi_{0}\right] \tag{7-20}$$

在式（7–18）和式（7–20）中，$\Delta\omega_{\mathrm{m}}$、$m_{p}$ 分别表示为

$$\Delta\omega_{\mathrm{m}}=m_{p}\Omega \tag{7-21}$$

$$m_{p}=K_{p}U_{\Omega\mathrm{m}} \tag{7-22}$$

式中：$\Delta\omega_{\mathrm{m}}$ 称为最大角频偏；m_{p} 称为调相指数。$\Delta\omega_{\mathrm{m}}$ 是加入调制信号后瞬时角频率偏移 ω_{c} 的最大值，m_{p} 为调相波的最大相位偏移，其单位为 rad。

单频调制信号输入时，调制信号 $u_{\Omega}(t)$、瞬时角频率偏移 $\omega(t)$、附加相移 $\Delta\varphi(t)$ 和调相信号 $u_{\mathrm{PM}}(t)$ 的波形如图 7-3 所示。

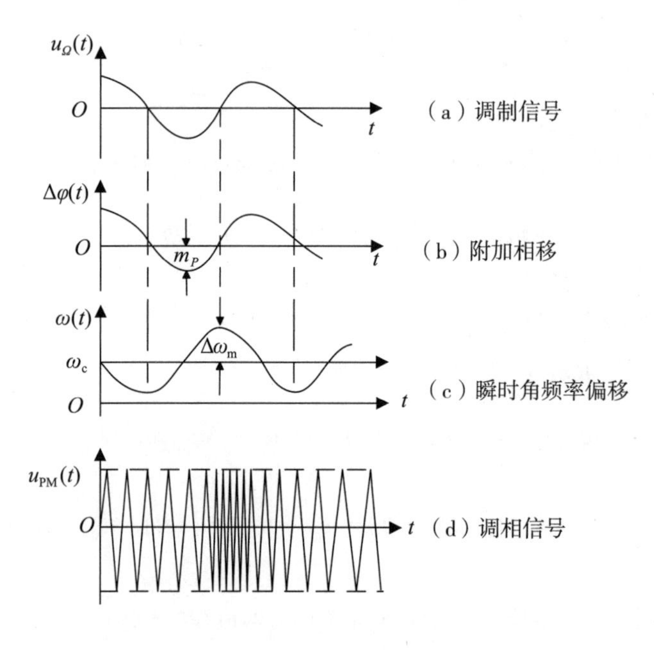

图 7-3　调相信号波形图

式（7-11）和式（7-20）说明，在频率调制和相位调制中，当输入调制信号后瞬时相移 $\varphi(t)$ 都会相应地发生变化。它们之间的区别在于瞬时相移 $\varphi(t)$ 在不同的调制电路中随调制信号变化的规律有所不同。

【例 7.1】已知调制信号 $u_\Omega(t)=5\cos\left(2\pi\times10^3t\right)(\text{V})$，调角信号表示式为 $u_0(t)=10\cos\left[2\pi\times10^6+10\cos\left(2\pi\times10^3t\right)\right](\text{V})$，试指出该调角信号是调频信号还是调相信号，调制指数、载波频率、振幅及最大频偏各是多少。

解　由调角信号表示式可知

$$\varphi(t)=\omega_\text{c}t+\Delta\varphi(t)=2\pi\times10^6t+10\cos\left(2\pi\times10^3t\right)$$

可见，调角信号的附加相移 $\Delta\varphi(t)=10\cos\left(2\pi\times10^3t\right)$ 与调制信号 $u_\Omega(t)$ 的变化规律相同，故可判断此调角信号为调相信号，显然调相指数 $m_p=10\ \text{rad}$。

由于 $\omega_\text{c}t=2\pi\times10^6t$，故载波频率 $f_\text{c}=10^6\ \text{Hz}$。角度调制时，载波振幅保持不变，所以载波振幅 $U_\text{cm}=10\ \text{V}$。

可得最大频偏为

$$\Delta f_\text{m}=m_pF=10\times10^3\ \text{Hz}=10\ \text{kHz}$$

7.1.3　调角信号的频谱

由式（7–11）和式（7–20）可知，单频调制时调频信号与调相信号的方程式是相似的。在方程式中，附加相位 $\Delta\varphi(t)$ 存在差异，调频信号的附加相位 $\Delta\varphi(t)$ 是随着调制信号而正弦变化的，而在调相信号中附加相位 $\Delta\varphi(t)$ 是随着调制信号发生余弦变化的。所以在进行频谱分析时只用分析其中一种信号的频谱即可。由于两者的附加相位仅仅是在相位上相差 $\pi/2$，故频率调制指数 m_f 和相位调制指数 m_p 可用调制指数 m 代替，从而可以得到调角信号：

$$u(t)=U_{\mathrm{m}}\cos\left[\omega_{\mathrm{c}}t+m\sin\left(\Omega t\right)\right] \tag{7–23}$$

对式（7–23）进行三角函数的展开可得

$$u(t)=U_{\mathrm{m}}\cos\left[m\sin\left(\Omega t\right)\right]\cos\left(\omega_{\mathrm{c}}t\right)-U_{\mathrm{m}}\sin\left[m\sin\left(\Omega t\right)\right]\sin\left(\omega_{\mathrm{c}}t\right) \tag{7–24}$$

式中：$\cos\left[m\sin\left(\Omega t\right)\right]$ 与 $\sin\left[m\sin\left(\Omega t\right)\right]$ 可由贝塞尔函数理论对其进行分解得到如下关系式：

$$\cos\left[m\sin\left(\Omega t\right)\right]=J_0\left(m\right)+2\sum_{n=1}^{\infty}J_{2n}\left(m\right)\cos\left(2n\Omega t\right) \tag{7–25}$$

$$\sin\left[m\sin\left(\Omega t\right)\right]=2\sum_{n=1}^{\infty}J_{2n+1}\left(m\right)\sin\left[\left(2n+1\right)\Omega t\right] \tag{7–26}$$

式中：$J_n\left(m\right)$ 是以 m 为参数的 n 阶第一类贝塞尔函数，其中 $J_n\left(m\right)$ 随 m 变化的贝塞尔函数曲线如图 7–4 所示。

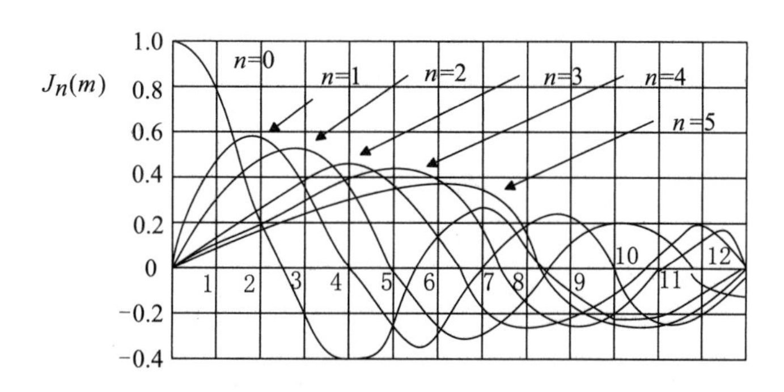

图 7–4　贝塞尔函数曲线

将式（7-25）与式（7-26）代入式子（7-24），可得

$$
\begin{aligned}
u(t)=&U_{\mathrm{m}}\left[J_0(m)\cos\left(\omega_{\mathrm{c}}t\right)-2J_1(m)\sin(\Omega t)\sin\left(\omega_{\mathrm{c}}t\right)+\right.\\
&2J_2(m)\cos(2\Omega t)\cos\left(\omega_{\mathrm{c}}t\right)-2J_3(\mathrm{m})\sin(3\Omega t)\sin\left(\omega_{\mathrm{c}}t\right)+\\
&\left.2J_4(m)\cos(4\Omega t)\cos\left(\omega_{\mathrm{c}}t\right)-2J_5(m)\sin(5\Omega t)\sin\left(\omega_{\mathrm{c}}t\right)+\cdots\right]\\
=&U_{\mathrm{m}}J_0(m)\cos\left(\omega_{\mathrm{c}}t\right)+U_{\mathrm{m}}J_1(m)\left\{\cos\left[\left(\omega_{\mathrm{c}}+\Omega\right)t\right]-\cos\left[\left(\omega_{\mathrm{c}}-\Omega\right)t\right]\right\}+\\
&U_{\mathrm{m}}J_2(m)\left\{\cos\left[\left(\omega_{\mathrm{c}}+2\Omega\right)t\right]+\cos\left[\left(\omega_{\mathrm{c}}-2\Omega\right)t\right]\right\}+\\
&U_{\mathrm{m}}J_3(m)\left\{\cos\left[\left(\omega_{\mathrm{c}}+3\Omega\right)t\right]+\cos\left[\left(\omega_{\mathrm{c}}-3\Omega\right)t\right]\right\}+\\
&U_{\mathrm{m}}J_4(m)\left\{\cos\left[\left(\omega_{\mathrm{c}}+4\Omega\right)t\right]+\cos\left[\left(\omega_{\mathrm{c}}-4\Omega\right)t\right]\right\}+\\
&U_{\mathrm{m}}J_5(m)\left\{\cos\left[\left(\omega_{\mathrm{c}}+5\Omega\right)\mathrm{t}\right]+\cos\left[\left(\omega_{\mathrm{c}}-5\Omega\right)t\right]\right\}+\cdots
\end{aligned}
\tag{7-27}
$$

通过式（7-27）可以看出，调制波为单频调制时，其调角波的频谱具有以下特点：

（1）具有无数个边频分量分布在载频分量的上下，变频分量与载频分量的相隔为调制频率的整数倍。

（2）各个边频分量的振幅与载频分量的振幅都是由各阶贝塞尔函数的数值所确定的。对于奇数次的边频分量而言，其上下边频分量的相位相反。

（3）由图 7-4 可知，在贝塞尔函数曲线中，当调制指数 m 值越大时，其所具有的较大的变频分量的振幅的数量就越多。这与调幅波的不同之处在于，在输入简谐信号进行调幅的情况下，调制指数 m 的数值与变频数目无关。

（4）由图 7-4 还可以看出，对于一些特殊的 m 值，边频或者载频的数值可以为零，因此我们可以利用此现象对调制指数 m 的值进行测定。

通过计算，可求得调角信号的平均功率：

$$
P_{\mathrm{AV}}=\frac{U_{\mathrm{m}}^2}{2} \tag{7-28}
$$

由式（7-28）可知，当载波输入的振幅 U_{m} 一定时，所得到的调角波的平均功率的数值也是一定的，且会等于未进行调制时的载波功率的数值。因此，我们可以发现，改变调制指数 m 后各个边频分量与载波分量的总功率之和不变，

它仅仅是对各个边频分量与载波分量的功率进行了重新分配。图 7-5 为不同调制指数 m 的调角波的波频图。

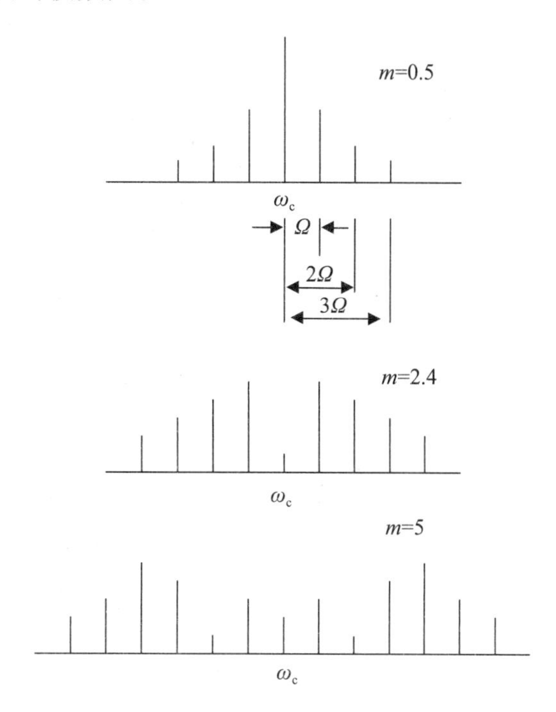

图 7-5　不同调制指数 m 的调角波的波频图

7.1.4　调角信号的频谱宽度

对于调角信号而言，其频谱包含有无限多对边频分量，因此理论上其频谱宽带是无限大的。但从图 7-5 可知，对于规定的调制指数 m，随着 n 值的增大，$J_n(m)$ 的数值虽然存在起伏，但是 $J_n(m)$ 值都呈现减小的趋势。尤其是当 $n > m$ 时，$J_n(m)$ 的值变得很小，并且 $J_n(m)$ 值会随着 n 值的增大而迅速下降。因此，如果忽略变频分量振幅远远小于 U_{m} 值，我们设它们之间的比值关系为 ε，此时调角信号的有效频谱宽度为

$$\mathrm{BW}_{\varepsilon} = 2LF \tag{7-29}$$

式中：L 为有效变频上半部分的数值；F 为调制信号的调制频率。在要求较高的通信系统中通常取 $\varepsilon = 0.01$，也就是变频分量的振幅与 U_{m} 值的比值为 0.01。在要求一般的通信系统中，我们通常取 $\varepsilon = 0.1$，也就是变频分量的振幅与 U_{m} 值

的比值为 0.1 时，我们可以表示为 $BW_{0.1}$。ε 分别为 0.01 和 0.1 的图像如图 7-6 所示。

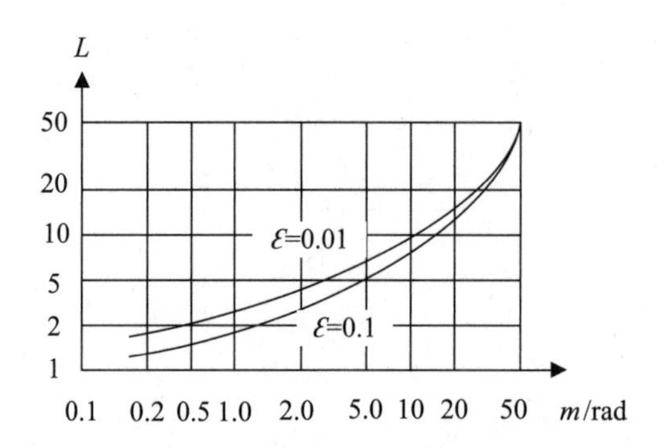

图 7-6 L 随 m 的变化特性

当 L 为非正整数时，应该用最接近 L 值的正整数代替。事实上，当 $n>m+1$ 时，$J_n(m)$ 的数值恒小于 0.1。所以我们可以将调角信号的有效频谱宽度用如下的卡森公式估算其宽度：

$$BW_{CR}=2(M+1)F \tag{7-30}$$

式中：BW_{CR} 称为卡森带宽。通过计算可知卡森带宽 BW_{CR} 介于 $BW_{0.1}$ 和 $BW_{0.01}$ 之间，但是更接近于 $BW_{0.1}$。在进行实际计算时，当 $M\ll 1$ 时，我们可以将式（7-30）近似为

$$BW_{CR}\approx 2F \tag{7-31}$$

此时卡森带宽 BW_{CR} 近似为调制频率 F 的 2 倍，也相当于调幅波的频带宽度。此时，调角信号的频谱由上下变频分量和载波分量组成。我们把这种调角信号称为窄带调角信号。

在进行实际计算时，当 $M\gg 1$ 时，我们可以将式（7-30）近似为

$$BW_{CR}\approx 2MF=2\Delta f_m \tag{7-32}$$

此时，我们称这种调角信号为宽带调角信号。在调频信号中 Δf_m 与 $U_{\Omega m}$ 成正比，因此当 $U_{\Omega m}$ 数值一定时，卡森带宽 BW_{CR} 也是对应固定的数值，并且其大小与 F 数值无关。在调波信号中，由于 $\Delta f_m=m_pF$，其中 m_p 与 $U_{\Omega m}$ 成正比，此时当 $U_{\Omega m}$ 数值一定时，卡森带宽 BW_{CR} 与 F 成比例增大。

以上都是单频调制时调角信号的频谱宽度。但是当输入的调制信号为复杂信号时，对于调角信号的频谱分析就会变得异常复杂。但是，实践表明，在对复杂信号的调制信号进行分析时，大多是复杂信号的有效频谱宽度依旧可以使用单音调制时的公式进行计算。但是在分析时需要将单频信号中的 F 用复杂信号中的最高调制频率 F_{max} 进行替换，则 Δf_m 可用最大频偏进行替换。例如，在广播系统中，按照规定 $F_{max}=15\ \text{kHz}$，$(\Delta f_m)_{max}=75\ \text{kHz}$，则通过计算卡森带宽 BW_{CR} 和 $BW_{0.1}$ 可得

$$BW_{CR}=2\left[\frac{(\Delta f_m)_{max}}{F_{max}}+1\right]F_{max}=180\ \text{kHz}$$

$$BW_{0.1}=2LF_{max}=2\times 8\times 15\ \text{kHz}=240\ \text{kHz}$$

因此，在实际分析时选取的频谱宽带可为 200 kHz。

7.2　调频电路

7.2.1　实现调频、调相的方法

实现调频就是使电路的调制电路与载波频率之间呈现出线性的规律变化。由于无论是调频信号还是调相信号，它们都会使瞬时相位和瞬时频率发生变化，所以调频和调相之间存在一定的转换关系。基于这种转换关系，为了达到频率调制的目的，在实现调频电路时，我们也有两种常用的方法，分别是直接调频法和间接调频法。

直接调频法就是利用调制信号直接对载波 u_Ω 进行频率调制的方法，如图 7-7（a）所示。

间接调频则需要先对调制信号 $u_\Omega(t)$ 进行积分，得到 $\int_0^t u_\Omega(t)\ \mathrm{d}t$ 后再用此信号对载波进行相位调制，从而达到调频的效果。相位调制后得到的调波信号对于 $u_\Omega(t)$ 来说仍然是调频波。这种方法就称为间接调频，如图 7-7（b）所示。

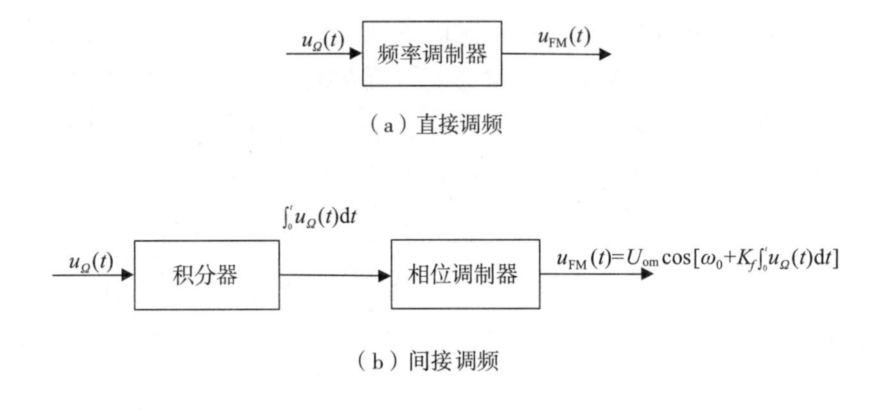

图 7-7　调频的电路原理方框图

由于调频和调相之间存在一定的转换关系，故在实现调相电路的时候我们也可采用直接调相法和间接调相法。直接调相法是利用调制信号直接对载波 u_Ω 进行相位调制的方法，如图 7-8（a）所示。

间接调相则需要先对调制信号 $u_\Omega(t)$ 进行微分，得到 $\frac{du_\Omega(t)}{dt}$ 后再用此信号对载波进行相位调制，从而达到调频的效果。相位调制后得到的调波信号对于 $u_\Omega(t)$ 来说仍然是调频波。调制过程如图 7-8（b）所示。

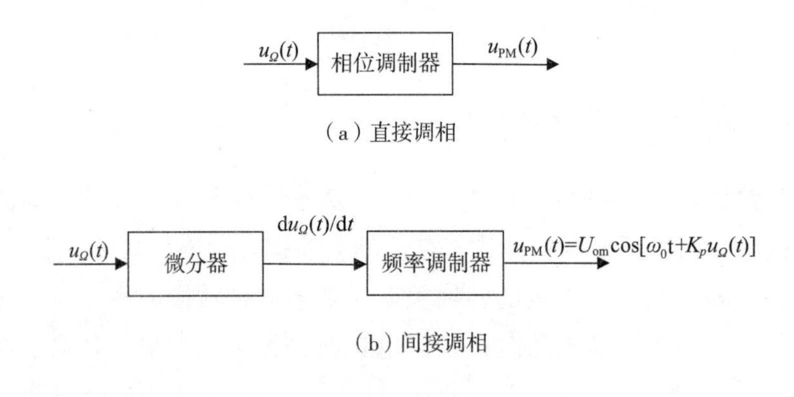

图 7-8　调相的电路原理方框图

7.2.2　直接调频电路

1. 变容二极管直接调频电路

变容二极管设计所依据的原理是 PN 结中的结电容随着施加的反向电压改变

而发生相应变化。其伏安特性和极间结构与检波二极管的基本一致，不同之处在于当施加反向电压时变容二极管的结电容会更大，并且所产生的这个结电容的大小能够灵敏地随反向电压的变化而变化。其电路符号与变化曲线如图 7-9 所示。

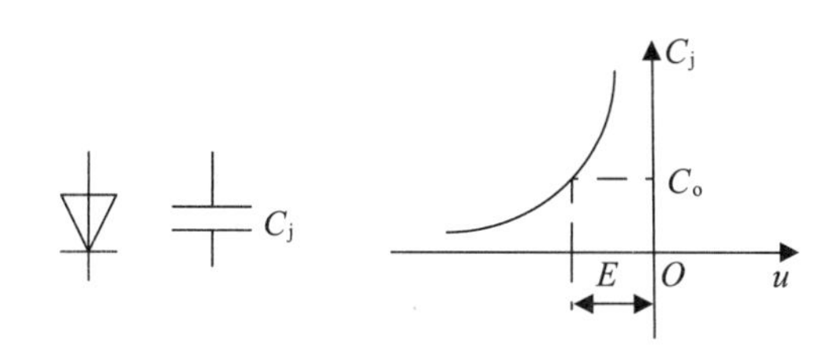

（a）变容二极管符号　（b）变容二极管的 C_j–u 曲线

图 7-9　变容二极管符号与变化曲线

在变容二极管直接调频电路中所常用的载频振荡器为 LC 振荡器。当用调制信号 $u_{\Omega}(t)$ 去控制变容二极管的电容量时，就可直接对 LC 振荡器的振荡频率产生影响。变容二极管直接调频电路如图 7-10 所示，其中 C_2 、C_3、C_4 对载频振荡器视为短路；L_1 对载频振荡器视为短路，C_1 对 $u_{\Omega}(t)$ 视为短路；变容二极管的电容 C_j 与 L_2 构成该变容二极管直接调频电路的振荡回路。

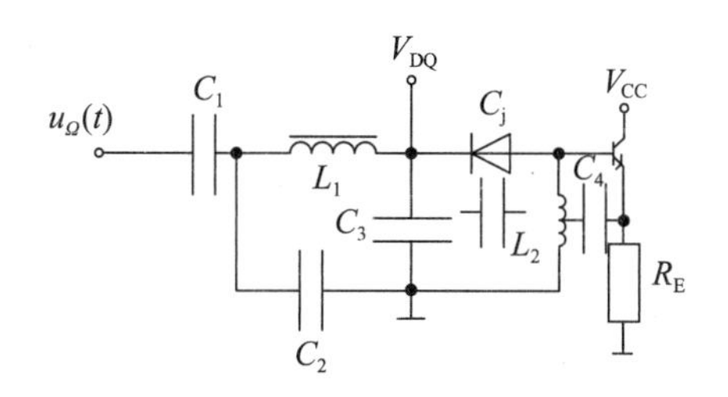

图 7-10　变容二极管直接调频电路

2. 晶体管振荡器调频电路

在一些对于中心频率要求较高的场所，可采用直接对石英晶体振荡器调制的方法。经常采用的稳定中心频率的方法有三种，分别是对石英振荡器直接调频、采用自动频率微调电路和利用锁相环稳频。

本书仅对石英振荡器直接调频的方法进行讨论，晶体管振荡器直接调频电路是通过将变容二极管与并联型晶体振荡器中的回路进行相连从而实现调频的。所采用的原理为通过输入调制信号对变容器结电容进行控制，从而直接改变晶振频率。

石英晶体与变容管串联的等效电路与谐振特性曲线如图 7-11 所示。

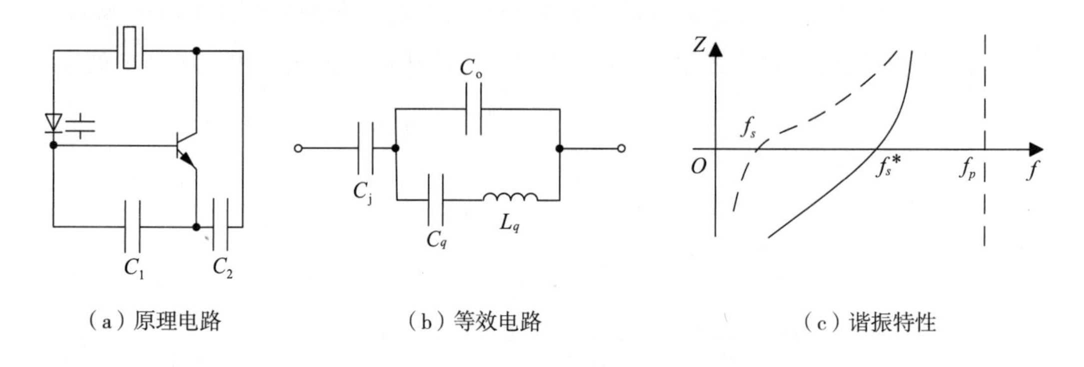

（a）原理电路　　（b）等效电路　　（c）谐振特性

图 7-11　晶振调频

f_s 为变容管未接入时由石英管本身参数所确定的串联谐振频率，f_p 为变容管未接入时由石英管本身参数所确定的并联谐振频率。当串联接入变容管之后 f_s 变为 f_s^*，并且满足 $f_s^* > f_s$。f_s^* 会随着变容二极管的容量发生相应的变化，达到调频的目的。但是串联接入变容管之后 f_s^* 的变化范围就被限制在 f_p 与 f_s 之间，其调频偏频变得很小。f_s^* 计算公式如下：

$$f_s^* = \frac{1}{2\pi\sqrt{L_q \frac{C_q C_j}{C_q + C_j}}} \tag{7-33}$$

晶体振荡器调频电路如图 7-12（a）所示，图中集电极回路调谐在三次谐波上。图 7-12（b）所示的为振荡器的基频交流通路。该调频振荡器为电容三点式振荡电路，在调频以后通过三次倍频扩大频偏。该调频振荡器输出的载频为 60 MHz，并且可获得频偏大于 7 kHz 的线性调频。

由于石英晶体的 f_s 和 f_p 之间的频差较小，因此晶体振荡器调频电路的调制偏频很难做得比较大。为了对调制偏频进行扩大，可以在晶体两端并联电感来抵消极片电容 C_0 带来的影响。此外还可以采用倍频的方法来提高载波和调制偏频。

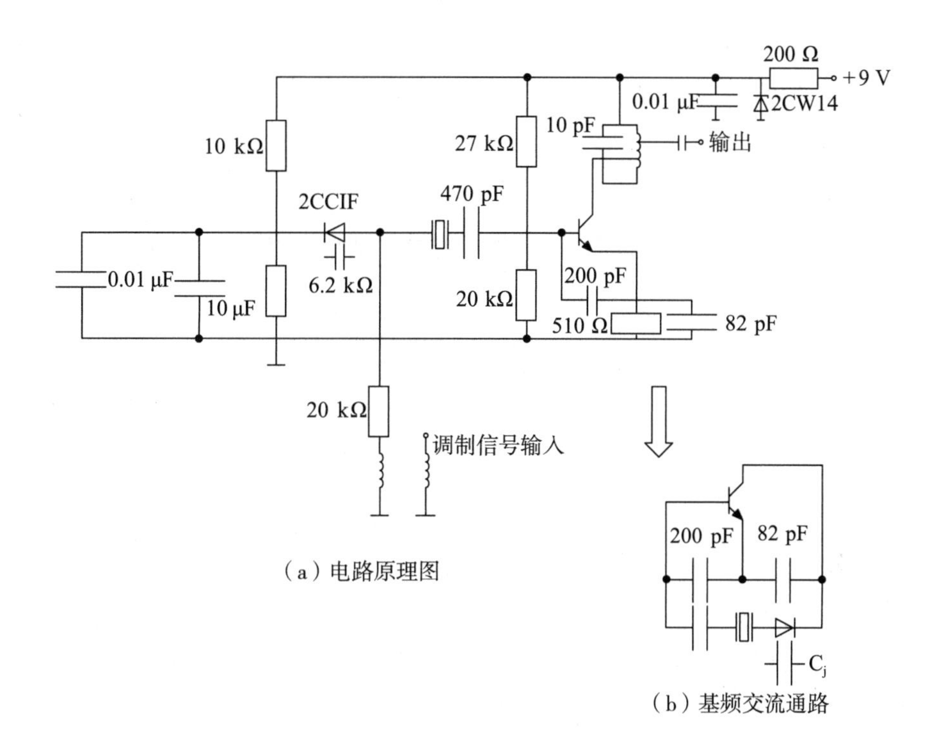

图 7–12　晶体振荡器调频电路

7.2.3　间接调频电路——调相电路

1. 间接调频法

如前面所提到的，间接调频法就是利用调相来间接实现调频的方法。其原理图如图 7–13 所示。

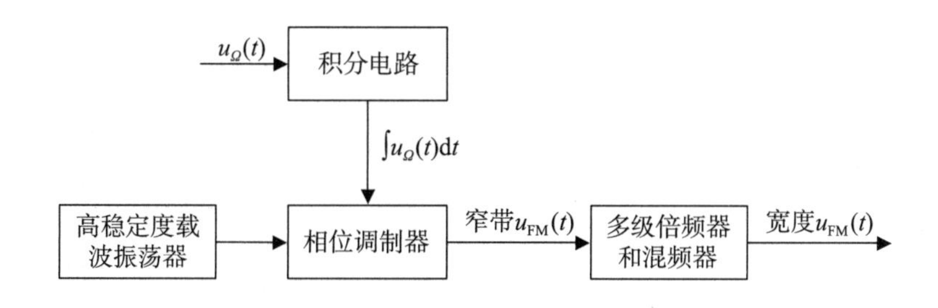

图 7–13　间接调频系统原理框图

由图 7–13 可知，应选取高稳定度晶体振荡器作为间接调频的主振级，用于产生载频信号，之后在下一级对所产生的相对稳定的载频信号进行相位调制，从而得到中心频率稳定度很高的调频信号。间接调频主要包含以下三个步骤：

（1）对调制信号 $u_{\Omega}(t)$ 进行积分，从而得到 $\int_0^t u_{\Omega}(t)\,\mathrm{d}t$。

（2）用积分得到的 $\int_0^t u_{\Omega}(t)\,\mathrm{d}t$ 对载频调相，从而产生相对 $u_{\Omega}(t)$ 而言的窄带调频波 $u_{\mathrm{FM}}(t)$。

（3）窄带调频波 $u_{\mathrm{FM}}(t)$ 经过多级倍频器和混频器后，产生符合宽带调频波要求的中心频率的范围 $\left(f_{\mathrm{omin}} \sim f_{\mathrm{omax}}\right)$ 和调频频偏 Δf_{m}。

在实现间接调频时，应使最大瞬时相位偏移 $\Delta\varphi_{\mathrm{m}}$ 小于 30°，所以线性调制的范围是比较窄的。因此，调频波的最大频偏 Δf_{m} 也是较小的，间接调频的主要缺点就是不能直接获得 Δf_{m}。

2. 变容二极管间接调频电路——调相电路

要构成变容管调相电路，就需要将变容二极管接在高频放大器的谐振回路中。调制信号的作用就是使得谐振回路中的谐振频率发生改变，当载波信号通过该谐振回路时由于失谐而产生相移即可获得调相。

变容二极管调相电路如图 7-14 所示，该调相电路实际上为一级单调谐放大器，由频率稳定度较高的晶振来提供输入信号。图中 C_3、C_4、C_5 输入高频信号时可以看成短路，C_2 对调制信号也可以看成短路。电感 L、电容 C_1 以及变容器结电容 C_{j} 组成的并联谐振回路构成集电极的负载，并且由它构成一个一级调相电路。

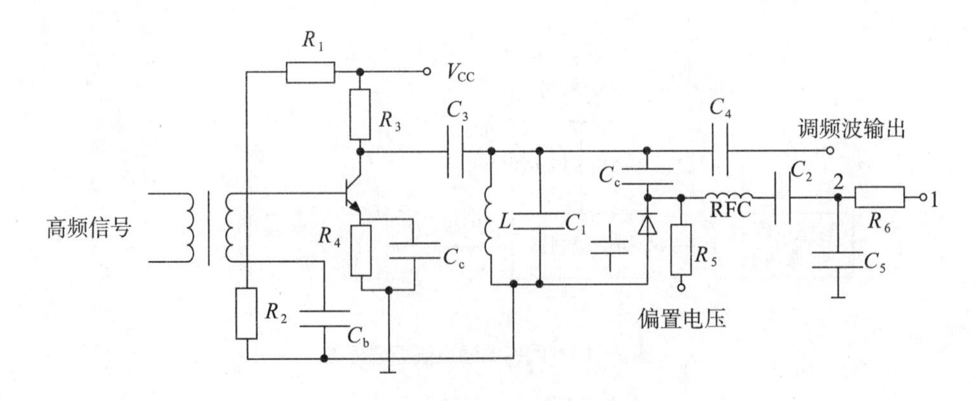

图 7-14　变容二极管调相电路

当无调制信号输入时，晶振频率 ω_0 等于由 L、C_1 以及变容管静态结电容 C_{jQ} 所决定的谐振频率，此时谐振频率等于晶振频率 ω_0。回路阻抗为纯阻抗，回路两端电压与输入电压方向相同。

当有调制信号输入时，变容二极管 C_j 随调制电压的改变而发生相应的改变，此时回路对载频处于不同的失谐状态。当 C_j 减小时，并联阻抗呈现感性，回路两端电压超前于电流；反之，当 C_j 增大时，并联阻抗呈现容性，回路两端电压滞后于电流。因而改变变容二极管 C_j 的大小就能使得谐振回路两端电压产生相位变化，从而实现调相。

调制信号 $u_\Omega(t)$ 从图 7–14 中 2 端输入时输出为调相波，从图中 1 端输入时输出为调频波。当为小频偏时可以得到线性调相，当经过积分电路后再输入就可得到线性调频。

3. 矢量合成法间接调频

矢量合成法间接调频的实现框图如图 7–15 所示，图中调制信号 $u_\Omega(t)$ 经过积分器后变为 $\int_0^t u_\Omega(t)\mathrm{d}t$，$\int_0^t u_\Omega(t)\mathrm{d}t$ 与移相 90° 后的载频信号在乘法电路中产生与载频正交的双边带信号，之后再与载频信号进行叠加即可产生窄带调频信号。为了扩大其频偏，可以采用倍频器对其进行倍频，从而使载频和频偏都达到所需求的数值。图中的载频振荡器为高稳定的晶体振荡器，该晶体振荡器的振荡频率为调频电路输出载频的 $1/n$ 倍。该电路的缺点为输出噪声随 n 倍频而增大。

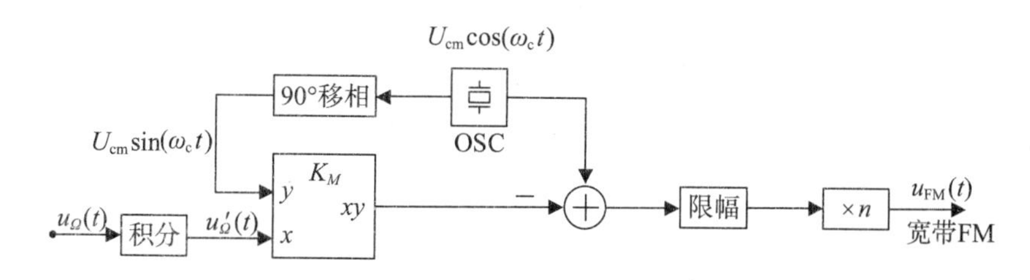

图 7–15　矢量合成法间接调频框图

4. 脉冲调相电路

将载频信号变为脉冲系列后，使用数字信号即可实现可控延时，之后再将经过延时后的脉冲序列变为模拟载波信号。要获得所需的调相波，则使延时受到调制信号控制，并且它们的关系应是线性的。具体框图如 7–16 所示，脉冲调相电路的优点是线性位移较大，且调制线性好。

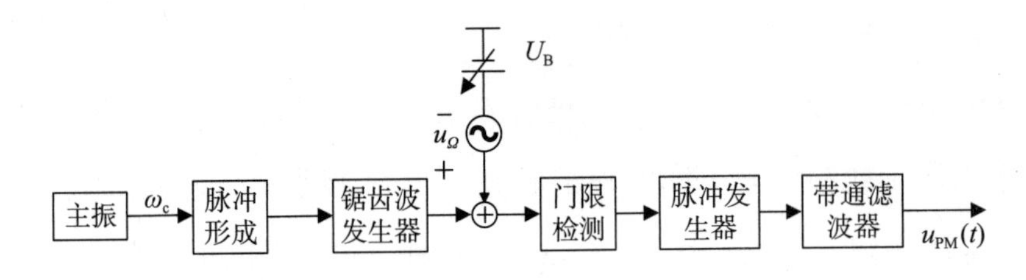

图 7–16　脉冲调相电路框图

7.2.4　扩展最大频偏的方法

在实际调频电路中，为了扩展调频信号的最大线性频偏，常采用倍频器和混频器来获得所需的载波频率和最大线性频偏。

一个瞬时角频率为 $\omega(t)=\omega_c+K_fU_{\Omega m}\cos(\Omega t)=\omega_c+\Delta\omega_m\cos(\Omega t)$ 的调频信号，通过 n 次倍频器，其输出信号的瞬时角频率将变为 $n\omega(t)=n\omega_c+n\Delta\omega_m\cos(\Omega t)$。可见，倍频器可以不失真地将调频信号的载波角频率和最大角频偏同时增大 n 倍，即倍频器可以在保持调频信号相对角频偏不变的条件（$\Delta\omega_m/\omega_c=n\Delta\omega_m/n\omega_c$）下，成倍地扩展最大角频偏。如果将调频信号通过混频器，设本振信号角频率为 ω_L，则混频器输出的调频信号角频率变为 $\omega_L-\omega_c-n\Delta\omega_m\cos(\Omega t)$ 或 $\omega_L+\omega_c+n\Delta\omega_m\cos(\Omega t)$。可见，混频器使调频信号的载波角频率降低为 $\omega_L-\omega_c$ 或升高为 $\omega_L+\omega_c$，但最大角频偏没有发生变化，仍为 $n\Delta\omega_m$。这就是说，混频器可以在保持最大角频偏不变的情况下，改变调频信号的相对角频偏。

利用倍频器和混频器的上述特性，可以在要求的载波频率上扩展频偏。例如，可以先用倍频器增大调频信号的最大频偏，然后用混频器将调频信号的载波频率降低到规定的数值。这种方法对于直接调频电路和间接调频电路产生的调频波都是适用的。

【例 7.2】调频设备的组成框图如图例 7–2 所示，已知间接调频电路输出的调频信号中心频率 $f_{c1}=120\text{ kHz}$，最大频偏 $\Delta f_{m1}=24\text{ Hz}$，混频器的本振信号频率 $f_L=30\text{ MHz}$，取下边频输出，试求调频设备输出调频信号的中心频率 f_c 和最大频偏 Δf_m。

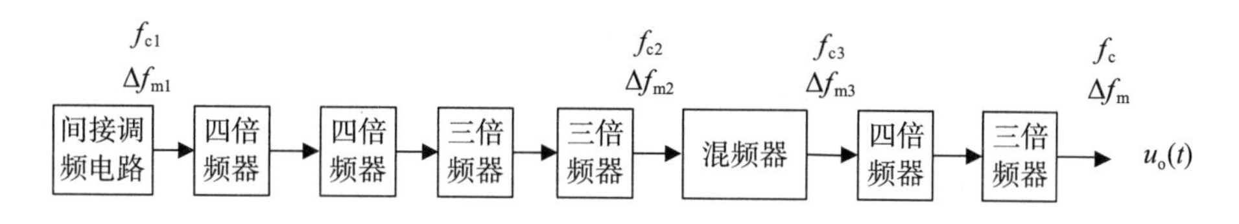

图例 7-2　调频设备组成框图

解　间接调频电路输出的调频信号，经三级四倍频器和一级三倍频器后其载波频率和最大频偏分别变为

$$f_{c2}=4\times4\times3\times3\times f_{c1}=144\times120\text{ kHz}=17.28\text{ MHz}$$

$$\Delta f_{m2}=4\times4\times3\times3\times\Delta f_{m1}=144\times24\text{ Hz}=3456\text{ Hz}=3.456\text{ Hz}$$

经过混频后，载波频率f_{c3}和最大频偏Δf_{m3}分别变为

$$f_{c3}=f_L-f_{c2}=(30-17.28)\text{ MHz}=12.72\text{ MHz}$$

$$\Delta f_{m3}=\Delta f_{m2}=3.456\text{ kHz}$$

再经一级四倍频和一级三倍频后，调频设备输出调频信号的中心频率f_c和最大频偏Δf_m为

$$f_c=4\times3\times f_{c3}=12\times12.72\text{ MHz}=152.64\text{ MHz}$$

$$\Delta f_m=4\times3\times\Delta f_{m3}=12\times3.456\text{ kHz}=41.472\text{ kHz}$$

7.3　调频信号解调电路

7.3.1　鉴频方法及其实现模型

1. 鉴频特性

频率检波技术就是从 FM 信号中将原调制信号恢复出来的过程，也称为 FM

波的解调或者鉴频。由于鉴频器的输入 FM 波的瞬时频率与输出解调电压信号的幅值成正比关系，因此可以将鉴频器看成一个频率与电压幅值的转换电路。图 7–17 所示的为输入调频信号的频率 f 与输出电压 u_o 的关系曲线，该关系曲线称为鉴频特性曲线。

鉴频器主要有以下两个性能指标：

（1）鉴频灵敏度 S_D。S_D 是指在调频波的中心频率 f_c 附近，单位频偏所产生的输出电压的大小，用公式 $S_D = \Delta u_o / \Delta f$ 表示，单位为 V/ Hz。在鉴频中一般要求 S_D 尽可能大，这样可以使输入相同的频偏时输出电压的值更大。

（2）线性范围（带宽）。带宽是指鉴频特性的斜率可以近似为直线的那部分曲线的变化范围，如图 7–17 所示的 BW 区域。该区域表明鉴频器不失真解调条件下所允许的最大频率变化范围，宽度为 $2\Delta f_{max}$，并且鉴频时应使 $2\Delta f_{max}$ 大于调频信号最大频偏 Δf_m 的 2 倍，所以 $2\Delta f_{max}$ 也称为鉴频带宽度。

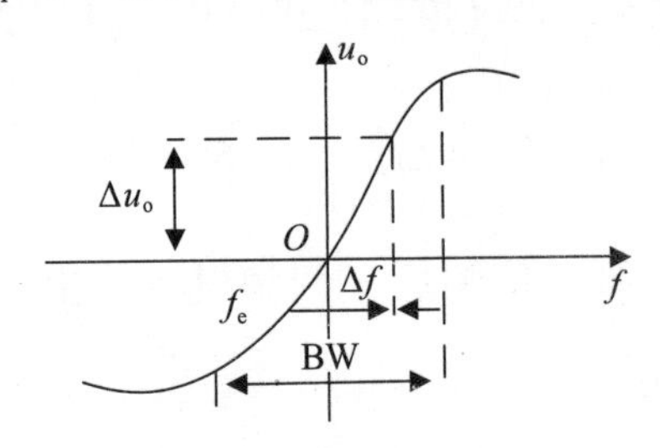

图 7–17　鉴频特性曲线

2. 鉴频的实现方法

鉴频的基本工作原理是对输入的调频信号的波形进行变换，变换后的波形应包含反映瞬时频率变化的平均分量，变换后的波形再通过低通滤波器进行滤波后就能得到所需的原调制信号。以下为常用的三种鉴频器。

（1）斜率鉴频器。斜率鉴频器的原理方框图如图 7–18 所示，在频率 – 振幅线性网络中将等幅调频信号变换为幅度与频率成正比的调幅 – 调频信号，然后经过包络检波器进行检波之后便可还原出调制信号。

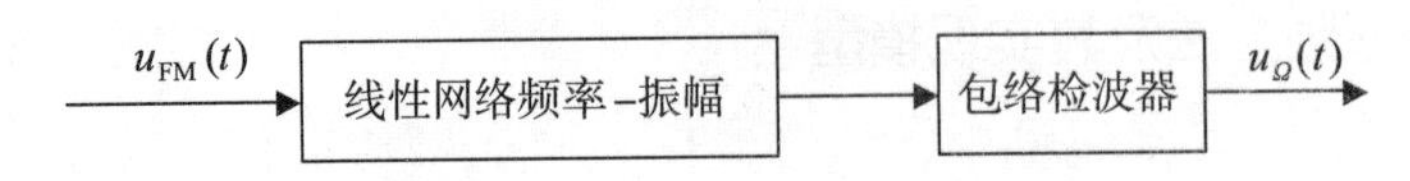

图 7–18　斜率鉴频器原理方框图

（2）相位鉴频器。相位鉴频器的原理方框图如图 7–19 所示，在频率 – 相位线性网络中将等幅调频信号变换为相位与瞬时频率成正比的调相 – 调频信号，然后经过相位检波器进行检波之后便可还原出调制信号。

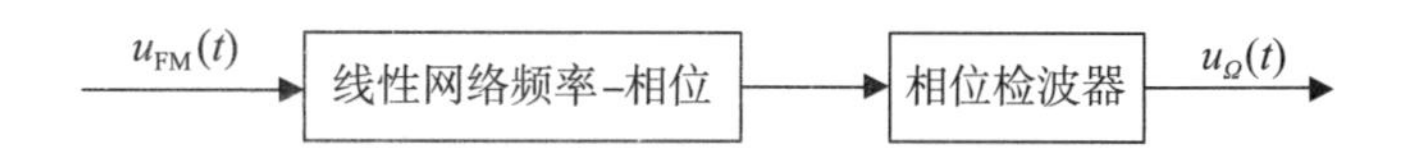

图 7–19　相位鉴频器原理方框图

（3）脉冲计数式鉴频器。脉冲计数式鉴频器的原理方框图如图 7–20 所示，在电压比较器中送入等幅的调频信号，将其变为调频等宽的脉冲序列。所得到的调频等宽的脉冲序列中含有反映瞬时频率变化的平均分量。将该序列送入计数器和 D/A 转换器之后，计数器按时钟频率定时计数，D/A 转换器输出的模拟信号就是 FM 信号的解调信号。脉冲计数式鉴频器所具有的优点是线性好、频带宽，并且能工作在中心频率相当宽的范围内，便于进行集成。其缺点是工作频率受到脉冲最小宽度的限制。

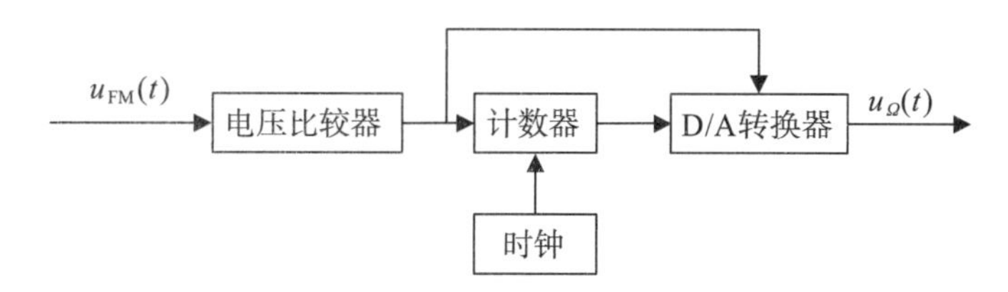

图 7–20　脉冲计数式鉴频器原理方框图

7.3.2　斜率鉴频器

1. 单失谐回路斜率鉴频器

单失谐回路斜率鉴频器的原理图与鉴频特性曲线如图 7–21 所示。图中 LC 并联谐振回路调谐在调制信号中心频率 f_c 上，当谐振回路的谐振频率 f_0 与输入的等幅调频信号中心频率 f_c 发生失谐时，输入信号应为工作在 LC 回路的谐振曲线的倾斜部分。实际工作时，可调整谐振回路的谐振频率 f_0 使调频波的中心频率 f_c 处于回路谐振曲线的倾斜部分，接近直线段的中心点 A，则失谐回路可将调频波变换为随瞬时频率变化的调幅 – 调频波。VD、R_1、C_1 组成振幅检波器，用它对调幅－调频信号进行振幅检波，即可得到原调制信号 $u_o(t)$。由于谐振回路谐振曲线的线性度差，单失谐回路斜率鉴频器输出波形失真大，质量不高，故很少使用。

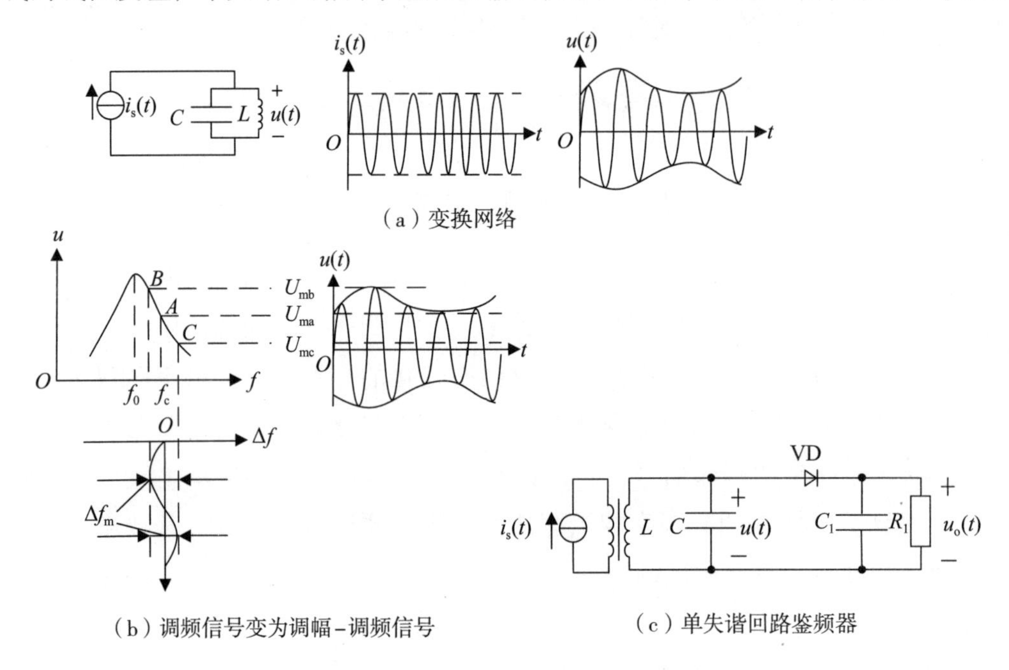

图 7-21　斜率鉴频器工作原理

2. 双失谐回路斜率鉴频器

在实际应用中，采用两个单失谐回路斜率鉴频器组成的双失谐回路斜率鉴频器，其电路原理图、鉴频特性曲线如图 7-22 所示。

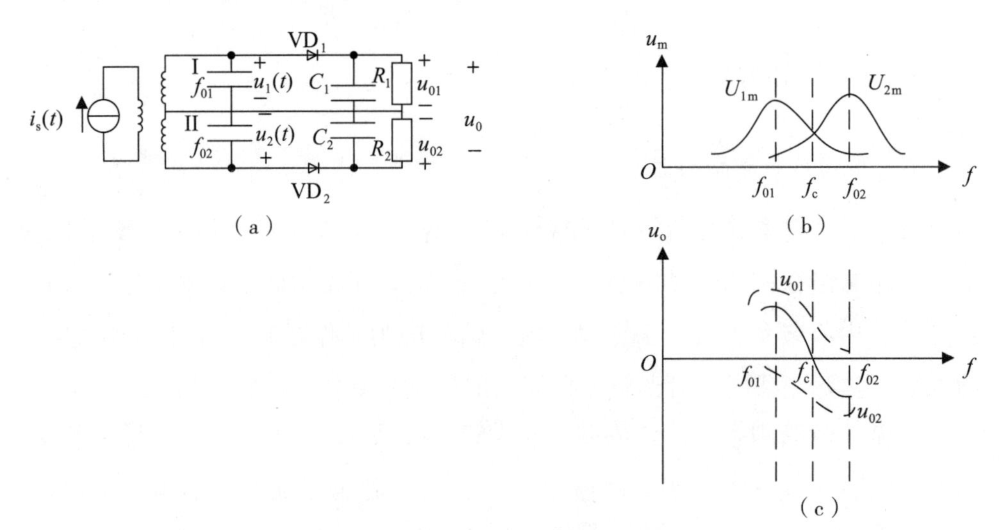

图 7-22　双失谐回路斜率鉴频器

图 7–22（a）所示的次级有两个失谐的并联谐振回路，所以称为双失谐回路斜率鉴频器。其回路 I 调谐在f_{01}上，$f_{01} < f_c$；回路Ⅱ调谐在f_{02}上，$f_{02} > f_c$。为保证工作的线性范围，可以调整f_{01}、f_{02}使$(f_{02} - f_{01})$大于输入调频波最大频偏Δf_m的 2 倍。为了使鉴频特性曲线对称，还应使$f_{02} - f_c = f_c - f_{01}$。将上、下两个单失谐回路斜率鉴频器输出之差作为总输出，即$u_0 = u_{01} - u_{02}$。

图 7–22（a）所示的两个二极管包络检波器参数相同，即$C_1 = C_2$，$R_1 = R_2$，VD_1与VD_2参数一致。

当调频信号的频率为f_c时，由图 7–22（a）可见，U_{1m}与U_{2m}大小相等，故检波输出电压$u_{01} = u_{02}$，鉴频器输出电压$u_0 = 0$。当调频波频率为f_{01}时，$U_{1m} > U_{2m}$，则$u_{01} > u_{02}$，所以鉴频器输出电压为正值，且为最大。当调频信号频率为f_{02}时，$U_{1m} < U_{2m}$，则$u_{01} < u_{02}$，所以$u_0 < 0$为负最大值。由于在$f > f_{02}$时，U_{2m}随频率升高而下降，在$f < f_{01}$时，U_{1m}随频率降低而减小，故鉴频特性曲线在$f > f_{02}$和$f < f_{01}$后开始弯曲。

双失谐回路斜率鉴频器由于采用了平衡电路，上、下两个单失谐回路鉴频器特性可相互补偿，使得鉴频器输出电压中的直流分量和低频偶次谐波分量相抵消。故鉴频的非线性失真小，线性范围宽，鉴频灵敏度高；其缺点是鉴频特性的线性范围和线性度与两个回路的谐振频f_{01}和f_{02}配置有关，调制起来不太方便。

3. 集成电路中的斜率鉴频器

图 7–23（a）所示的为一种目前较为实用的斜率鉴频电路，由于该电路便于集成，而且鉴频特性好，因此被广泛应用于调频接收机和电视伴音解调中。图中L_1、C_1和C_2构成频率－幅度线性转换网络，将输入 FM 波电压$u_s(t)$转换为两个幅度按 FM 波瞬时频率变化的电压u_1和u_2，而u_1、u_2又分别通过射极跟随器VT_1和VT_2加到三极管包络检波器VT_3和VT_4上进行包络检波，分别将解调输出的电压加在差分放大器VT_5和VT_6的基极输入端，然后由差分放大器放大后输出原调制信号$u_\Omega(t)$，完成鉴频功能。显然$u_\Omega(t)$与u_1和u_2的振幅差值U_{1m}和U_{2m}成正比。

图 7–23（b）所示的为U_{1m}和U_{2m}随频率变化的特性曲线。图中ω_1和ω_2分别是L_1、C_1和C_2频幅转换网络的两个谐振频率，分别为

$$\omega_1 = \frac{1}{\sqrt{L_1 C_1}} \tag{7-34}$$

$$\omega_2 = \frac{1}{\sqrt{L_1(C_1 + C_2)}} \tag{7-35}$$

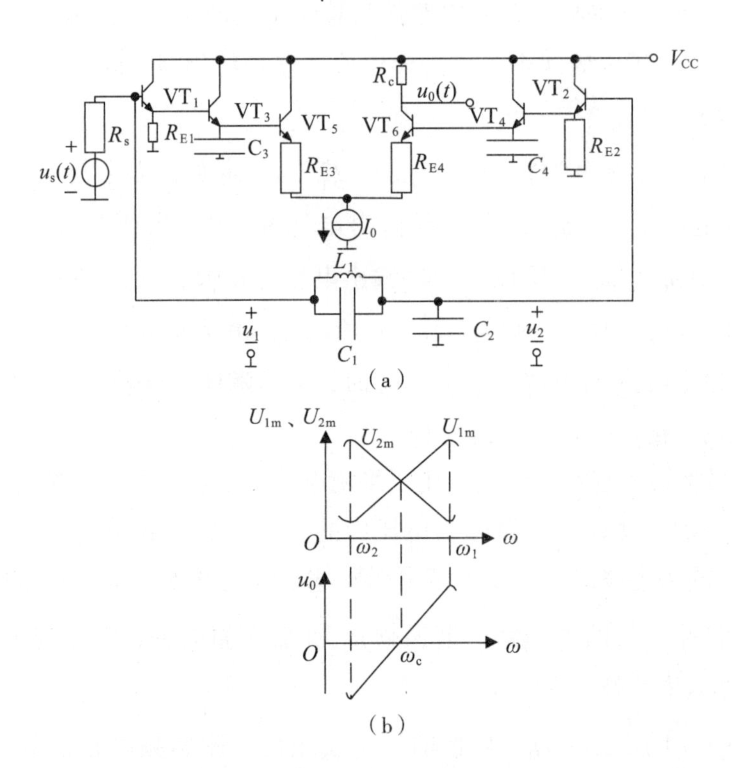

图 7-23　集成电路中的斜率鉴频器

当 ω 增大至 ω_1 时，L_1、C_1 回路阻抗增大至谐振，故 U_{1m} 增大至最大值，而 U_{2m} 则减小至最小值。当 ω 自 ω_1 减小至 ω_2 时，L_1、C_1 回路阻抗减小，且呈感性，与 C_2 产生串联谐振，因而 U_{1m} 减小至最小值，而 U_{2m} 增大至最大值。显然 U_{1m} 和 U_{2m} 的大小是按瞬时角频率 $\omega(t)$ 的变化规律而变化的。

将上述两条曲线相减所得到的合成曲线，再乘以由射极跟随器、检波器和差分放大器决定的增益，就可得到鉴频特性曲线。实际应用中 L_1 为可调电感，调节 L_1 可改变鉴频特性，包括中心频率、线性鉴频范围及鉴频特性曲线的对称性。

7.3.3　相位鉴频器

相位鉴频器有乘积型和叠加型两种。

1. 乘积型相位鉴频器

乘积型相位鉴频器的原理框图如图 7-24 所示，将 FM 波延时，如延时 t_0，当 t_0 满足一定条件时，可得到相位随调制信号线性变化的调相波，再与原调频波相乘实现鉴相后，经低通滤波器滤波，即可获得所需的原调制信号。

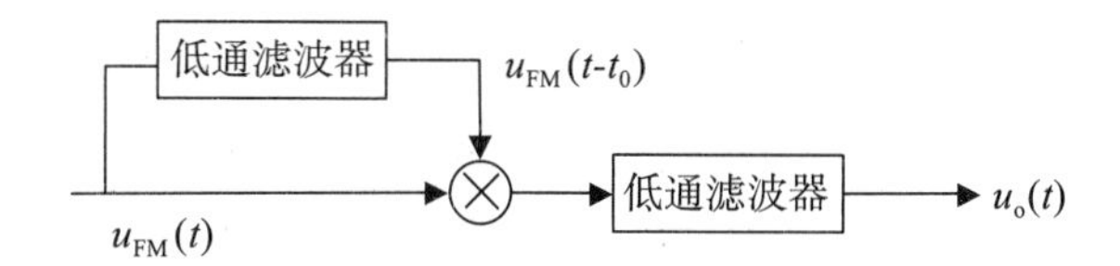

图 7-24　乘积型相位鉴频器的原理框图

调频波 $u_{FM}(t)$ 延时 t_0 后变成 $u_{FM}(t-t_0)$。$u_{FM}(t)$ 与 $u_{FM}(t-t_0)$ 两个信号一起进入乘法器相乘，相乘后的输出电压为 $u_o(t)=u_{FM}(t)u_{FM}(t-t_0)$。如果 $u_{FM}=U_{cm}\cos\left[\omega_c+m_f\sin(\Omega t)\right]$，则当 $\Omega t_0\leqslant 0.2$ 时，经推导可得

$$u_o(t)\approx\frac{1}{2}U_{cm}^2\cos\left[\omega_c t_0+m_f\Omega t_0\cos(\Omega t)\right]+\frac{1}{2}U_{cm}^2\left\{\cos\left[\omega_c+m_f\sin(\Omega t)\right]-\omega_c t_0-m_f\Omega t_0\cos(\Omega t)\right\}\tag{7-36}$$

式中：第一部分为调制信号的余弦函数，可以通过低通滤波器输出；而第二部分的中心频率为 $2\omega_c$，被滤波器滤除。如果合理设计具体电路，可以使 $\omega_c t_0\approx\pi/2$，又设 $m_f\Omega t_0\leqslant 0.2$，则图 7-24 中的输出为

$$u_o(t)\approx-\frac{1}{2}U_{cm}^2 m_f\Omega t_0\cos(\Omega t)\tag{7-37}$$

可见，输出信号是与原调制信号成正比的。现代调频通信机（包括移动通信机）的接收通道集成电路的调频解调部分几乎都采用乘积型相位鉴频器。

2. 叠加型相位鉴频器

叠加型相位鉴频器原理框图如图 7-25 所示。首先利用延时电路将调频波转换为调相波，再将其与原调频波相加获得调幅 - 调频波，然后用二极管包络检波器对调幅 - 调频波解调，恢复原调制信号。

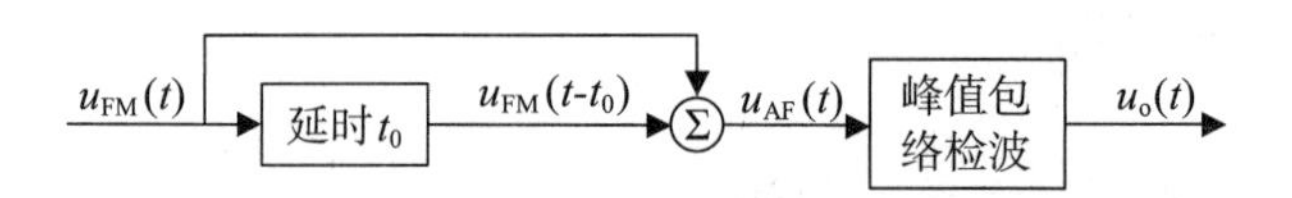

图 7-25　叠加型相位鉴频器原理框图

图 7-26 所示的为互感耦合的叠加型相位鉴频器实用电路，在调频广播接收机中应用较广。图 7-26 中，谐振回路Ⅰ、Ⅱ调谐在调频波的中心频率f_c上，当调频信号的频偏不太大时，耦合回路可作为延时电路，延时时间可通过改变回路参数的方法进行调整。调频波延时的结果变成了调相 - 调频波（以原调频波的相位为基准）。未延时的调频信号u_1通过耦合电容C_0加到高频扼流圈L_3上，与已延时的调频信号u_2线性叠加。当延时时间满足一定条件时，其叠加结果为一调幅 - 调频波，即完成了调频波到调幅 - 调频波的波形变换。两个二极管组成了包络检波器，对调幅 - 调频波进行幅度解调，恢复出所需要的低频调制信号，从而完成对原调频波的鉴频。

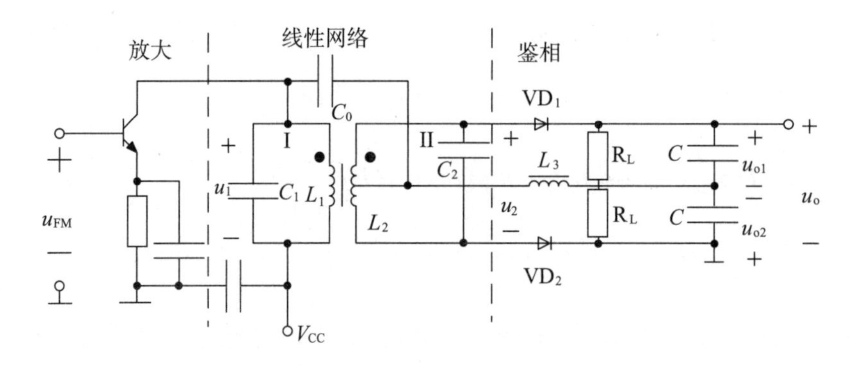

图 7-26　互感耦合的相位鉴频器

习题 7

1.（1）当 FM 调制器的调频灵敏度 $k_f = 6$ kHz/V，调制信号 $u_\Omega(t) = 3\cos(2\pi \times 2000t)$ V 时，求最大频偏 Δf_m 和调制指数 m_f；

（2）当 PM 调制器的调相灵敏度 $k_p = 3\ \mathrm{rad/V}$，调制信号 $u_\Omega(t) = 3\cos(2\pi\times2000t)\mathrm{V}$ 时，求最大相位偏移 $\Delta\varphi_\mathrm{m}$。

2. 调制信号 $u_\Omega(t) = 2\cos\left(2\pi\times10^3 t\right) + 3\cos\left(3\pi\times10^3 t\right)$，载波为 $u_\mathrm{c} = 5\cos\left(2\pi\times10^7 t\right)$，调频灵敏度 $k_f = 3\ \mathrm{kHz/V}$。试写出此 FM 信号的表示式。

3. 载波振荡频率 $f_\mathrm{c} = 200\ \mathrm{MHz}$，振幅 $U_\mathrm{cm} = 4\ \mathrm{V}$；调制信号为单频余弦波，频率 $F = 200\ \mathrm{Hz}$；最大频偏 $\Delta f_\mathrm{m} = 20\ \mathrm{kHz}$。

（1）分别写出调频波和调相波的数学表示式；

（2）若调制频率变为 4 kHz，其他参数不变，分别写出调频波和调相波的数学表示式。

4. 已知载波频率 $f_0 = 200\ \mathrm{MHz}$，载波电压幅度 $V_0 = 5\ \mathrm{V}$，调制信号 $u_\Omega(t) = 2\cos(2\pi\times2000t) + 4\cos(2\pi\times500t)\mathrm{V}$，最大频偏 $\Delta f_\mathrm{max} = 20\ \mathrm{kHz}$，试写出调频波的数学表示式。

5. 若调角波的调制频率 $F = 400\ \mathrm{Hz}$，振幅 $U_{\Omega\mathrm{m}} = 2.4\ \mathrm{V}$，调制指数 $m = 60\ \mathrm{rad}$。

（1）求最大频偏 Δf_m；

（2）当 F 降为 250 Hz，同时 $U_{\Omega\mathrm{m}}$ 增大为 3.2 V 时，求调频和调相情况下的调制指数。

6. 已知调制信号 $u_\Omega(t)$ 为图 P7.1 所示的矩形波，试分别画出调频和调相时，瞬时频率偏移 Δf、m_f 与 V_Ω、W 的关系曲线。

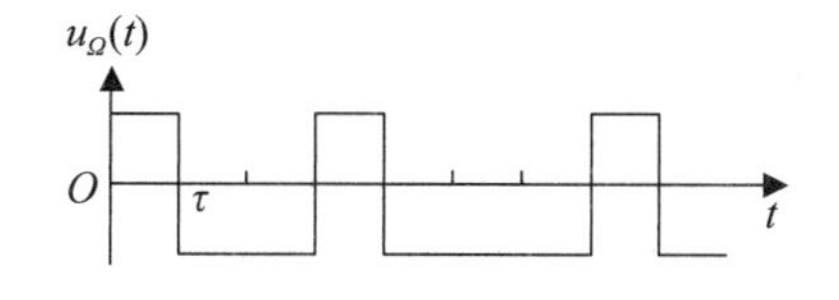

图 P7.1

7. 调制信号 $u_\Omega(t)$ 的波形如图 P7.2 所示。

（1）画出 FM 波的 $\Delta\omega(t)$ 和 $\Delta\varphi(t)$ 曲线；

（2）画出 PM 波的 $\Delta\omega(t)$ 和 $\Delta\varphi(t)$ 曲线；

（3）画出 PM 波和 FM 波的波形草图。

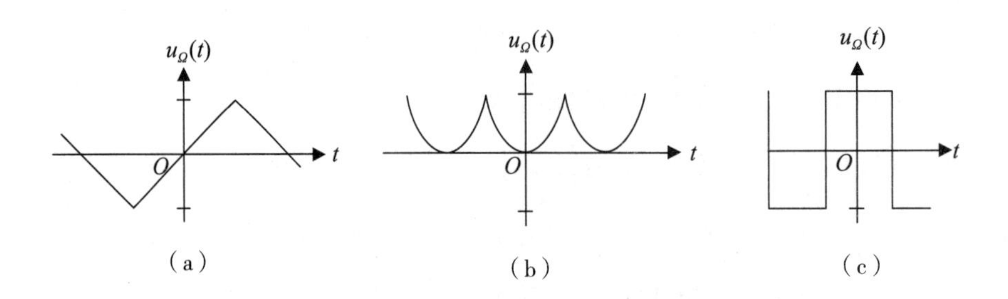

图 P7.2

8. 调制波为余弦波，当频率 $F=500\,\text{Hz}$、振幅 $U_{\Omega\text{m}}=1\,\text{V}$ 时，调角波的最大频率 $\Delta f_{\text{m1}}=200\,\text{Hz}$。若 $U_{\Omega\text{m}}=1\,\text{V}$、$F=1\,\text{kHz}$，要求将最大频偏增加为 $\Delta f_{\text{m2}}=20\,\text{kHz}$。应倍频多少次？分别计算调频和调相两种情况。

9. 若调制信号为 $u_\Omega(t)=V_\Omega\cos(\Omega t)$，试分别画出调频波的 Δf、m_f 和 V_Ω、Ω 的关系曲线。

10. 已知某调频电路调制信号的频率为 500 Hz，振幅为 2.4 V，调制指数为 60，求频偏。当调制频率减为 250 Hz，同时振幅上升为 3.2 V 时，调制指数变为多少？

11. 用三角波调制信号进行角度调制时，试分别画出调频波和调相波的瞬时频率变化曲线及已调波的波形示意图。

12. 已知载波频率 $f_0=100\,\text{MHz}$，载波电压 $U_0=5\,\text{V}$，调制信号 $u_\Omega(t)=\cos(2\pi\times10^3 t)+2\cos(2\pi\times1500t)$，设最大频偏 $\Delta f_{\text{m}}=20\,\text{kHz}$。试写出调频波的数学表示式。

13. 在变容直接调频电路中，如果加到变容二极管上的交流电压振幅超过直流偏压的绝对值，则对调频电路有什么影响？

14. 双失谐回路斜率鉴频器的一只二极管短路或开路，分别会产生什么后果？如果一只二极管极性接反，又会产生什么后果？

15. 图 P7.3 所示的电路为微分式鉴频电路。输入调频波 $u_{\text{FM}}(t)=U_{\text{FM}}\cos\left[\omega_0 t+\int U_\Omega\cos(\Omega t)\text{d}t\right]$，试求 $u_{01}(t)$ 和 $u_0(t)$ 的数学表示式。

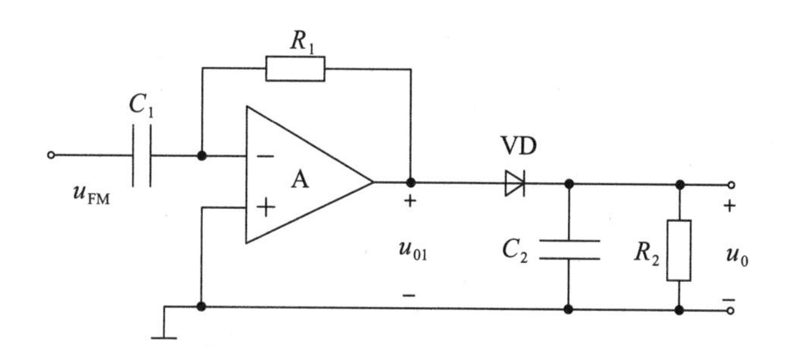

图 P7.3

16. 调频波中心频率$f_0 = 10$ MHz，最大频偏$\Delta f = 50$ kHz，调制信号为正弦波。试求调频波在以下三种情况下的频带宽度（按 10 % 的规定计算带宽）。F_Ω为调制频率。

（1）$F_\Omega = 500$ kHz；

（2）$F_\Omega = 500$ Hz；

（3）$F_\Omega = 10$ kHz。

17. 试提出由调频波转变为调相波的方法。

18. 一个电路必须具备怎样的输出频率特性（u_0与f之间的关系）才能实现鉴频？

19. 某鉴频器组成的方框图如图 P7.4（a）所示。电路中的移向网络的特性如图 P7.4（b）所示。若输入信号为$u_1 = U_1\cos\left[\omega_0 t + 10\sin\left(3\times10^3 t\right)\right]$，包络检波器为二极管峰值包络检波器，忽略二极管压降，求输出电压表示式，并说明此鉴频特性及包络检波器中 RC 的选择原则。

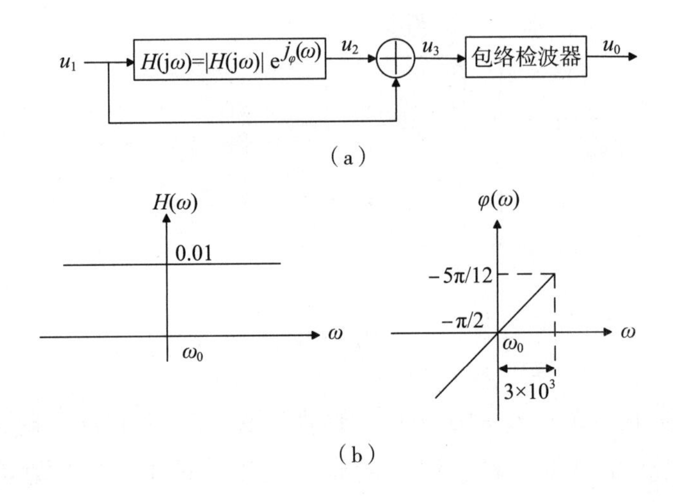

图 P7.4

20. 假若我们想把一个调幅收音机改成能接收调频广播，同时不打算做大的改动，而只改变本振频率。你认为可能吗？为什么？如果可以，试估算接收机的通频带宽度，并与改动前进行比较。

第8章　数字调制与解调

8.1　数字通信系统概述

数字调制是指用数字基带信号控制高频正弦载波变量的过程。与模拟调制相对应，数字调制可以对正弦载波的振幅、频率、相位进行调制，分别称为振幅键控（amplitude shift keying，ASK）、频率键控（frequency shift keying，FSK）、相位键控（phase shift keying，PSK）。

数字信号作为可控输入量有二进制和多进制之分，因此，数字调制可以分为二进制调制和多进制调制。在二进制调制中，调制信号是二进制数字基带信号，因此信号参量只有高、低电平（“0”或“1”）的取值，通过二进制数字基带信号对载波进行调制，载波的幅度、频率、相位相应的也只有两种变化状态。二进制调制是多进制调制的基础，因此本章主要讨论二进制数字调制与解调的原理。

8.2　二进制振幅键控

8.2.1　幅度键控信号的产生

1. 2ASK 调制原理

二进制振幅键控（2ASK）是指高频载波的振幅随二进制数字基带信号变化，其振幅变化只有两种情况。

2. 2ASK 信号调制原理框图

2ASK 通过乘法器实现法和键控法产生调制信号，目前键控法应用较为广泛。二进制 ASK 又称为通断控制，其工作原理是正弦载波的幅度受高、低电平的控制，当发射高电平“1”时，电键连通正弦载波振荡器；发射低电平“0”时，正弦载波幅度为 0。总的来说，就是用电键来控制载波振荡器的输出和关断。图 8-1 为该方法的原理框图。

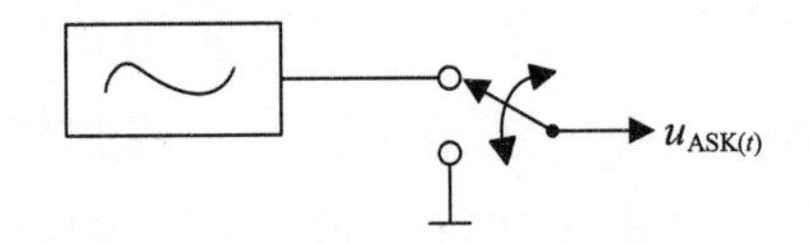

图 8-1　2ASK 的原理框图

键控法中的电键可以是多种形式的受基带信号控制的电子开关，通过控制电子开关通断来产生 2ASK 信号。图 8-2 所示的为以数字电路通过键控获得 2ASK 信号的实例。模拟电路中的与非门相当于开关，基带信号控制其开通与闭合，最终实现 2ASK 的调制。

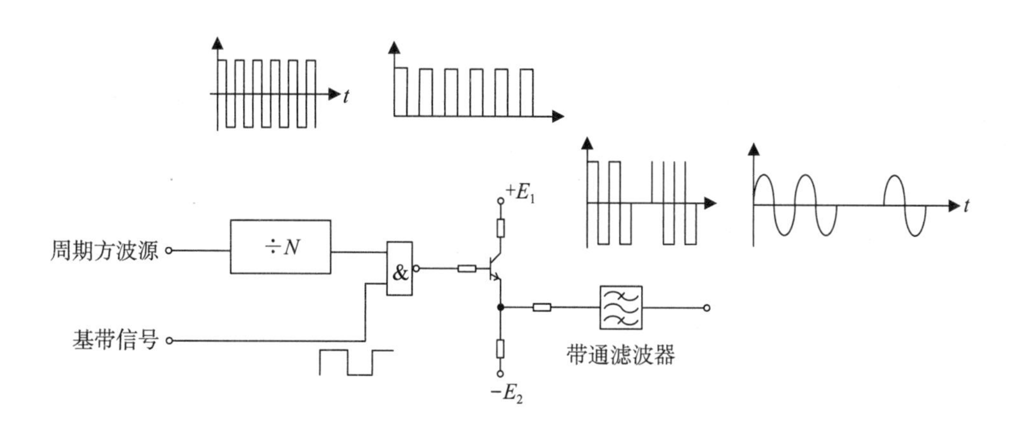

图 8-2　2ASK 信号的实例

8.2.2　幅度键控信号的解调

2ASK 信号的解调方法有以下两种。

（1）相干解调法（乘积型同步检波法）。相干解调法是把输入的信号经过滤噪处理后的信号波和本地载波相乘，得到 c 点波形，低通滤波器将 c 点波形光滑处理，紧接着作为抽样判决器的输入信号。该方法需要相干载波，相干载波必须和信号载波同频同相，不然极易引起解调后的波形失真。其原理框图如图 8-3 所示。在该图中，c 点波形公式为

$$U_{2\mathrm{ASK}}(t)\cos(\omega_{\mathrm{c}}t)=s(t)\cos(2\omega_{\mathrm{c}}t),(n-1)T_{\mathrm{s}}\leqslant t\leqslant nT_{\mathrm{s}} \tag{8-1}$$

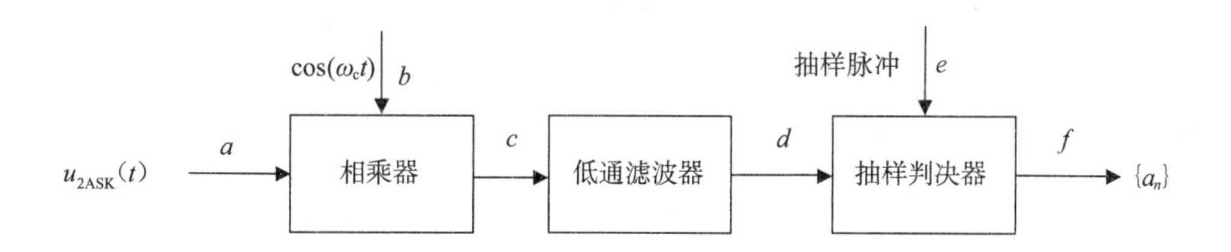

图 8-3　相干解调法原理框图

抽样判决器接收模拟信号后立刻实现模 / 数功能变换，在接收端恢复输出数字信号，因此其作用是恢复或再生基带信号。相干解调法的各点波形如图 8-4 所示。

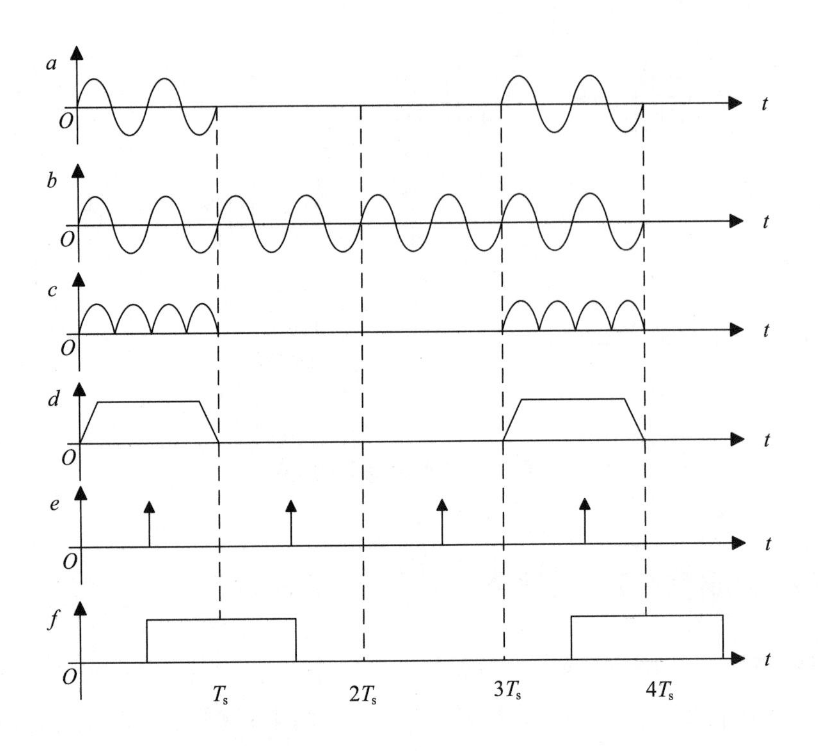

图 8-4　相干解调法的各点波形

（2）非相干解调法（包络检波法）。包络检波法的原理框图如图 8-5 所示。判决规则需和调制规则相呼应，抽样值为高电平时，判为数字“1”；抽样值为低电平时，判为数字“0”，整流器和低通滤波器相当于包络检波器。其各点波形如图 8-6 所示。

2ASK 调制方式不难理解，它是 20 世纪初最早用于无线电报的经典数字调制方式之一。随着数字传输技术的快速发展，ASK 传输存在噪声大，噪声电压波动和数字基带信号失真，容易改变 2ASK 信号的振幅，“0”和“1”翻转的缺陷。2ASK 方式现如今很少应用在通信领域，但是 2ASK 是研究其他数字调制方式的基础，初学者应对其有一定的了解。

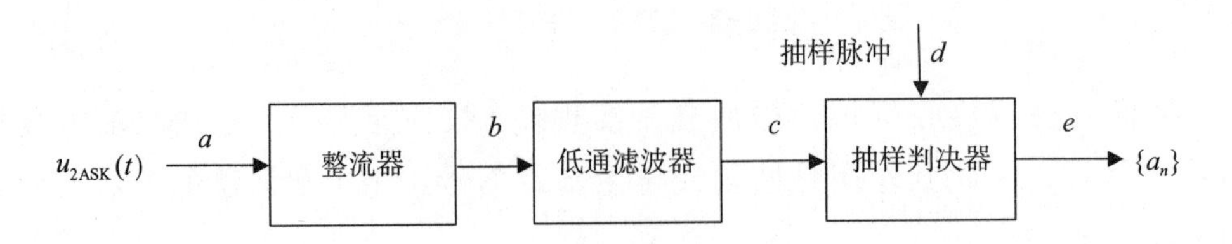

图 8-5　包络检波法的原理框图

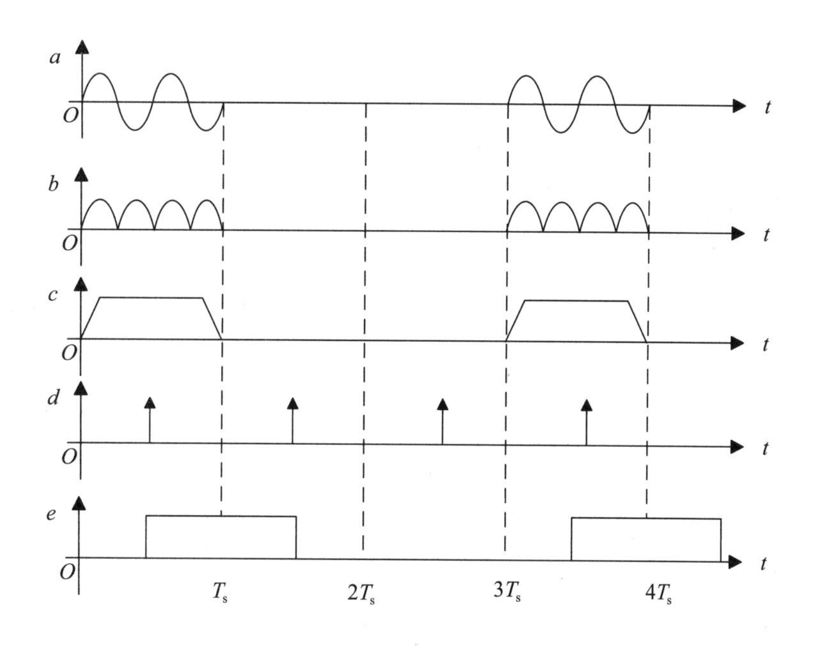

图 8-6　包络检波法的各点波形

8.3　二进制频率键控

频率键控（2FSK）用不同频率的载波来传送数字信号，用数字基带信号控制载波信号的频率。二进制频率键控用两个不同频率的载波来代表数字信号的两种电平。接收端收到不同频率的载波信号逆变换为数字信号，完成信息传输过程。

8.3.1　频率键控信号的产生

1. 直接调频法

直接调频法是用数字基带信号直接控制载频振荡器来产生不同的振荡频率，从而准确地反映调制信号变化规律，如图 8-7 所示。

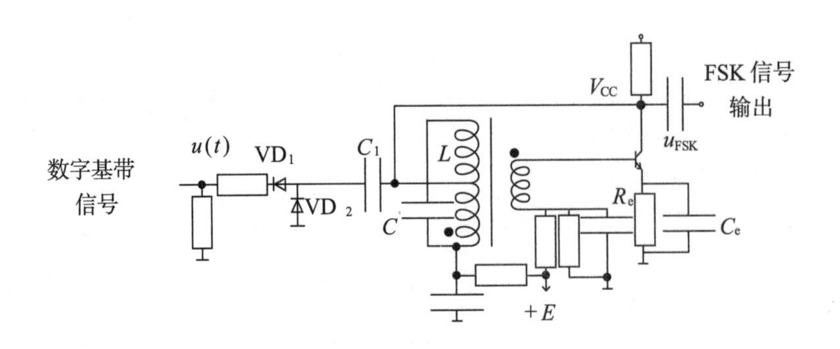

图 8-7 直接调频法电路

数字基带信号产生正负脉冲来控制二极管 VD_1、VD_2 的导通与截止，当基带信号脉冲为负电平时（相当于“0”码），VD_1、VD_2 导通，C_1 经 VD_2 与 LC 振荡电路并联，这时振荡器产生一个低频率信号（设此时频率为 f_1）。当基带信号输出高电平时（相当于“1”码），VD_1、VD_2 截止，C_1 不并入 LC 振荡电路，振荡器产生一个高频率信号（设此时频率为 f_2），从而得到两个不同频率的信号。两个不同的频率各代表数字码“0”和“1”。该方法输出的 f_1、f_2 是由同一振荡器产生的，因此调频信号前后相位连续。直接调频法具有电路元件少、实现方法简单等特点，但中心频率不稳定，同时要将频率转换速度控制在一个合适范围。

2. 频率键控法

频率键控法也称频率选择法，图 8-8 是它实现的原理框图。电路图由两个独立的振荡器、转换开关和基带信号发射装置构成。两个独立振荡器分别产生不同频率的正弦载波，值得注意的是两个信号必须极性相反，若电码“1”控制一个频率为 f_1 的正弦载波，此时频率为 f_2 的正弦载波则受电码“0”的控制。2FSK 调制信号可以看作两个不同极性的信号相加。

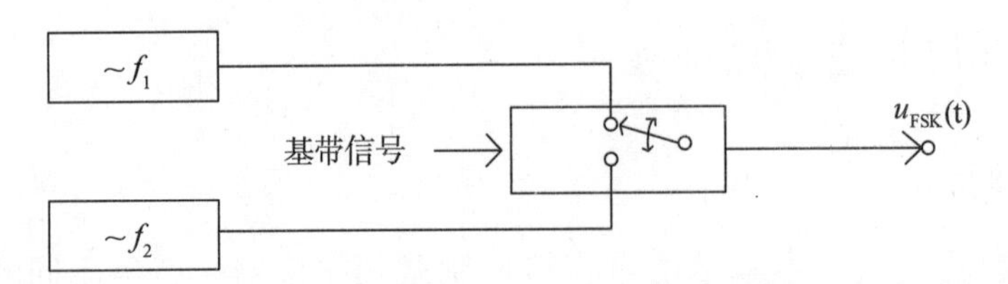

图 8-8 频率键控法实现的原理框图

相对于直接调频法，键控法克服频率稳定性不高的缺陷，改进后的方法产生的 2FSK 信号频率稳定度高且没有过渡频率，具有响应快、输出波形不易失真的优点。与前面提到的方法不同，因转换开关发生转换在一瞬间，两个高频振荡的输出电压通常不可能相等，随着基带信息变换，$U_{FSK}(t)$ 信号电压也会发生突变，因而输出端 2FSK 信号相位不连续，这是频率键控最明显的特征。

图 8-9 所示的是频率键控法的具体应用，该电路工作原理是两个独立分频器产生 f_1、f_2，数字基带信号发射二进制代码来实现 2FSK 调制。

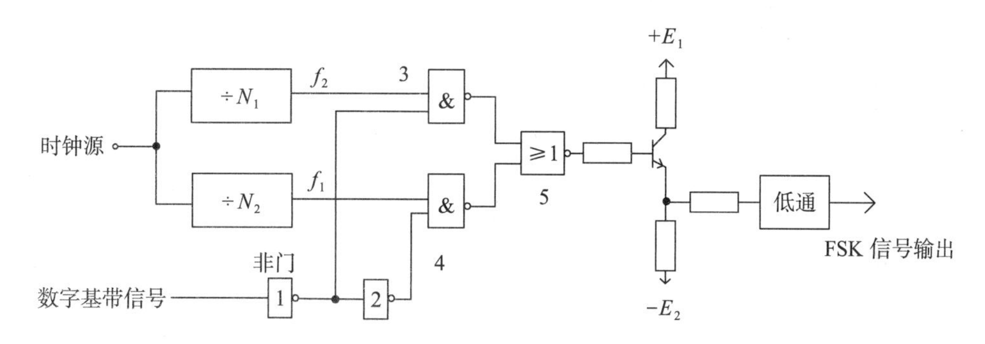

图 8-9　独立分频器的键控法 2FSK 调制

在图 8-9 中，与非门 3 和 4 的作用相当于转换开关，选通两个独立分频器。在每个码元周期内，当数字基带信号为“1”时，与非门 4 打开，f_1 输出；当数字基带信号为“0”时，与非门 3 打开，f_2 输出，从而形成 FSK 调制信号。

8.3.2　频率键控信号的解调

2FSK 信号的解调方法有以下两种。

1. 分路解调法

分路解调法的原理框图如图 8-10 所示。

2FSK 信号同步解调器分为上、下两个支路，输入端 2FSK 信号经过 ω_1、ω_2 带通滤波器分解为两路 2ASK 信号分别进行解调，其解调原理就是两路 2ASK 的解调法。判决器通过对上、下两支路大小比较来判定输出，按判决准则来恢复元基带信号。在整个数字传输过程中，基带信号的解调规则应与调制规则相匹配，调制时若规定载波频率 f_1、f_2 对应电码为“1”“0”，接收时上支路振荡频率为 f_1，则判决器应判为“1”，下支路带通滤波器输出为“0”，反之相反。

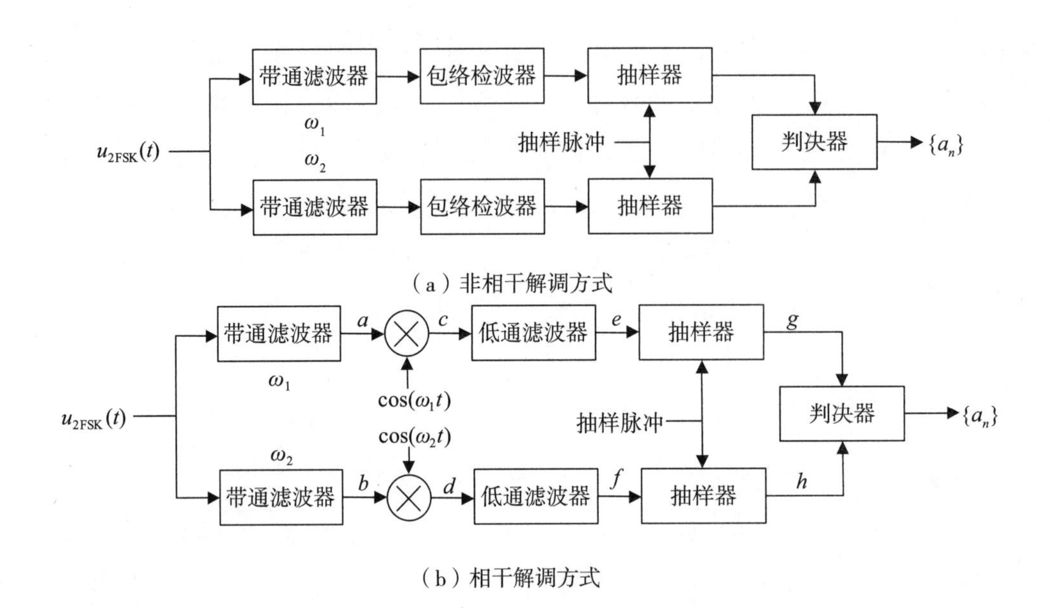

图 8-10　FSK 信号分路解调法原理框图

以分路解调法中的相干解调方式举例能更好地帮助读者理解其工作原理，其各点波形如图 8-11 所示。抽样器输出的样值信号用“▲”表示。

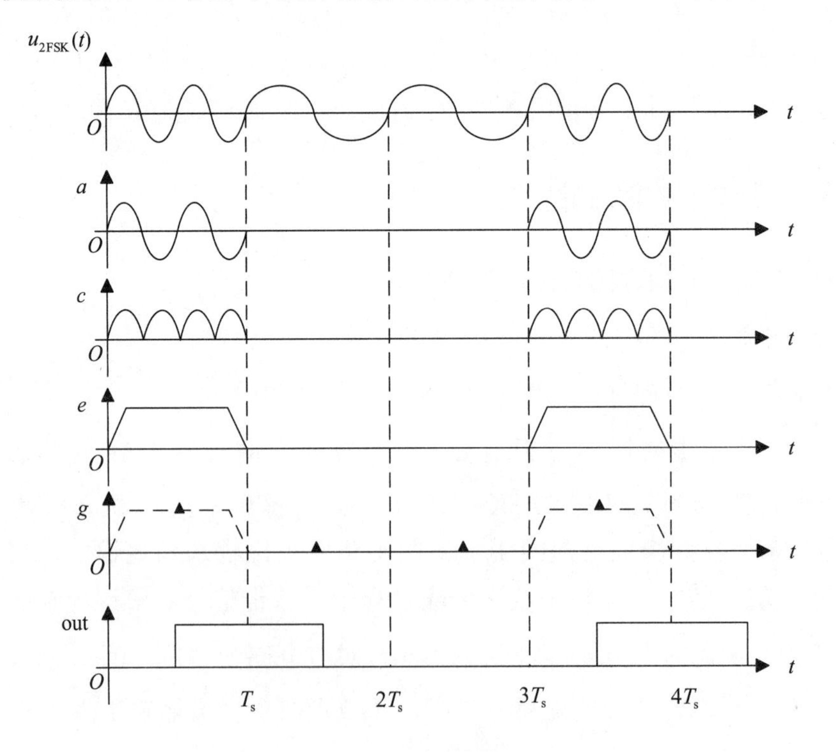

图 8-11　FSK 信号分路解调法的各点波形

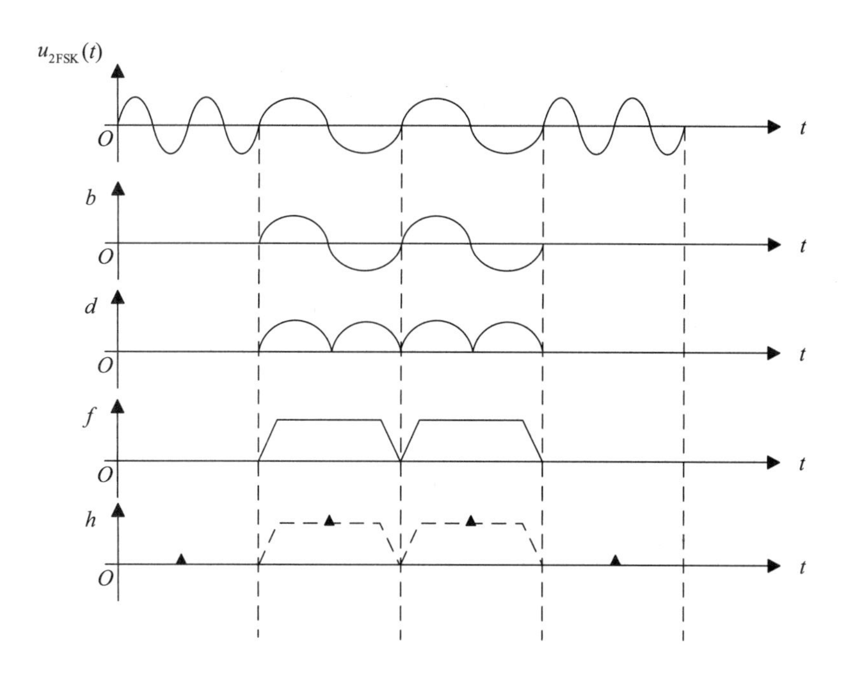

续图 8–11

2. 过零检测法

过零检测法的原理框图如图 8–12 所示，其解调原理和 FM 信号解调方法中的脉冲计数式鉴频器大同小异。过零检测法的原理是测量信号波形在单位时间内和零电平轴交叉的次数来测定信号频率。输入的 U_{2FSK} 信号经限幅、微分、整流等一系列变换，通过收集分析过零点数来反映输出频率的变化，这样能够清楚地识别两个不同频率的信息码元。其各点波形如图 8–13 所示。

2FSK 调制方式因实现较容易，设备简单，多被用于中、低数据传输设备（速率低于 1.2 Kb/s），在数字通信中运用较为广泛。在复杂通信环境中，2FSK 抗干扰能力出色，在广播、语音通话等领域功能强大。

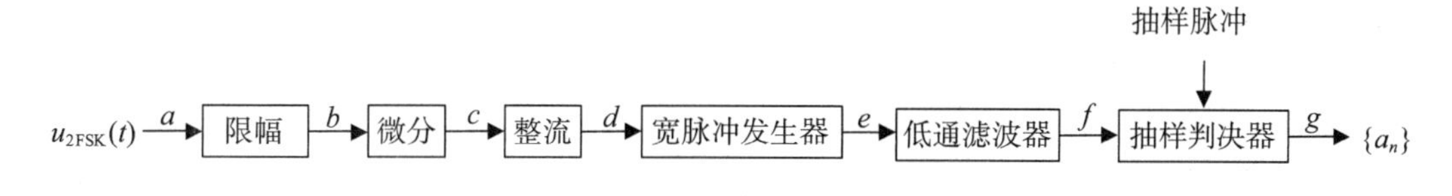

图 8–12　过零检测法的原理框图

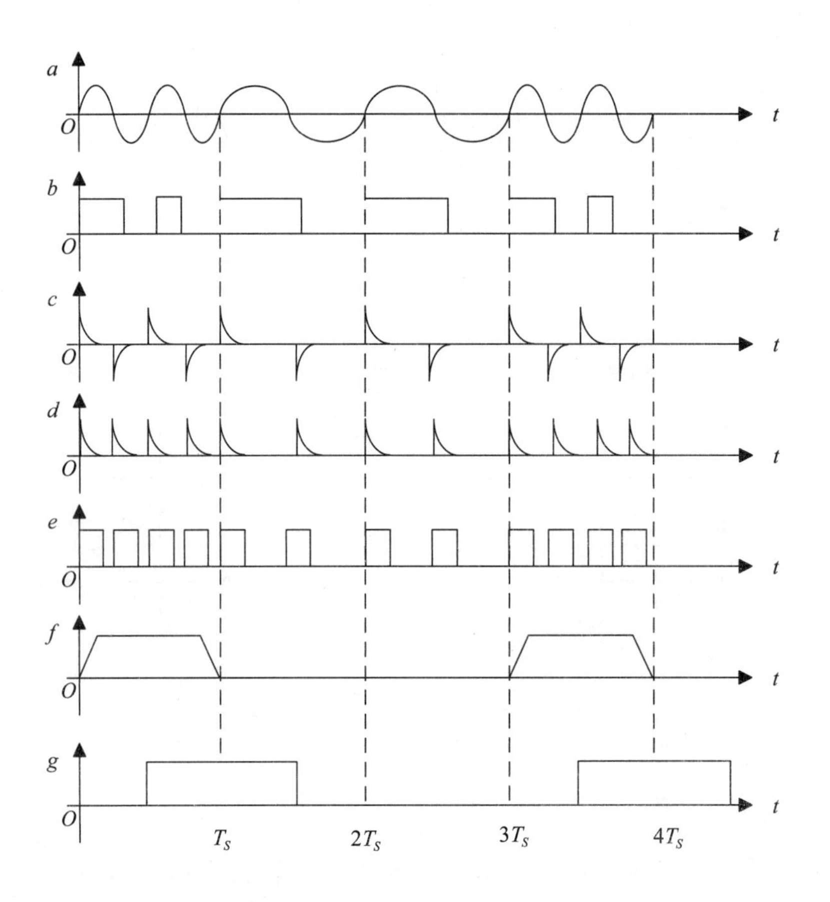

图 8-13　过零检测法的各点波形

8.4　二进制相位键控

二进制相位键控（相位调制）是指高频载波的相位随二进制数字基带信号的变化而变化，其相位变化只有两种情况（0 或 π）。现代通信技术对数据传输速率要求很高，PSK 系统在降噪防干扰方面与 ASK、FSK 相比，优势明显，能够充分利用频带带宽，是现在研究的主要方向。

相位键控（数字调相）根据原理可分为绝对调相（CPSK）、相对调相（DPSK）。二进制绝对调相记为 2CPSK，二进制相对调相记为 2DPSK。

在实际运用中，CPSK 信号相干解调时解调出的载波与输入的相干载波相位可能同相，也可能相差一个 π。当判决器误判时，输出端信息错误。这里主要介绍改进后的 2DPSK 的工作原理。

8.4.1　相位键控信号的产生

1. 2PSK 调制

2PSK 调制原理：通过二进制数字基带信号控制正弦载波的相位（0 或 π）。由 2PSK 的定义可知，一个码元周期内包含两个载波，表示式为

$$e_{2\mathrm{PSK}}(t)=s(t)\cos(\omega_{\mathrm{c}}t) \tag{8-2}$$

式中：$s(t)$ 为双极性基带信号，a_n 取正、负电平，表示式为

$$s(t)=\sum_n a_n g\left(t-nT_B\right),\quad a_n=\begin{cases}+1，概率P\\-1，概率1-P\end{cases} \tag{8-3}$$

通过定义码元 0 对应“π”相位，码元“1”对应“0”相位的表示式为

$$e_{2\mathrm{PSK}}(t)=A\cos\left(\omega_{\mathrm{c}}t+\varphi_n\right),\quad \varphi_n=\begin{cases}0，编码“1”\\ \pi，编码“0”\end{cases} \tag{8-4}$$

其典型波形如图 8-14 所示。

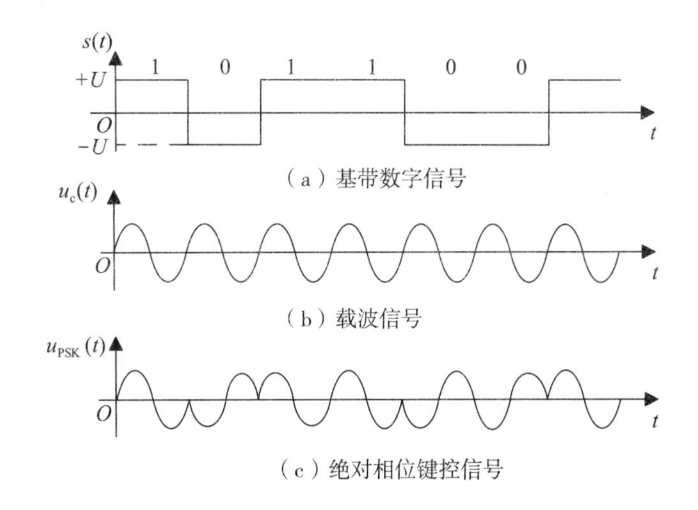

图 8-14　2PSK 的典型波形图

2. 2DPSK 调制原理

二进制相移键控是指高频载波的相对相位随二进制数字基带信号变化，其相位变化只有两种情况，又称为相对相位键控。

（1）2DPSK 信号的波形。假设 $\Delta\varphi$ 是前后相邻的载波初始相位差，根据调制规则进行定义：

$$\Delta\varphi_n=\varphi_n-\varphi_{n-1}=\begin{cases}0,\ a_n=0\\ \pi,\ a_n=1\end{cases} \tag{8-5}$$

$\Delta\varphi_n$ 是前后两个码元的载波相位差，相对相位为 0，则编码为“0”，相对相位为 π，则编码为“1”。2CPSK 作为绝对调相，是和基准载波进行相位比较的；2DPSK 是相对调相，是和相邻的前一个码元载波相对相位进行比较的。不难理解，2DPSK 需要一个初始的参考相位，方便定义差分原理。简单来说，就是“0 不变，逢 1 翻转”。

二进制数字信息		1	0	1	1	0	1
2DPSK 信号相位	（0）	π	π	0	π	π	0
	（π）	0	0	π	0	0	π

初始相位不同，信号相位变化也不同，但是变化趋势是相同的。

2DPSK 编码规则为 $b_n=a_n\oplus b_{n-1}$，根据该编码规则可以将绝对码变换成相对码。这里举一个实例来帮助理解，设初相位为 0。

绝对码 a_n	1	0	1	1	0
相对码 b_n	1	1	0	1	1

所以 2DPSK= 差分编码 +2PSK，相应的 2DPSK 信号的波形如图 8-15 所示。

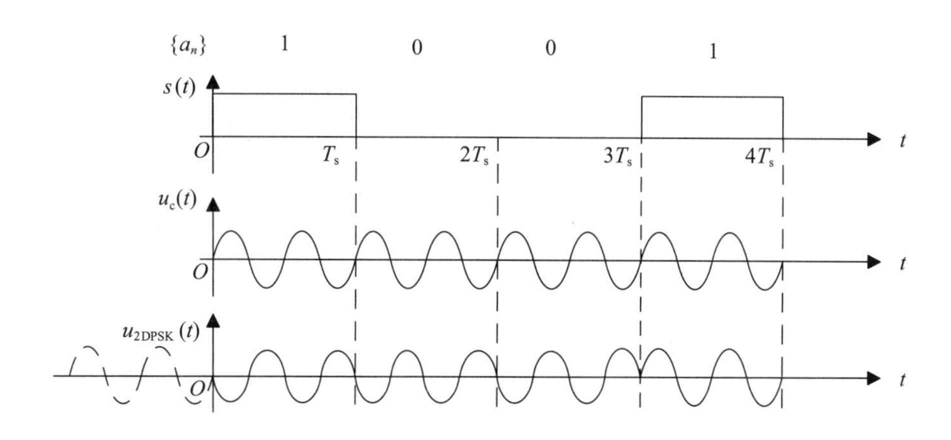

图 8-15　2DPSK 信号的波形

（2）2DPSK 的功率谱密度。2DPSK 信号的波形和 2PSK 信号的波形是相似的，可以用同一个数学表示式来归纳，该公式为

$$u_{2PSK}=s(t)\cos(\omega_c t) \quad (8-6)$$

它们的区别在于 2PSK 信号中的 $s(t)$ 是绝对码序列，而 2DPSK 信号中的 $s(t)$ 则是相对码序列。2DPSK 信号的功率谱密度和 2PSK 信号的一模一样。功率谱密度表示式为

$$P_{2PSK}(f)=\frac{1}{4}\left[P_s(f+f_c)+P_s(f-f_c)\right] \quad (8-7)$$

2DPSK 的功率谱密度曲线如图 8-16 所示。

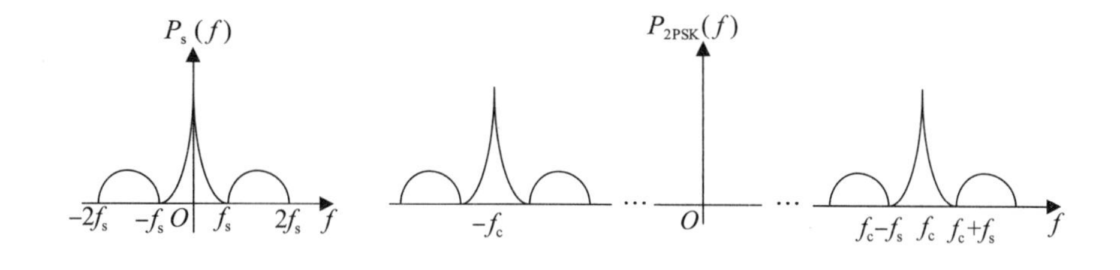

图 8-16　2DPSK 的功率谱密度曲线图

若以主瓣来计算 2DPSK 信号的带宽，则其带宽 $B_{2DPSK}=2f_s$。

（3）2DPSK 信号的调制原理框图。简单来说，2DPSK 调制方法就是将输入的数字信息经过差分编码器进行码变换，绝对码变成相对码，这就是绝对调相。其调制原理框图如图 8-17 所示。

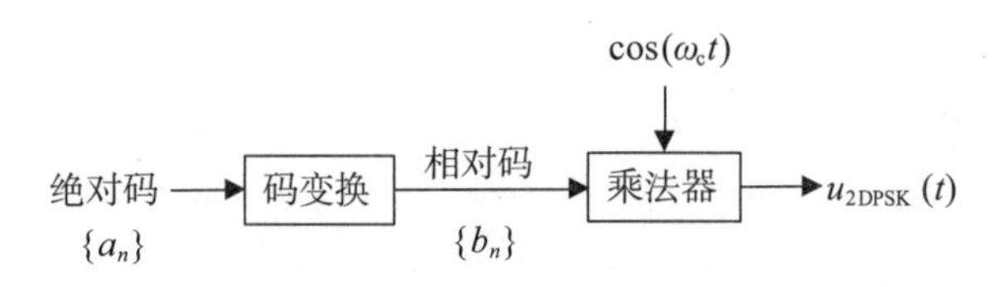

（a）模拟相乘法

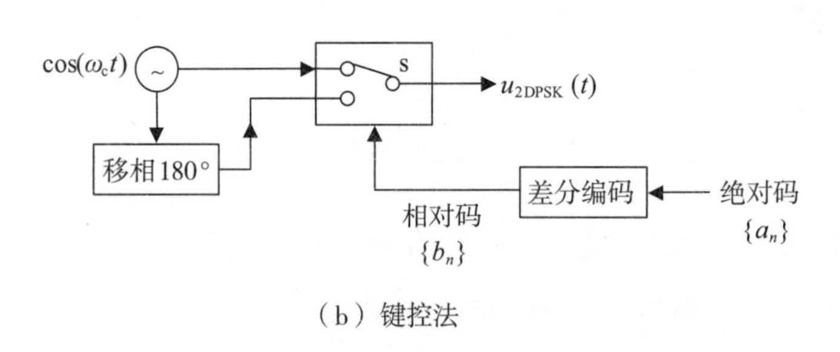

（b）键控法

图 8-17　2DPSK 信号调制原理框图

8.4.2　相位键控信号的解调

2DPSK 信号的解调方法有两种：极性比较法（或相干解调加码反变换法）和相位比较法（或差分相干解调法）。

1. 极性比较法

解调原理：先对 2DPSK 信号进行相干解调，得到相对码 {b_n}，通过码反变换器将相对码 {b_n} 变换成绝对码 {a_n}，输出端就可以得到正确的二进制数字信息，其原理框图如图 8-18 所示。

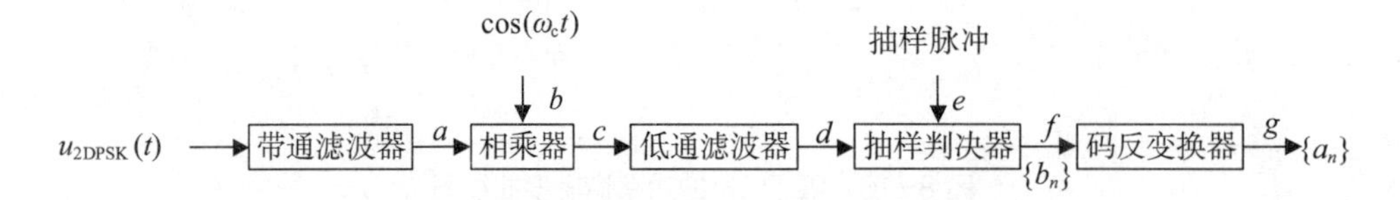

图 8-18　2DPSK 信号相干解调法原理框图

注意：判决规则一定要和调制规则相对应，调制时若规定对应 2DPSK 信号初始相位差分别为“0”和“1”，即抽样值为负值时，判决为“1”，抽样值为正值时，判决为“0”。码反变换的结果解决了相位模糊度的问题，码反变换规则和上面所述的差分编码规则一样，编码规则是 $a_n=b_n \oplus b_{n-1}$。各点波形如图 8-19 所示。

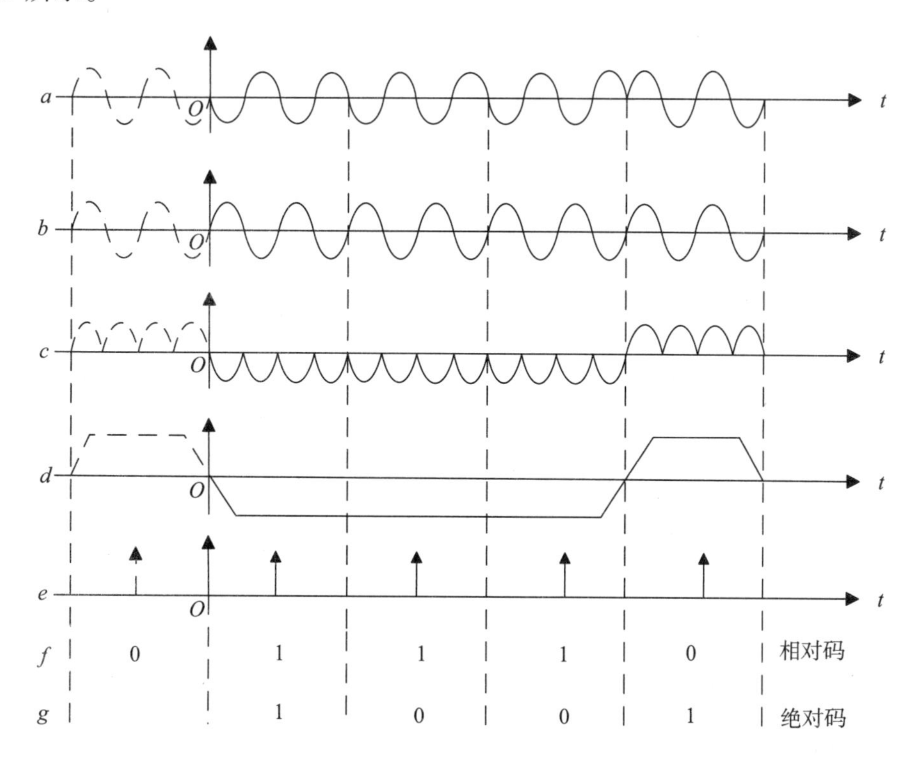

图 8-19　2DPSK 信号相干解调法各点的波形

2. 相位比较法

相位比较法的解调原理是：无需差分译码（码反变换），也不需要同频同相的相干载波，将接收到的信号直接延迟一个码元宽度 T_s，然后将延时后的 2DPSK 信号和输入的 2DPSK 信号直接相乘，相乘后的信号经低通滤波器及抽样判决器，可直接得到数字信息，其原理框图如图 8-20 所示。

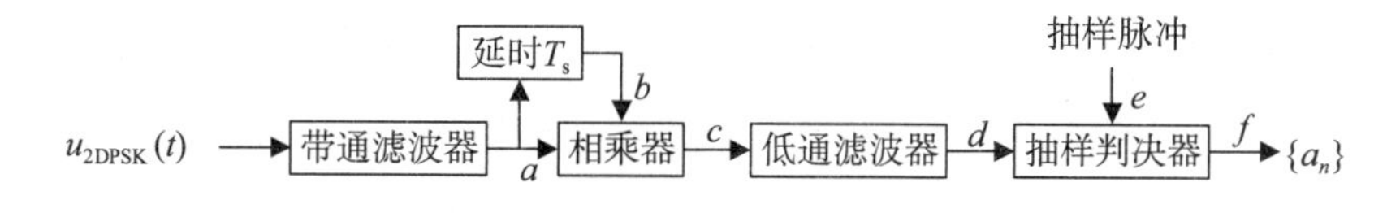

图 8-20　2DPSK 信号差分相干解调法原理框图

图 8-20 中，乘法器将本码元和上一个码元的载波信号做相位比较，相乘结果反映前后相邻码元间的相位差。判决规则和极性比较法里的判决规则一样，这里不再赘述。各点波形如图 8-21 所示。

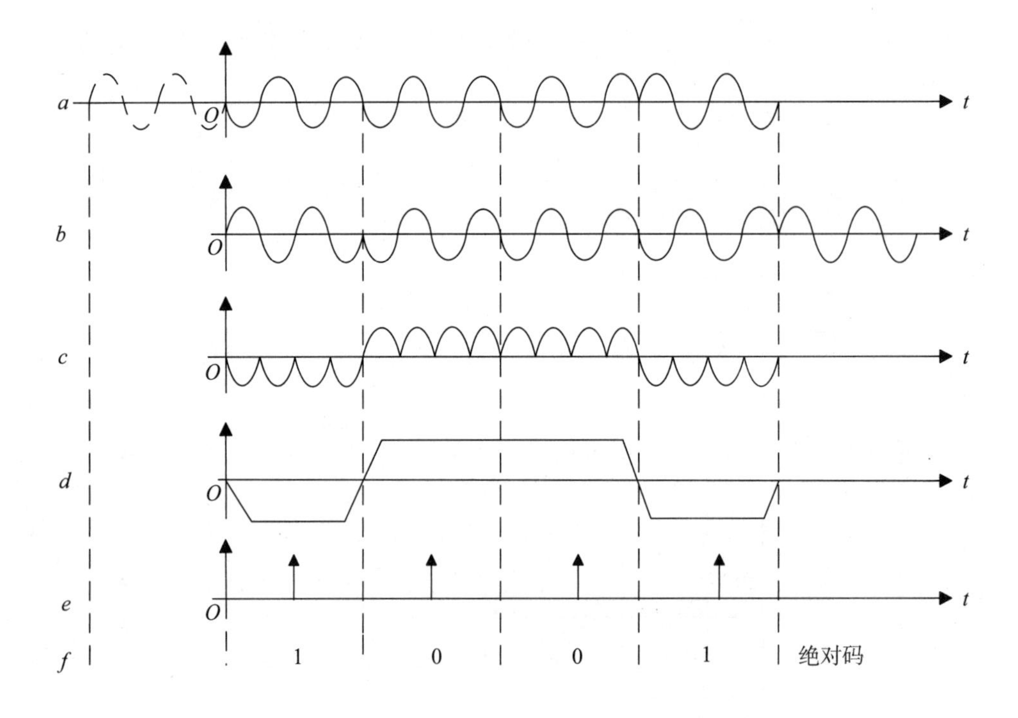

图 8-21　2DPSK 信号差分相干解调法各点的波形

8.5　正交调幅与解调

正交调幅（quadrature amplitude modulation，QAM）是一种双重数字调制，它用载波的不同幅度及不同相位表示数字信息。该调制方式的出现很好地解决了频带利用率不高的问题，其工作原理是两个载波信号相差 90°，通过振幅的方式并行传输两路互不干扰的信号，传输带宽得到充分利用。因对传输速率要求越来越高，正交调幅与解调的理念已发展到新的阶段。MQAM 是目前理论的大集合，其中 M 可取 4、16、32、64、128 和 256 等，现使用更多的是 16QAM 和 64QAM。

正交调幅与解调的原理框图如图 8-22 所示。

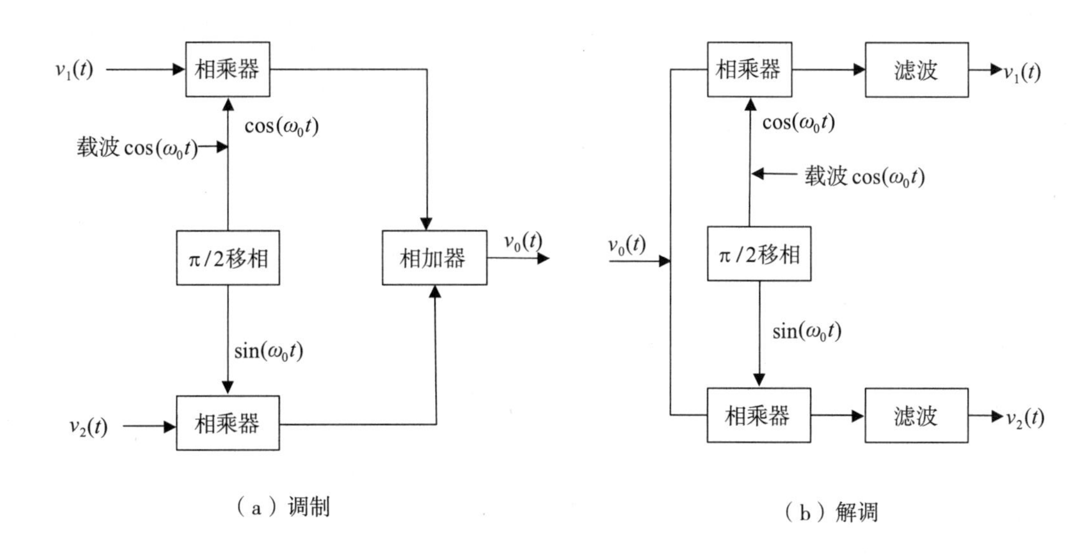

图 8-22　正交调幅与解调的原理框图

图 8-22（a）是调制原理图，两个振幅不同、频率为 ω_0 的互不干扰的信号 $v_1(t)$ 和 $v_2(t)$，它们的相位严格控制相差 90°（互相正交）。加法器将其相加在一块，输出端的信号为

$$v_0(t) = v_1(t)\cos(\omega_0 t) + v_2(t)\sin(\omega_0 t) \tag{8-8}$$

图 8-22（b）是解调原理图，输入信号 $v_0(t)$ 各自与相位相差 90° 的正弦波一一相乘，得到以下结果：

$$\begin{aligned} v_0(t)\cos(\omega_0 t) &= v_1(t)\cos^2(\omega_0 t) + v_2(t)\sin(\omega_0 t)\cos(\omega_0 t) \\ &= \frac{1}{2}v_1(t) + \frac{1}{2}\left[v_1(t)\cos(2\omega_0 t) + v_2(t)\sin(2\omega_0 t)\right] \end{aligned} \tag{8-9}$$

$$\begin{aligned} v_0(t)\sin(\omega_0 t) &= v_1(t)\cos(\omega_0 t)\sin\omega_0 t + v_2(t)\sin^2(\omega_0 t) \\ &= \frac{1}{2}v_2(t) + \frac{1}{2}\left[v_1(t)\sin(2\omega_0 t) - v_2(t)\cos(2\omega_0 t)\right] \end{aligned} \tag{8-10}$$

滤波器滤除掉 $2\omega_0$ 正弦分量后，即可恢复原来输入的信号 $v_1(t)$ 与 $v_2(t)$。

根据公式推算得知，只需严格控制两路载波相位差值为 90°，即可消除两路信号干扰。

QAM 技术理念经过发展提出了多进制方式，即 MQAM，不管任何一种 QAM 调制，都是由幅度和不同相位共同控制的。现阶段应用较多的是 16QAM

和 64QAM。MQAM 调制大大降低了噪声干扰，提高了通信速率，是未来通信技术的发展趋势。

习题 8

1. 数字调制的定义是什么？数字调制可分为哪几种？数字调制方式有哪三种？

2.DPSK 和 BPSK 调制有什么区别？为什么 DPSK 信号在解调时不必恢复载波？

3. 设某 2ASK 系统的码元宽度为 1 ms，载波信号 $U_{\mathrm{c}}=2\cos\left(2\pi\times10^{6}t\right)$，发送的数字信息是 10110001，试画出一种 2ASK 信号的调制框图，并画出 2ASK 信号的时间波形。

4. 设某 2FSK 系统的码元速率为 1500 波特，载波频率分别是 1500 Hz 和 3000 Hz，发送的数字信息是 100110，试画出一种 2FSK 信号的调制框图，并画出 2FSK 信号的时间波形。

5. 设某 2PSK 系统的码元宽度为 0.5 ms，已调信号的载频是 2000 Hz，发送的数字信息是 001101，试画出一种 2PSK 信号的调制框图，并画出 2PSK 信号的时间波形。

6. 为什么 BPSK 调制可以用乘法器来实现？试绘出 BPSK 调制电路的方框图。

7. 设发送的绝对码序列是 011011，采用 2DPSK 方式传输，已知码元传输速率为 2400 波特，载波频率为 2400 Hz，试画出一种 2DPSK 信号的调制框图，并画出 2DPSK 信号的时间波形。

8. 设发送的绝对码序列是 011011，采用 2DPSK 方式传输。已知码元传输速率为 2000 波特，载波频率为 4000 Hz。定义相位差 $\Delta\varphi$ 为后一码元起始相位和前一码元起始相位之差。

（1）若 $\Delta\varphi=0°$ 表示“0”，$\Delta\varphi=180°$ 表示“1”，试画出 2DPSK 信号波形；

（2）若 $\Delta\varphi=90°$ 表示“0”，$\Delta\varphi=270°$ 表示“1”，试画出 2DPSK 信号波形；

（3）求其相对码序列；

（4）求 2DPSK 信号的第一零点带宽。

第9章　反馈控制电路

9.1　反馈控制电路概述

在通信系统和电子设备中，反馈控制电路通常用于实现某些特殊的高技术要求或改善提高电子线路的性能指标。反馈控制电路可以看成由被控制对象和反馈控制器两部分组成，可以用图 9-1 表示。在电子设备受到某些扰动的情况下，反馈控制电路可以通过对比反馈信号和原输入信号以得到比较信号来对电子设备的某个参数进行修正。假设系统的输出信号为 X_o，系统的输入信号为 X_R，误差量为 X_E，其中反馈控制电路的 X_o 和 X_R 两个信号之间都具有确定的关系，如 $X_o=f(X_R)$。当系统收到干扰而破坏这一关系时，反馈控制器就能够检测出偏离上述关系的程度，从而产生相应的误差量 X_E 并加到被控对象上进而对输出量 X_o 进行调整，使输出量与输入量之间的关系接近或恢复到预定的关系。

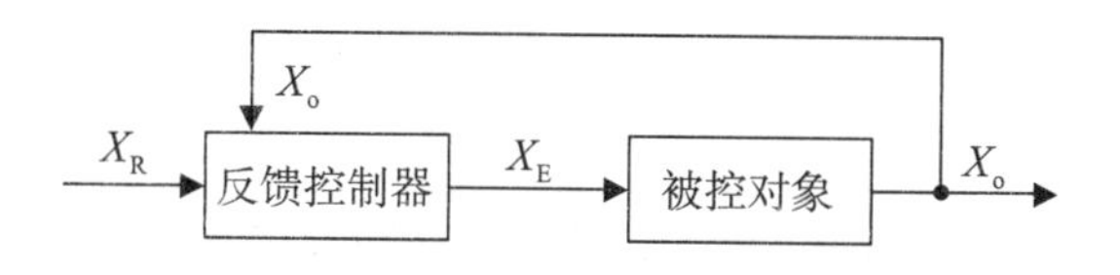

图 9-1　反馈控制电路组成框图

本章将先从反馈控制电路的基本概念入手，同时根据需要比较和调节的参量不同，反馈控制电路通常可分为以下三种：

（1）自动增益控制电路（automatic gain control，AGC），其比较和调节的参量通常为电压或电流，用来控制输出信号的幅度。它主要用于接收机中，以维持整机输出恒定，降低外来信号的强弱带来的变化 。

（2）自动频率微调电路（automatic frequency control，AFC），其比较和调节的参量通常为频率，常用于维持电子设备工作频率的稳定。

（3）自动相位控制电路（automatic phase control，APC），即锁相环路（phase lock loop，PLL），其比较和调节的参量为相位，是一种应用广泛的反馈控制电路。它通常用于锁定相位，利用锁相环路可以实现许多功能，尤其是利用锁相原理构成频率合成器，是现代通信系统重要的组成部分。

9.2　自动增益控制电路

自动增益控制电路（AGC）主要被广泛应用于接收设备中重要的辅助电路。AGC 的被控量是电平振幅，利用误差量对输出振幅进行调整，使设备的输出电平保持平稳。

图 9-2 是自动振幅控制电路组成方框图，环路的被控对象为可控增益放大器。

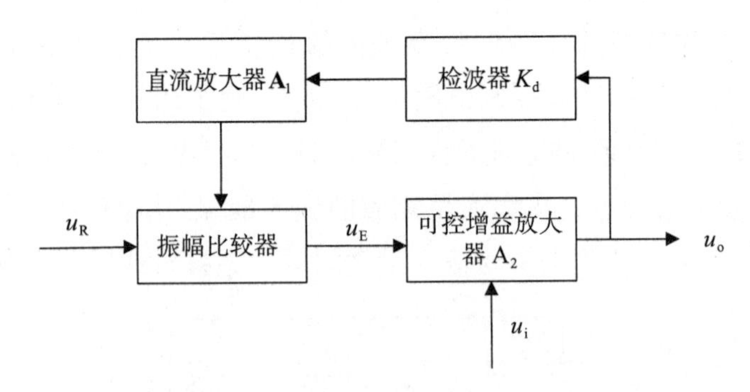

图 9-2　自动振幅控制电路组成方框图

当输入信号电平在一定范围内波动时，环路中的 AGC 电路可以用来稳定输出信号电平，但不能完全避免电平的波动。

同时 AGC 在接收低电平时，赋予接收机高电平增益，而在接收强信号时，赋予其低增益。这样才能使输出信号电平处于适当的范围，接收设备不会因为输入信号太小或太大而使接收设备发生饱和或堵塞。

9.2.1　自动增益控制电路的原理

AGC 电路的组成如图 9-3 所示，它包含电平检测电路、可控增益电路、滤波器、比较器和控制信号产生器。

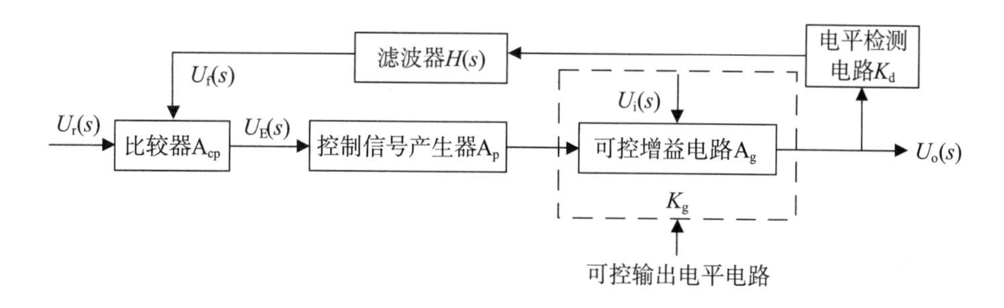

图 9-3　AGC 电路的组成框图

1. 电平检测电路

电平检测电路的功能顾名思义就是用于检测输出信号的电平值。调幅波、调频波、声音或图像信号都可能是输入信号，也就是 AGC 电路的输出信号。但是这些信号的幅度是随时间变化的且变化频率较高，至少在几十赫兹以上。而其输出则是一个仅仅反映其输入信号电平的信号，如果其输入信号的电平不变，那么电平检测电路的输出信号就是一个脉动电流。一般情况下，电平信号的变化频率较低，如几赫兹。

通常电平检测电路是由检波器担任的，其输出与输入信号电平呈线性关系，即

$$U_1 = K_d U_o \tag{9-1}$$

其复频域表示式为

$$U_1(s) = K_t U_o(s) \tag{9-2}$$

2. 滤波器

滤波器对于不同频率变化的电平信号有着不同的传输特性，以此特性来控制 AGC 电路的响应时间。滤波器常用的是单节 RC 积分电路，如图 9-4 所示。

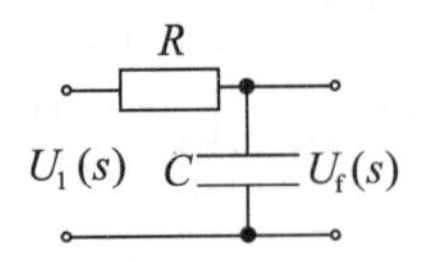

图 9-4　单节 RC 积分电路

它的传输特性为

$$H(s)=\frac{U_f(s)}{U_i(s)}=\frac{1}{1+SRC} \tag{9-3}$$

3. 比较器

比较器将设定的基准电平 U_r 与滤波器的输出电平 U_f 进行比较，输出的对应误差信号为 U_E，其复频域表示式为

$$U_E s=K_M\left(U_r s-U_f s\right) \tag{9-4}$$

4. 控制信号产生器

控制信号产生器的功能是将误差信号变换为满足可变增益电路需要的控制信号。这种变换通常是幅度的放大或极性的变换。有的还设置一个初始值，以保证输入信号小于某一电平时，保持放大器的增益最大。因此，它的复频域表示式为

$$U_p s=A_p U_E s \tag{9-5}$$

5. 可控增益电路

可控增益电路能在控制电压作用下改变增益。要求这个电路在增益变化时，不使信号产生线性或非线性失真。同时要求它的增益变化范围大，它将直接影响 AGC 系统的增益控制倍数，所以可控增益电路的性能对整个 AGC 系统的技术指标影响是很大的。

可控增益电路的增益与控制电压的关系一般是非线性的。通常最关心的是 AGC 系统的稳定情况。为简化分析，假定它的特性是线性的，即

$$G=A_g U_p \tag{9-6}$$

其复频域表示式为

$$Gs = A_g U_p s \tag{9-7}$$

$$U_o s = G(s) U_i s = A_g U_p s U_i s = K_g U_p s \tag{9-8}$$

以上说明了 AGC 电路的组成及各部件的功能。但是，在实际 AGC 电路中并不一定都包含这些部分。例如，简单 AGC 电路中就没有比较器和控制信号产生器，但其工作原理与复杂电路并没有本质区别。

9.2.2　自动增益控制电路举例

图 9-5 所示的是一种简单的延迟 AGC 电路。

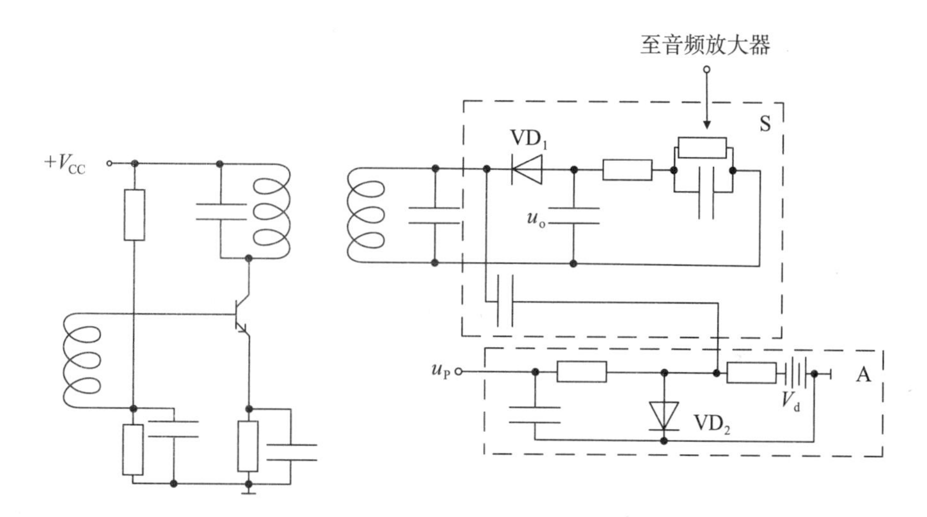

图 9-5　一种简单的延迟 AGC 电路

电路有两个检波器：一个是信号检波器 S；另一个是 AGC 的电平检测电路 A。它们的主要区别在于后者的检波二极管 VD_2 上加有延迟电压 V_d。这样，只有当输出电压 U_o 的幅度大于 V_d 时，VD_2 才开始检波，产生的控制电压 U_p 与简单 AGC 产生的控制电压不同，延迟 AGC 的电平检测电路不能和信号检波器共用一个二极管。因为检波器加上延迟电压 V_d 之后，对小于 V_{imin} 的信号不能检测，而对大于 U_{imax} 的信号将产生较大的非线性失真。

9.3 自动频率控制电路

自动频率控制电路（AFC）主要用于电子设备中，以保证振荡器的振荡频率稳定。被控量是频率，被控对象是压控振荡器（VCO）。而在反馈控制中必须对振荡频率进行比较，利用输出误差量对被控制对象的输出频率进行调整。

自动频率控制电路的主要作用是自动控制振荡器的振荡频率。例如，在超外差接收机中利用 AFC 电路的调节作用可自动地控制本振频率，使其与外来信号频率之差维持在接近中频的数值。在调频发射机中如果振荡频率漂移，自动频率控制电路可适当减少频率的变化，以提高频率稳定度。在调频接收机中，用自动频率控制电路的跟踪特性构成调频解调器，即所谓的调频负反馈解调器，可改善调频解调的门限效应。

9.3.1 自动频率控制电路的原理

1. 自动频率控制电路的组成

自动频率控制电路的框图如图 9-6 所示。需要注意的是，在反馈环路中传递的是频率信息，误差信号正比于参考频率与输出频率之差，控制对象是输出频率。因此，研究自动频率控制电路应着眼于频率，下面分析环路中各个部件的功能。

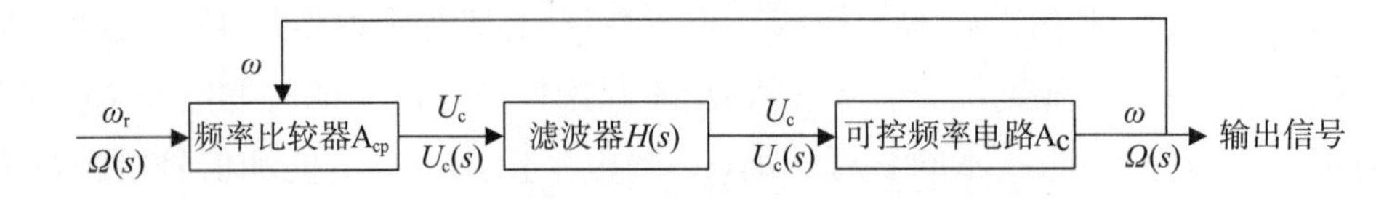

图 9-6 自动频率控制电路的框图

（1）频率比较器。加到频率比较器的信号，一个是参考信号，另一个是反馈信号，它的输出电压与这两个信号的频率差有关，而与这两个信号的幅度无关，称 U_E 为误差信号。

$$U_E = A_{cp}(\omega_r - \omega_o) \qquad (9\text{-}9)$$

式中：A_{cp} 在一定的频率范围内为常数，实际上是鉴频跨导。因此，能检测出两个信号的频率差并将其转换成电压（或电流）的电路都可构成频率比较器。

频率比较器常用的电路有两种形式：一是鉴频器；二是混频 - 鉴频器。前者无需外加参考信号，鉴频器的中心频率就起参考信号的作用，常用于将输出频率稳定在某一固定值的情况；后者则用于参考频率不变的情况，其框图如图 9-7（a）所示。鉴频器的中心频率为 ω_1，当 ω_r 与 ω_o 之差等于 ω_1 时，输出为零，否则就有误差信号输出，其鉴频特性如图 9-7（b）所示。

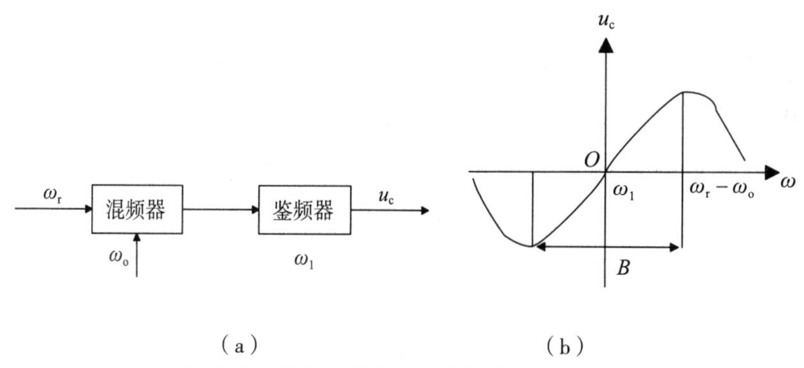

（a）　　（b）

图 9-7　混频 - 鉴频器组成框图及鉴频特性

（2）可控频率电路。可控频率电路是在控制信号的作用下，用于改变输出信号频率的装置。它是一个电压控制的振荡器，其典型特性如图 9-8 所示。一般这个特性也是非线性的，但在一定的范围内如 *CD* 段可近似表示为线性关系。

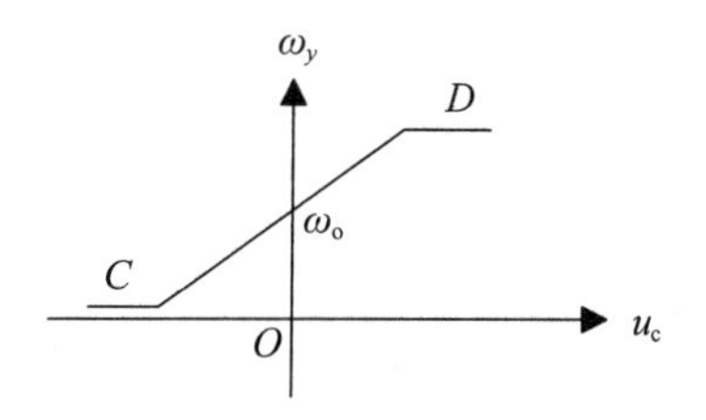

图 9-8　可控频率电路典型特性

$$\omega_y = A_c u_c + \omega_o \qquad (9\text{-}10)$$

式中：A_c 为常数，实际是压控灵敏度。这一特性称为控制特性。

（3）滤波器。滤波器的作用是限制反馈环路中频率差的变化频率，只允许频率差较慢的变化信号通过实施反馈控制，而滤除频率差较快的变化信号使之不产生反馈控制作用。

在图 9–6 中，滤波器的传递函数为

$$H(s)=\frac{U_{c}(s)}{U_{E}(s)} \tag{9-11}$$

当滤波器为单节 RC 积分电路时，

$$H(s)=\frac{1}{1+RC_{s}} \tag{9-12}$$

当误差信号 U_E 是慢变化的电压时，这个滤波器的传递函数值可以认为是 1。

另外，频率比较器和可控频率发生器都是惯性器件，即误差信号的输出相对于频率信号的输入有一定延时，频率的改变相对于误差信号的加入也有一定的延时。这种延时的作用一并考虑在低通滤波器之中。

2. 自动频率控制电路基本特性的分析

在了解各部件功能的基础上，就可分析自动频率控制电路的基本特性了。可以用解析法，也可以用图解法，这里我们用图解法进行分析。

因为我们感兴趣的是稳态情况，不讨论反馈控制过程，所以可认为滤波器的传递函数值为 1，这样自动频率控制电路的方框图如图 9–9（a）所示。

$$u_{E}=u_{c}$$

$$\omega_{ro}=\omega_{yo}$$

$$\Delta\omega=\omega_{ro}-\omega_{y}$$

将图 9–7（b）所示的鉴频特性及图 9–8 所示的控制特性换成 $\Delta\omega$ 的坐标，分别如图 9–9（b）、图 9–9（c）所示。在自动频率控制电路处于平衡状态时，应是这两个部件特性方程的联立解。图解法则是将这两个特性曲线画在同一坐标轴上，找出两条曲线的交点，即为平衡点，如图 9–10 所示。

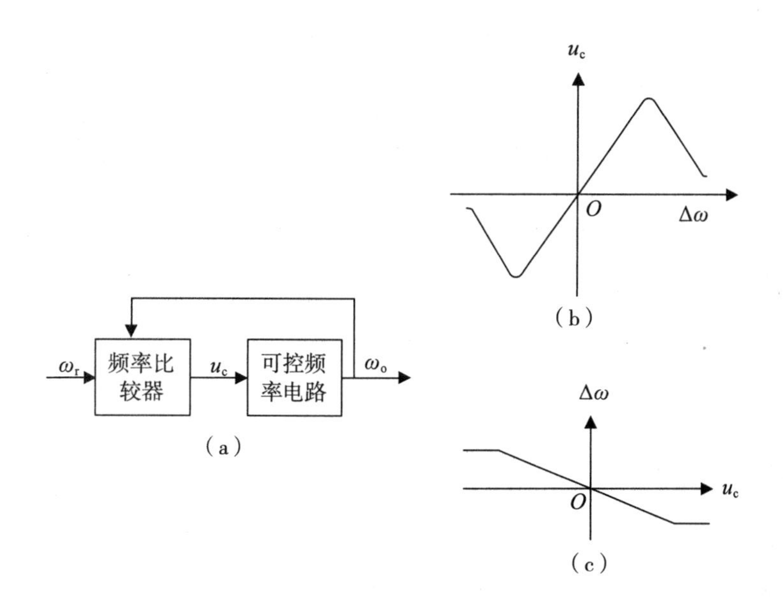

图 9-9　自动频率控制电路的方框图及其部件特性

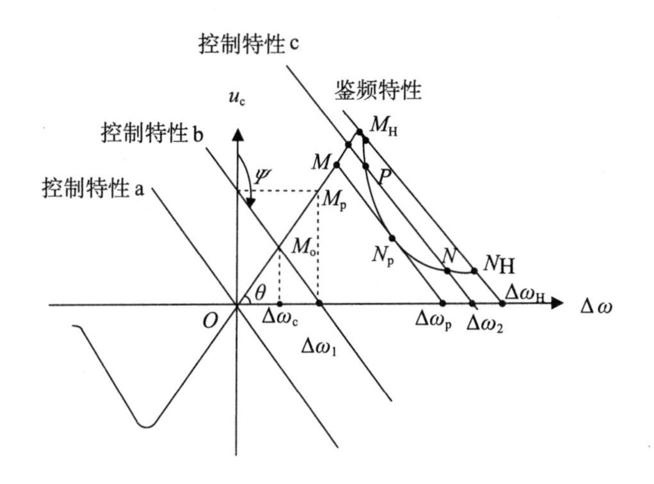

图 9-10　自动频率控制电路特性曲线

与所有的反馈控制系统一样，自动频率控制系统稳定后所具有的状态与系统的初始状态有关。自动频率控制电路对应于不同的初始频差 $\Delta\omega$，将有不同的剩余频差 $\Delta\omega_c$；当初始频差 $\Delta\omega$ 一定时，鉴频特性越陡或控制特性越平，则平衡点 M 越趋近于坐标原点，剩余频差就越小。

9.3.2 自动频率控制电路举例

自动频率控制电路广泛用作接收机和发射机中的自动频率微调电路。图 9–11 所示的是采用自动频率控制电路的调幅接收机组成框图，它比普通调幅接收机增加了限幅鉴频器、低通滤波器和放大器等部分，同时将本机振荡器改为压控振荡器。

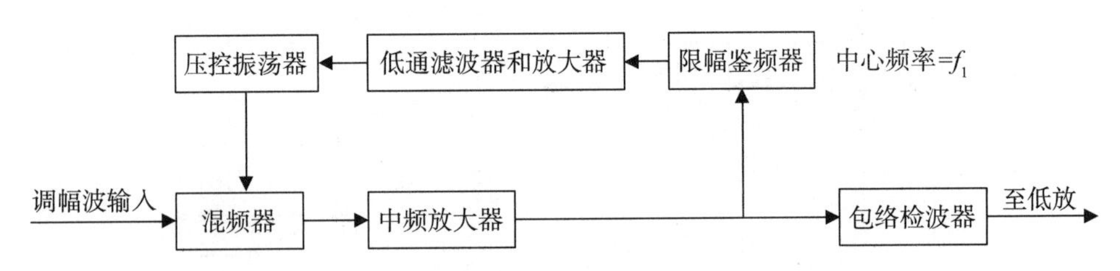

图 9–11　采用自动频率控制电路的调幅接收机组成框图

混频器输出的中频信号经中频放大器放大后，除送到包络检波器外，还送到限幅鉴频器进行鉴频。由于鉴频器中心频率调在规定的中频频率上，鉴频器就可将偏离于中频的频率误差变换成电压，该电压通过窄带低通滤波器和放大器后作用到压控振荡器上，压控振荡器的振荡频率发生变化，使偏离于中频的频率误差减小。这样，在自动频率控制电路的作用下，接收机的输入调幅信号的载波频率和压控振荡器频率之差接近中频。因此，采用自动频率控制电路后，中频放大器的带宽可以减小，从而有利于提高接收机的灵敏度和选择性。

9.4　自动相位控制电路

自动相位控制电路通常称为锁相环路，利用锁相环路可以实现许多功能。锁相环路的被控量是相位，被控对象是压控振荡器：在反馈控制器中对振荡相位进行比较，利用输出误差量对被控对象的输出相位进行调整。

锁相环路早期应用于电视接收机的同步系统，使电视图像的同步性能得到了很大的改善。20 世纪 50 年代后期，随着空间技术的发展，锁相技术用于接收来自空间的微弱信号，显示了很大的优越性，它能把深埋在噪声中的信号

（信噪比为 -10 ～ 30 dB）提取出来。因此，锁相技术得到了迅速发展，到了 60 年代中后期，随着微电子技术的发展，集成锁相环路也应运而生，因而，其应用范围越来越广，在雷达、制导、导航、遥控、遥测、通信、广播电视、仪器、测量、计算机乃至一般工业中都有不同程度的应用，遍及整个电子技术领域，而且正朝着多用途、集成化、系列化、高性能的方向进一步发展。

锁相环路可分为模拟锁相环与数字锁相环。模拟锁相环的显著特征是相位比较器（鉴相器）输出的误差信号是连续的，对环路输出信号的相位调节是连续的，而不是离散的。数字锁相环则与之相反。本节只讨论模拟锁相环。

9.4.1　锁相环路的基本工作原理

基本的锁相环路是由鉴相器（PD）、环路滤波器（LF）和压控振荡器（VCO）组成的自动相位调节系统，因为锁相环路中的被控量是相位，所以为了研究锁相环路的性能，必须首先建立锁相环路的相位模型，如图 9-12 所示。

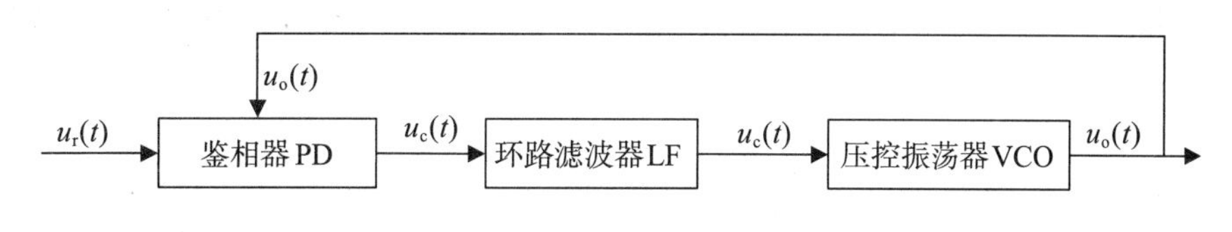

图 9-12　锁相环路的相位模型

1. 鉴相器

鉴相器是相位比较装置，任何一个理想的模拟乘法器都可以作为鉴相器，如图 9-13 所示，用来比较参考信号与压控振荡器输出信号的相位，产生对应于这两个信号相位差的误差电压。

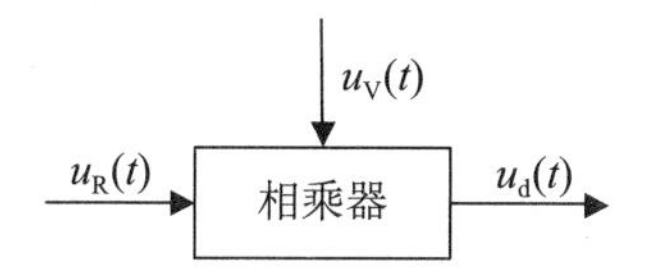

图 9-13　理想的模拟乘法器

当参考信号为

$$u_R(t)=U_{Rm}\sin\left[\omega_R t+\varphi_R(t)\right] \tag{9-13}$$

时，压控振荡器的输出信号为

$$u_{V}(t)=U_{Vm}\cos\left[\omega_0 t+\varphi_{V}(t)\right] \tag{9-14}$$

其中，$\varphi_{R}(t)$是以$\omega_{R}t$为参考相位的瞬间相位；$\varphi_{V}(t)$是以$\omega_{V}t$为参考相位的瞬间相位，一般情况下，两个信号的频率是不同的，因而它们的参考相位也不同。为了便于比较两信号之间的相位差，现统一规定以压控振荡器在控制电压$u_{c}(t)$=0 时的振荡角频率ω_{o}确定的相位$\omega_{o}t$为参考相位。这样就可以将输入信号改写为

$$\begin{aligned}u_{R}(t)&=U_{Rm}\sin\left[\omega_{o}t+(\omega_{r}-\omega_{o})\ t+\varphi_{R}(t)\right]\\&=U_{Rm}\sin\left[\omega_{o}t+\Delta\omega t+\varphi_{R}(t)\right]=U_{Rm}\sin\left[\omega_{o}t+\varphi_{i}(t)\right]\end{aligned} \tag{9-15}$$

式中：$\varphi_{i}(t)$为输入信号以相位$\omega_{o}t$为参考的瞬时相位。

同理，压控振荡器的输出信号可改写为

$$u_{o}(t)=U_{om}\cos\left[\omega_{o}t+\varphi_{2}(t)\right] \tag{9-16}$$

上述信号作为模拟乘法器的两个输入，设乘法器的相乘系数K_{M}=1，则其输出为

$$u_{o}(t)u_{r}t=\frac{1}{2}U_{rm}U_{om}\left\{\sin\left[2\omega_{o}t+\varphi_{1}(t)+\varphi_{2}(t)\right]+\sin\left[\omega_{1}(t)-\varphi_{2}(t)\right]\right\} \tag{9-17}$$

式中第一项为高频分量，可通过环路滤波器滤除。这样，鉴相器的输出为

$$u_{c}(t)=\frac{1}{2}U_{rm}U_{om}\sin\left[\omega_{1}(t)-\varphi_{2}(t)\right]=U_{Em}\sin\omega_{E}(t)=K_{d}\sin\omega_{E}(t) \tag{9-18}$$

$$\omega_{E}(t)=\omega_{1}(t)-\varphi_{2}(t)=\Delta\omega t+\varphi_{r}-\varphi_{o} \tag{9-19}$$

上式数学模型如图 9-14 所示。它所表示的正弦特性就是鉴相特性，如图 9-15 所示。它表示鉴相器输出误差电压与现相位差之间的关系。

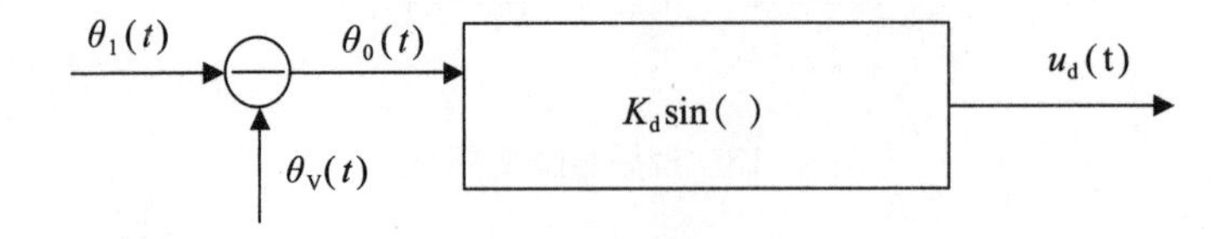

图 9-14 鉴相器的数学模型

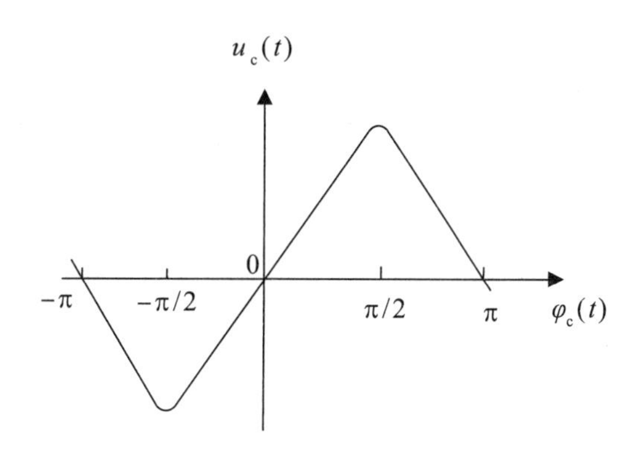

图 9-15　正弦鉴相特性

2. 压控振荡器

压控振荡器是一种电压－频率变换器，它的振荡频率 $\omega_V(t)$ 受电压 $u_c(t)$ 控制，使振荡频率向参考信号的频率靠拢，所以锁相就是压控振荡器被一个外来基准信号控制，使得压控振荡器输出信号的相位和外来基准信号的相位保持某种特定关系，达到相位同步或相位锁定的目的。不论以何种振荡电路和何种控制方式构成的振荡器，它的特性总可以用瞬时频率 $\omega_V(t)$ 与控制电压 $u_c(t)$ 间的关系曲线来表示。图 9-16 所示的是压控振荡器的频率－电压关系特性曲线。可以看出，在一定范围内，近似认为是线性关系，则控制特性可表示为

$$\omega_V(t)=\omega_{o0}+k_V u_c(t) \tag{9-20}$$

式中：ω_{o0} 是压控振荡器固有振荡频率，即压控振荡器控制电压 $u_c(t)$ =0 时，压控振荡器的振荡频率；k_V 是压控振荡器调频特性的直线部分的斜率，它表示单位控制电压所能产生的压控振荡器角频率变化的大小，通常称为压控灵敏度（rad/（s · V））。

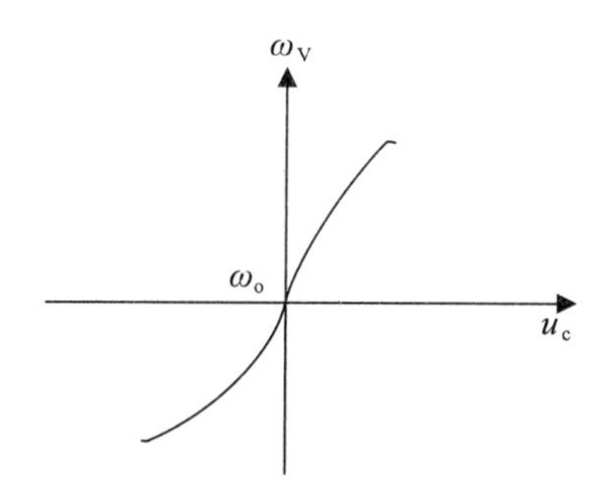

图 9-16　压控特性曲线

锁相环路中，压控振荡器的输出作用在鉴相器上。由鉴相特性可知，压控振荡器输出电压信号对鉴相器直接发生作用的不是瞬时角频率，而是瞬时相位。因此，就整个锁相环路来说，压控振荡器应该以它的输出信号的瞬时相位作为输出量。积分得

$$\int_0^t \omega_{\mathrm{V}}(t)\,\mathrm{d}t = \omega_{\mathrm{o}0}t + kv\int_0^t U_{\mathrm{c}}t\,\mathrm{d}t \tag{9-21}$$

可知以 $\omega_{\mathrm{o}0}t$ 为参考的输出瞬时相位为

$$\varphi_2(t) = kv\int_0^t U_{\mathrm{c}}(t)\,\mathrm{d}t \tag{9-22}$$

即 $\varphi_2(t)$ 正比于控制电压 $U_{\mathrm{c}}(t)$ 的积分。由此可知，压控振荡器在锁相环路中的作用是积分环节，若用微分算子 $p=\mathrm{d}/\mathrm{d}t$ 表示，则上式可表示为

$$\varphi_2(t) = \frac{kv}{p}U_{\mathrm{c}}(t) \tag{9-23}$$

可得压控振荡器的数学模型，如图 9-17 所示。

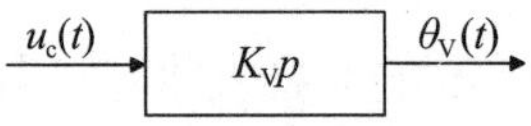

$u_c(t)$ → $K_V p$ → $\theta_V(t)$

图 9-17　压控振荡器的数学模型

3. 环路滤波器

环路滤波器为低通滤波器，作用是滤除误差电压中的高频分量及噪声，以保证环路所要求的性能，增强系统的稳定性。

在锁相环路中，常用的环路滤波器有 RC 滤波器、无源比例积分滤波器和有源比例积分滤波器。

1）RC 滤波器

图 9-18 所示的是一阶 RC 低通滤波器，图中 $t=RC$，其传输函数为

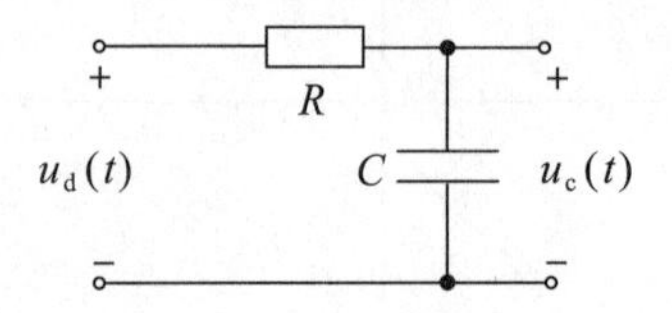

图 9-18　一阶 RC 低通滤波器

$$K_F(s)=\frac{U_c(s)}{U_d(s)}=\frac{\frac{1}{sc}}{R+\frac{1}{sc}}=\frac{1}{s\tau+1} \tag{9-24}$$

2）无源比例积分滤波器

图 9-19 所示的是无源比例积分滤波器，其传输函数为

$$K_F(s)=\frac{U_c(s)}{U_d(s)}=\frac{R_1+\frac{1}{sc}}{R_1+R_2+\frac{1}{sc}}=\frac{1+s\tau_2}{s(\tau_1+\tau_2)+1} \tag{9-25}$$

式中：$\tau_1=R_1C$；　$\tau_2=R_2C$。

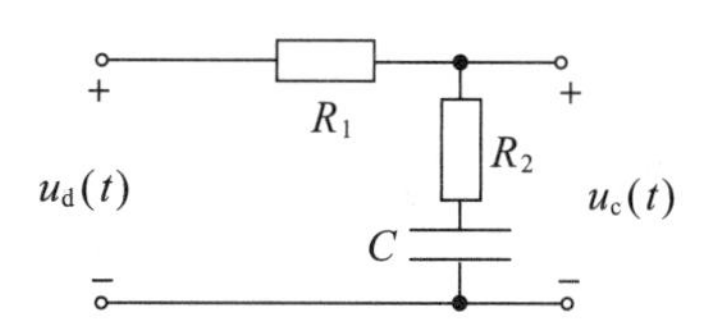

图 9-19　无源比例积分滤波器

3）有源比例积分滤波器

图 9-20 所示的是有源比例积分滤波器，设运算放大器差模输入电阻 $R_{id} \gg R_1$，则其传输函数为

$$K_F(s)=-\frac{1+s\tau_2}{s\tau_1} \tag{9-26}$$

式中：$\tau_1=R_1C$；　$\tau_2=R_2C$。

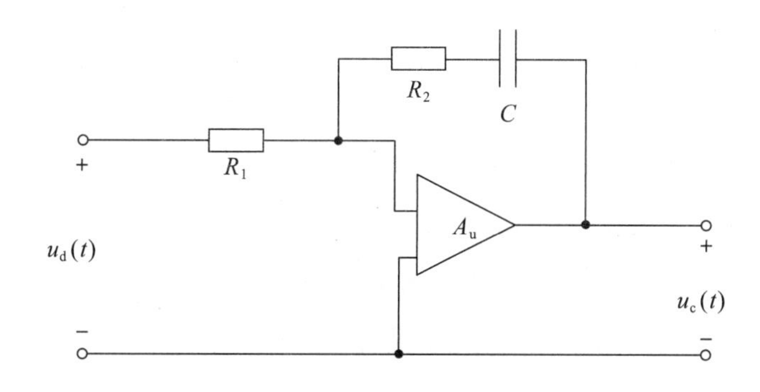

图 9-20　有源比例积分滤波器

如果将 $K_F(s)$ 中的 s 用微分算子 p 替换，就可写出表示滤波器激励和响应之间关系的微分方程，即 $u_c(t)=K_F(p)u_d(t)$，从而得到环路滤波器的数学模型，如图 9–21 所示。

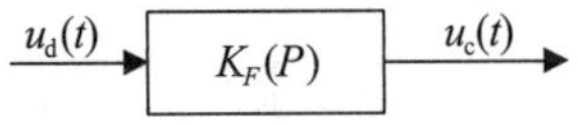

图 9–21　环路滤波器的数学模型

4. 锁相环路的相位模型和基本方程

将鉴相器、环路滤波器和压控振荡器的数学模型按图 9–12 所示的方框图连接起来，就可得到图 9–22 所示的锁相环路的数学模型。

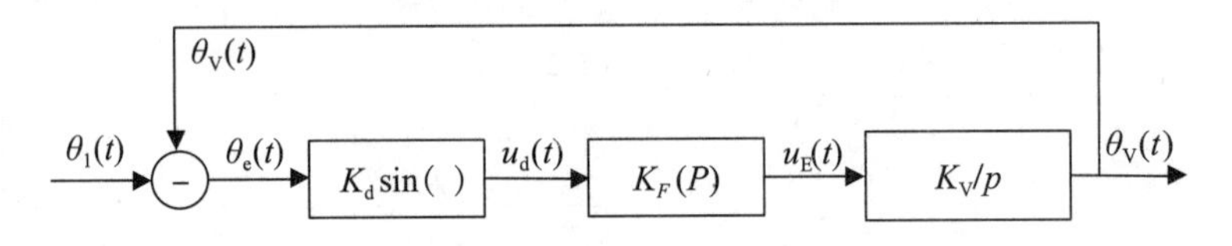

图 9–22　锁相环路的数学模型

应当指出，锁相环路实质上是一个传输相位的闭环反馈系统。锁相环路讨论的是输入瞬时相位和输出瞬时相位的关系，因此将锁相环路的相位模型作为分析基础。以后要研究环路的各种特性，如传输函数、幅频特性和相频特性等都是对瞬时相位而不是对整个信号而言的。

由图 9–22 可直接得到锁相环路的基本相位控制方程：

$$\theta_e(t)=\theta_1(t)-\theta_V(t)=\theta_1(t)-K_dK_VK_F(P)\frac{1}{P}\sin\theta_e(t) \qquad (9\text{–}27)$$

它具有的物理意义是：

（1）$\theta_e(t)$ 是鉴相器的输入信号与压控振荡器输出信号之间的瞬时相位差。

（2）$K_dK_VK_F(P)\frac{1}{P}\sin\theta_e(t)$ 称为控制相位差，它是 $\theta_e(t)$ 通过鉴相器、环路滤波器逐级处理而得到的相位控制量。

（3）相位控制方程描述了环路相位的动态平衡关系，即在任何时刻，环路的瞬时相位差 $\theta_e(t)$ 和控制相位差之代数和都等于输入信号以相位 $\omega_o t$ 为参考的瞬时相位。

对时间微分，可得频率动态平衡关系，因为 P=d/dt 是微分算子，故可得

$$p\theta_e(t) = p\theta_1(t) - K_d K_V K_F(P)\sin\theta_e(t) \tag{9-28}$$

式中：$p\theta_e(t)$ 是压控振荡器振荡角频率偏离输入信号角频率的数值 $\omega_{Ro} - \omega_V(t)$，称为瞬时角频差；$K_d K_V K_F(P)\sin\theta_e(t)$ 是压控振荡器在控制电压 $U_c(t) = K_d K_F(P)\sin\theta_e(t)$ 作用下的振荡角频率 $\omega_V(t)$ 偏离 ω_o 的数值 $\omega_V(t) - \omega_o$，称为控制角频差；$p\theta_1(t)$ 是输入信号角频率 ω_{Ro} 偏离 ω_o 的数值 $\omega_{Ro} - \omega_o$，称为输入固有角频差。环路闭合后的任何时刻，瞬时角频差和控制角频差之代数和恒等于输入固有角频差。

应当指出，式（9–28）是一个非线性微分方程，这是由鉴相特性的非线性决定的。不过这个非线性微分方程的求解是比较困难的，目前只有无滤波器，即 $K_F(s)=1$ 的环路才能够得到精确的解，而其他情况只能借助一些近似的方法分析研究。

9.4.2　捕捉过程与跟踪过程

锁相环路工作时有锁定和失锁两个基本状态，环路工作状态不是锁定就是失锁。在锁定状态下环路输入信号频率和相位在一定范围内变化时，由于环路的控制作用，输出信号频率和相位跟随变化的动态过程称为跟踪过程，而从失锁状态进入锁定状态的过程称为捕捉过程。

1. 锁定状态

当环路输入一个频率和相位不变的信号时，有

$$U_R(t) = U_{RM}\sin(\omega_{R0}t + \theta_{R0}) \tag{9-29}$$

式中：ω_{R0} 和 θ_{R0} 为不随时间变化的量。输入信号以相位 $\omega_0 t$ 为参考的瞬时相位 $\theta_1(t)$ 为

$$\theta_1(t) = (\omega_{R0} - \omega_0)t + \theta_{R0} \tag{9-30}$$

$$p\theta_1(t) = \omega_{R0} - \omega_0 = \Delta\omega_0 \tag{9-31}$$

式中：ω_0 为没有控制电压时压控振荡器的固有振荡频率；$\Delta\omega_0$ 为环路的固有角频差。

由式（9–31）可得环路方程为

$$p\theta_e(t)+K_dK_VK_F(P)\sin\theta_e(t)=\omega_{R0}-\omega_0=\Delta\omega_0 \tag{9-32}$$

$$\omega_{R0}-\omega_0=(\omega_{R0}-\omega_Vt)+(\omega_Vt-\omega_0) \tag{9-33}$$

式中：$\omega_{R0}-\omega_Vt$ 为瞬时角频差；$\omega_Vt-\omega_0$ 为控制角频差；$\omega_{R0}-\omega_0$ 为输入固有角频差；ω_Vt 为压控振荡器在控制电压作用下输出信号的角频率。

在输入信号的角频率和相位不变的条件下，$\Delta\omega_0$ 为一固定值，由环路方程式可解出环路闭合后瞬时相位差 $\theta_e(t)$ 随时间变化的规律。因为它是非线性方程，所以求解复杂，但可以定性地进行说明。在环路刚闭合的瞬间，因为压控振荡器的控制电压为 0，$\omega_Vt=\omega_0$，无控制角频差，此时可认为环路的瞬时角频差就是固有角频差 $\Delta\omega_0$，而鉴相器的输出电压为

$$u_d(t)=K_d\sin(\Delta\omega_0t) \tag{9-34}$$

$u_d(t)$ 是差拍频率为 $\Delta\omega_0$ 的差拍电压。当 $\Delta\omega_0$ 较小时，差拍电压能够通过环路滤波器形成压控振荡器的控制电压 $u_c(t)$ 去控制压控振荡器。随着时间 t 的延长，在控制电压作用下，压控振荡器输出电压是受 $u_c(t)$ 调制的调频波，其瞬时振荡频率 ω_Vt 将会围绕此在一定范围内来回摆动。鉴相器的输出将是输入信号角频率和压控振荡器输出调频波瞬时振荡角频率的差拍，其波形是上下不对称的，即差拍电压含有直流分量。这个直流分量经过环路滤波器加到压控振荡器上，使控制角频差逐渐加大，这样就会使环路的瞬时角频差减小，二者的代数和等于固有角频差。直到控制角频差增大到固有角频差，此时瞬时角频差为零，即锁定状态应满足的必要条件为

$$\lim p\theta_e(t)=0 \tag{9-35}$$

这时 $p\theta_e(t)$ 不再随时间变化，而是一固定的值。若能一直保持下去，则认为锁相环路进入锁定状态。

2. 跟踪过程

对于角频率和相位不变的输入信号能够锁定的环路，当输入信号的频率和相位不断变化时，通过环路的作用，可以在一定范围内使压控振荡器输出的角频率和相位不断跟踪输入信号角频率和相位变化。这种动态过程称为跟踪过程或同步过程。可以这样说，环路的“锁定状态”是相对频率和相位固定的输入信号而言的。环路的跟踪过程是相对频率和相位变化的输入信号而言的。事实

上，环路的跟踪过程是通过环路的自动调整保持环路无剩余频差，始终处于锁定状态。

3. 失锁状态

如果环路不处于锁定状态或跟踪过程，则处于失锁状态。与锁定状态不同的是，当环路固有角频差 $\Delta\omega_0$ 很大时，鉴相器输出差拍电压 $u_d(t)$ 的差拍频率也很大，由于环路滤波器的通频带所限，不能通过环路滤波器形成压控振荡器的控制电压 $u_c(t)$。因此，控制角频差建立不起来，环路的瞬时角频差始终等于固有角频差。鉴相器输出的是一个上下对称的正弦差拍电压，环路不能起控制作用，处于失锁状态。

4. 捕捉过程

捕捉是指环路为失锁状态，通过环路的自身调节作用，从失锁状态变为锁定状态的过程。锁相环路的捕捉特性用捕捉带和捕捉时间来表示，捕捉带大，捕捉时间短，表明环路的捕捉特性好。

下面分析当输入固有角频差 $\omega_{R0}-\omega_0=\Delta\omega_0$ 为不同值时的捕捉情况。

当 $\Delta\omega_0$ 很大时，鉴相器输出差拍电压 $u_d(t)$ 的差拍频率很高，对应的环路滤波器的 $K_F(\Delta\omega_0)=0$，$u_d(t)$ 不能通过环路滤波器形成压控振荡器的控制电压 $u_c(t)$，环路没有信号去控制压控振荡器，所以环路不可能实现反馈控制而处于失锁状态。

当 $\Delta\omega_0$ 很小时，鉴相器输出差拍电压 $u_d(t)$ 的差拍频率较低，处于环路滤波器的通带内，环路滤波器的输出电压 $U_c(t)=K_dK_F(\Delta\omega_0)\sin(\Delta\omega_0 t)$ 是正弦波，压控振荡器的输出电压是由 $u_c(t)$ 调制的调频波，其瞬时角频率为

$$\omega_V(t)=\omega_0+K_Vu_c(t)=\omega_0+K_dK_VK_F(\Delta\omega_0)\sin(\Delta\omega_0 t) \tag{9-36}$$

由式（9-36）可知，$\omega_V(t)$ 是按正弦规律变化的。$u_c(t)$ 的振幅 $K_dK_F(\Delta\omega_0)$ 越大，$\omega_V(t)$ 随之变化的幅度也越大。当 $K_dK_VK_F(\Delta\omega_0)\geqslant\Delta\omega_0$ 时，$\omega_V(t)$ 在以正弦方式摆动的一周内，会摆动到满足 $\omega_V(t)=\omega_{R0}$ 的点，环路即可锁定。把这种控制电压在正弦变化一周内捕获的现象称为快捕。

当 $\Delta\omega_0$ 介于上述二者之间时，环路滤波器的 $K_F(\Delta\omega_0)\geqslant 0$，且鉴相器输出电压 $U_d(t)$ 的差拍正弦信号频率较高，环路滤波器对它的衰减较大，但没有完全衰减，因此不能快速捕获。同理，压控振荡器输出调频波的瞬时角频率为

$$K_{\mathrm{d}}K_{\mathrm{V}}K_{F}\left(\Delta\omega_{0}\right)<\Delta\omega_{0} \tag{9-37}$$

$$\omega_{\mathrm{V}}(t)=\omega_{0}+K_{\mathrm{V}}u_{\mathrm{c}}(t)=\omega_{0}+K_{\mathrm{d}}K_{\mathrm{V}}K_{F}\left(\Delta\omega_{0}\right)\sin\left(\Delta\omega_{0}t\right) \tag{9-38}$$

当 $U_{\mathrm{c}}(t)>0$ 时，得 $\omega_{\mathrm{V}}(t)>\omega_{0}$，环路的瞬时角频差 $\Delta\omega_{\mathrm{e}}=\omega_{\mathrm{R0}}-\omega_{\mathrm{V}}(t)$ 比 $\Delta\omega_{0}$ 要小；当 $U_{\mathrm{c}}(t)<0$ 时，得 $\omega_{\mathrm{V}}(t)<\omega_{0}$，环路的瞬时角频差比 $\Delta\omega_{0}$ 要大。因为对应 $U_{\mathrm{c}}(t)>0$ 的正半周 0~π，$\Delta\omega_{\mathrm{e}}$ 小，对应的周期长；而 $U_{\mathrm{c}}(t)>0$ 的负半周 π ~2 π，$\Delta\omega_{\mathrm{e}}$ 大，对应的周期短。所以鉴相器输出电压 $u_{\mathrm{d}}(t)$ 不再是正弦波，而是正半周长、负半周短的不对称波形。不对称的电压波形包含直流分量、基波分量和谐波分量。其中直流分量为正值，通过环路滤波器后使压控振荡器的输出信号频率向输入信号频率 ω_{R0} 方向牵引。牵引结果是产生新的角频差 $\Delta\omega_{0}'<\Delta\omega_{0}$。由于频差减小，环路滤波器对 $u_{\mathrm{d}}(t)$ 通过能力增大，产生一个更大的控制电压 $u_{\mathrm{c}}(t)=K_{\mathrm{d}}K_{F}\left(\Delta\omega_{0}'\right)\sin\left(\Delta\omega_{0}'t\right)$。随着时间的增加，压控振荡器的输出信号频率进一步向输入信号频率 ω_{R0} 的方向牵引，使鉴相器输出的差拍信号的频率进一步降低，环路滤波器输出电压逐渐变大。经过这样几个循环，直到压控振荡器输出频率被牵引到满足快捕条件的范围，环路就可通过快捕过程实现锁定。

5. 跟踪性能

假设跟踪过程中，环路已处于锁定状态，输入信号频率（或相位）变化引起的相位误差 θ_{e} 都很小（$\theta_{\mathrm{e}}<\dfrac{\pi}{6}$），鉴相器工作在线性状态，因此环路方程可线性化，相应的锁相环路是线性系统，跟踪特性又称为环路的线性动态特性。对于线性系统，描述输出与输入特性的关系是系统的传递函数。所以，分析跟踪特性的依据是环路的开环传递函数：

$$H_{\mathrm{o}}(s)=\frac{\theta_{\mathrm{V}}(s)}{\theta_{\mathrm{e}}(s)}=\frac{K_{\mathrm{d}}K_{\mathrm{V}}K_{F}(s)}{s} \tag{9-39}$$

它表示在开环条件下，误差相位 $\theta_{\mathrm{e}}(s)$ 传送到压控振荡器输出端得到的 $\theta_{\mathrm{V}}(s)$ 所对应的传递函数。

（1）闭环传递函数：

$$H(s)=\frac{\theta_{\mathrm{V}}(s)}{\theta_{1}(s)}=\frac{K_{\mathrm{d}}K_{\mathrm{V}}K_{F}(s)}{s+K_{\mathrm{d}}K_{\mathrm{V}}K_{F}(s)} \tag{9-40}$$

它表示在闭环条件下，输入标准信号的相角 $\theta_1(s)$ 与压控振荡器输出信号相角 $\theta_V(s)$ 之间的关系。

（2）误差传递函数：

$$H_e(s)=\frac{\theta_e(s)}{\theta_1(s)}=1-\frac{\theta_V(s)}{\theta_1(s)}=\frac{s}{s+K_dK_VK_F(s)} \tag{9-41}$$

锁相环路是相位传输系统，传递函数中的 s 表示输入与输出信号相位频率变化量。误差传递函数一般应用于环路跟踪特性的分析，如求稳态相差；闭环传递函数用于环路频率特性分析，如求调角信号通过环路后的表示式；开环传递函数则用于分析环路的稳定性。对于闭环传递函数，$s\to 0$ 时，$H(s)\to 1$；$s\to\infty$ 时，$H(s)\to 0$。这说明它具有低通特性。对于误差传递函数，$s\to 0$ 时，$H_e(s)\to 1$；$s\to\infty$ 时，$H_e(s)\to 0$。这表明它具有高通特性。

为了使以上每个传递函数的表示式更清楚地表示出环路的性能，引入环路的自然角频率和阻尼系数两个参数来描述系统特性。

衡量锁相环路跟踪性能好坏的指标是跟踪相位误差，即相位误差函数 $\theta_e(t)$ 的瞬态响应和稳态响应。其中瞬态响应用来描述跟踪速度的快慢及跟踪过程中相位误差波动的大小。稳态响应是当 $t\to\infty$ 时的相位差，表征系统的跟踪精度。

求解线性跟踪过程中瞬态误差的方法是求解在输入信号激励下的环路线性动态方程，其步骤是：

（1）求出输入信号 $\theta_1(t)$ 的拉普拉斯变换 $\theta_1(s)$。

（2）用 $\theta_e(s)=H_e(s)\theta_1(s)$ 求得环路相差的拉普拉斯变换。

（3）将 $\theta_e(s)$ 进行拉普拉斯反变换，求得瞬态误差随时间变化的规律。

（4）求时间趋于无穷大时 $\theta_e(t)$ 时的极限，即为稳态误差 $\theta_e(\infty)$。

下面以理想二阶环频率跃变信号为例进行瞬态误差响应分析。

当输入参考信号的频率在 t=0 时，有一阶跃变化，即

$$\omega_1 t=\begin{cases}0, & t<0\\ \Delta\omega, & t>0\end{cases} \tag{9-42}$$

即在 t=0 瞬时，输入信号的角频率发生了 $\Delta\omega$ 的跳变，这时输入信号频率变为 $\omega_{R0}+\Delta\omega=\omega_{R0}+\omega_1(t)$。由于相位是频率的积分，所以输入频率阶跃可以变为输入相位的变化，即 $\theta_1(t)=\Delta\omega t$ 的拉普拉斯变换为

$$\theta_1(s)=\frac{\Delta\omega}{s^2} \tag{9-43}$$

对于环路滤波器为理想积分滤波器时，其环路的 $\theta_e(s) = H_e(s)\theta_1(s)$，则

$$\theta_e(s)=\frac{\Delta\omega}{s^2+2\xi\omega_n s+\omega_n{}^2} \tag{9-44}$$

求其拉普拉斯反变换：

当 $0<\xi<1$ 时，得

$$\theta_e(s)=\frac{\Delta\omega}{\omega_n}\left[\frac{1}{\sqrt{1-\xi^2}}\sin\left(\sqrt{1-\xi^2}\,\omega_n t\right)\right]\mathrm{e}^{-\xi\omega_n t} \tag{9-45}$$

当 $\xi=1$ 时，得

$$\theta_e(s)=\frac{\Delta\omega}{\omega_n}\left(\omega_n t\right)\mathrm{e}^{-\xi\omega_n t} \tag{9-46}$$

当 $\xi>1$ 时，得

$$\theta_e(s)=\frac{\Delta\omega}{\omega_n}\left[\frac{1}{\sqrt{\xi^2-1}}\sinh\left(\sqrt{\xi^2-1}\,\omega_n t\right)\right]\mathrm{e}^{-\xi\omega_n t} \tag{9-47}$$

其变化关系如图 9-23 所示。

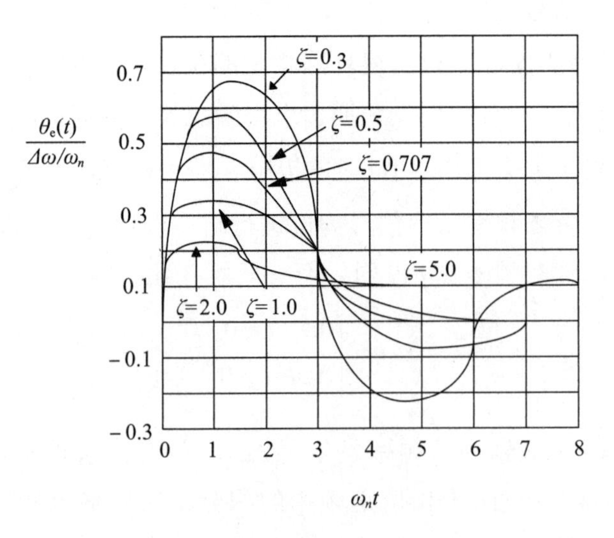

图 9-23　理想二阶环频率跃变瞬态误差响应

由图 9-23 可知，锁相环路瞬态过程的性质由ξ决定。当$\xi<1$时，瞬态过程是衰减振荡，环路处于欠阻尼状态；当$\xi>1$时，瞬态过程按指数衰减，尽管也有过冲，但不会在稳态值附近多次摆动，环路处于过阻尼状态；当$\xi=1$时，环路处于临界阻尼状态，其瞬态过程没有振荡。

环路在稳定前，相位误差在稳定值上下摆动，在变化过程中最大的瞬态相位误差称为过冲量，过冲量不能太大，否则环路将趋于不稳定。ξ越小，过冲量越大，环路的稳定性越差。兼顾小的稳态相位误差和小的过冲量，ξ一般选 0.707 比较合适。

【例 9.1】画出锁相环路数学模型，并写出锁相环路的基本方程，简要说明其工作过程。

解　锁相环路的数学模型如图例 9.1 所示。

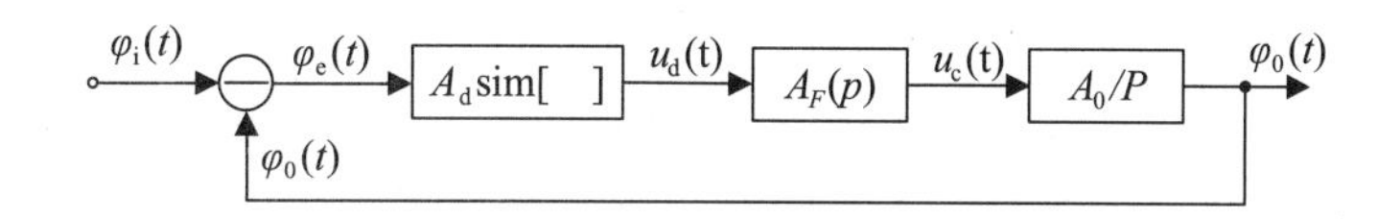

图例 9.1　锁相环路的相位模型

锁相环路的基本方程：$p\varphi_e(t)+A_dA_oA_F(p)\sin\varphi_e(t)=p\varphi_i(t)$；

瞬时频差：$p\varphi_e(t)=\mathrm{d}\varphi_e(t)/\mathrm{d}t=\omega_i-\omega_o$；

控制频差：$A_dA_oA_F(p)\sin\varphi_e(t)=A_ou_c(t)=p\varphi_o(t)=\mathrm{d}\varphi_o(t)/\mathrm{d}t=\omega_o-\omega_r$；

固有频差：$p\varphi_i(t)=\mathrm{d}\varphi_i(t)/\mathrm{d}t=\omega_i-\omega_r$。

锁相环路的基本方程表明：环路闭合后的任何时刻，瞬时频差和控制频差之和恒等于输入固有频差。如果输入固有频差为常数，则在环路进入锁定过程后，瞬时频差不断减小，而控制频差不断增大，直到瞬时频差减小到零，而此时控制频差增大到等于输入固有频差。

9.4.3　锁相环路的应用

1. 锁相环路的主要特点

（1）良好的跟踪特性。锁相环路锁定后，其输出信号频率可以精确地跟踪输入信号频率的变化，即当输入信号频率ω_R稍有变化时，通过环路控制作用，压控振荡器的振荡频率也会发生相应的变化，最后达到$\omega_V=\omega_R$。

（2）良好的窄带滤波特性。锁相环路就频率特性而言，相当于一个低通滤波器，而且其带宽可以做得很窄，如在几百兆赫兹的中心频率上，实现几十赫兹甚至几赫兹的窄带滤波，能够滤除混进输入信号的噪声和杂散干扰。这种窄带滤波特性是任何 LC、HC、石英晶体、陶瓷等滤波器难以达到的。

（3）锁定状态无剩余频差。锁相环路利用相位差来产生误差电压，因而锁定时只有剩余相位差，没有剩余频差。

（4）易于集成。组成环路的基本部件易于集成。环路集成可减小体积，降低成本，提高可靠性，更可贵的是减少了调整的难度。

2. 锁相环路的应用举例

（1）锁相倍频电路。锁相倍频电路的组成方框图如图 9-24 所示，它在基本锁相环路的基础上增加了一个分频器。根据锁相原理，当环路锁定后，鉴相器的输入信号角频率 ω_i 与压控振荡器输出信号角频率 ω_o 经分频器反馈到鉴相器的信号角频率相等，即 $\omega_o' = \omega_o / N$，若采用具有高分频次数的可变数字分频器，则锁相倍频电路可做成高倍频次数的可变倍频器。

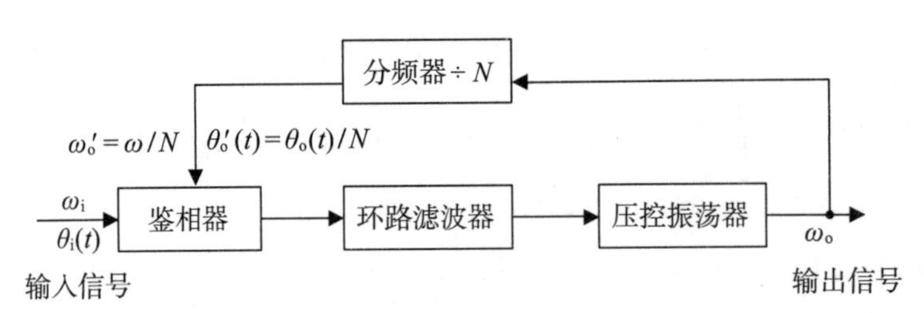

图 9-24　锁相倍频电路的组成方框图

锁相倍频器与普通倍频器相比较，其优点是：

①锁相环路具有良好的窄带滤波特性，容易得到高纯度的频率输出，而在普通倍频器的输出中，谐波干扰是经常出现的。

②锁相环路具有良好的跟踪特性和滤波特性。锁相倍频器特别适用于输入信号频率在较大范围内漂移，并同时伴随有噪声，这样的环路兼有倍频和跟踪滤波的双重作用。

（2）锁相分频电路。锁相分频电路在原理上与锁相倍频电路相似，就是在锁相环路的反馈通道中插入倍频器，这样就可以组成基本的锁相分频电路。图 9-25 是一个锁相分频电路的基本组成方框图。

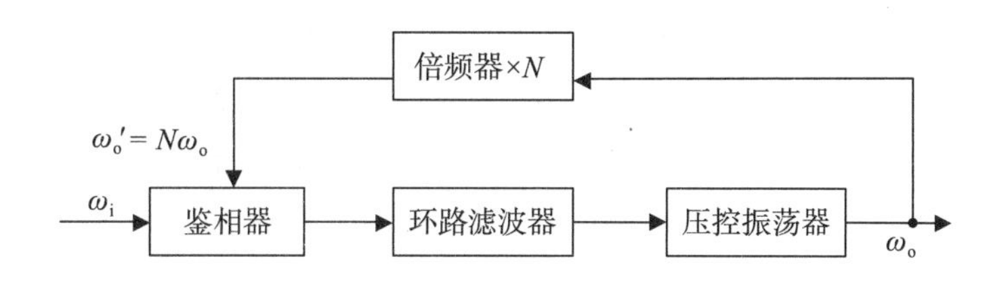

图 9-25　锁相分频电路的基本组成方框图

根据锁相原理，当环路锁定时，鉴相器的输入信号角频率 ω_i 与压控振荡器经倍频后反馈到鉴相器的信号的角频率相等，即

$$\omega_o = \frac{\omega_i}{N} \tag{9-48}$$

（3）锁相混频电路。锁相混频电路的基本组成方框图如图 9-26 所示。它是由在锁相环路的反馈通道中插入混频器和中频放大器组成的。

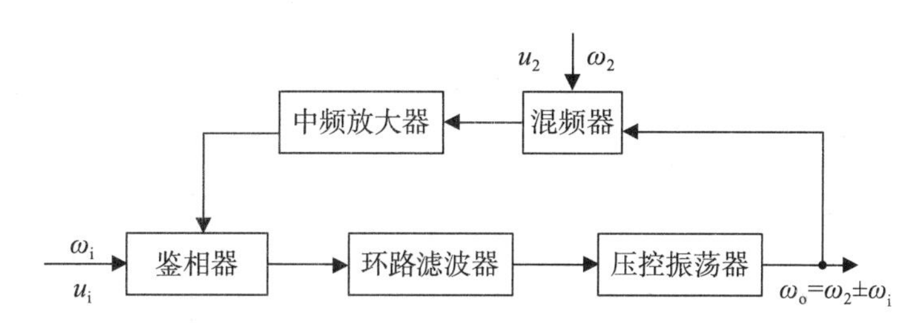

图 9-26　锁相混频电路的基本组成方框图

设送给鉴相器的输入信号的 $U_i(t)$ 频率为 ω_i，送给混频器的输入信号为 $U_2(t)$，其角频率为 ω_2，混频器的本振信号输入由压控振荡器输出提供，其角频率为 ω_o。若混频器输出中频取差频（也可取和频），则它由混频器的中频回路和中频放大器的频率特性决定。

（4）锁相调频电路。采用锁相环路调频，能够得到中心频率高度稳定的调频信号。图 9-27 是锁相调频电路的方框图。

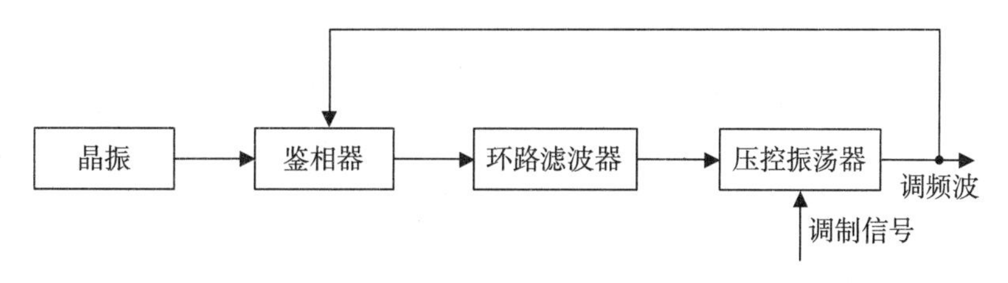

图 9-27　锁相调频电路的方框图

这种电路实现的条件是：

①压控振荡器固有振荡频率中的不稳定变化频率应在环路低频滤波器的带宽内，即锁相环路只对载波频率的慢变化起调整作用，滤波器为窄带滤波，保证载波频率稳定度高。

②调制信号频谱要处于环路滤波器带宽之外，即环路对调制信号引起的频率变化不灵敏，不起作用。但调制信号却使压控振荡器振荡频率受调制而输出调频波。

（5）锁相调频解调电路。图 9–28 是锁相调频解调电路的组成方框图。调频信号输入给鉴相器，而解调输出从环路滤波器取出。当锁相环路作为调频解调电路时，其实现条件是环路滤波的通带必须足够宽，使鉴相器的输出电压能顺利通过。在这种条件下，压控振荡器在环路滤波器输出电压的控制下，输出信号频率将跟踪输入信号频率的变化，而环路滤波器的输出电压则正好是调频信号解调出的调制信号。

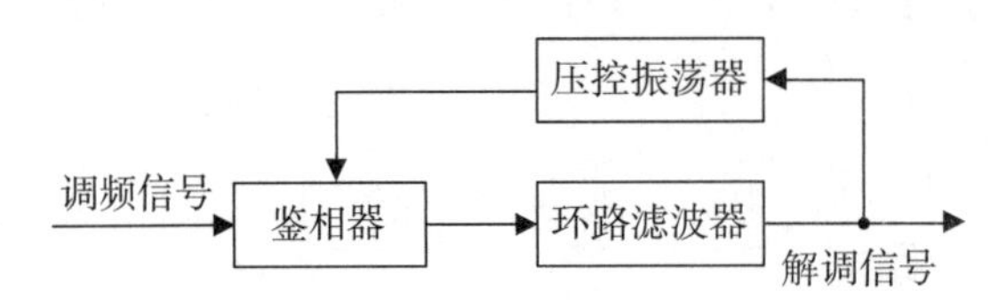

图 9–28　锁相调频解调电路的组成方框图

（6）窄带跟踪接收机（锁相接收机）。图 9–29 是窄带跟踪接收机的简化方框图。实际上它是一个窄带跟踪锁相环路。锁相环路中的环路滤波器的带宽很窄，只允许调频波的中心频率通过来实现频率跟踪，而不允许调频波的调制信号通过。调频波中的调制信号是中频放大器输出信号经鉴频器解调得到的。

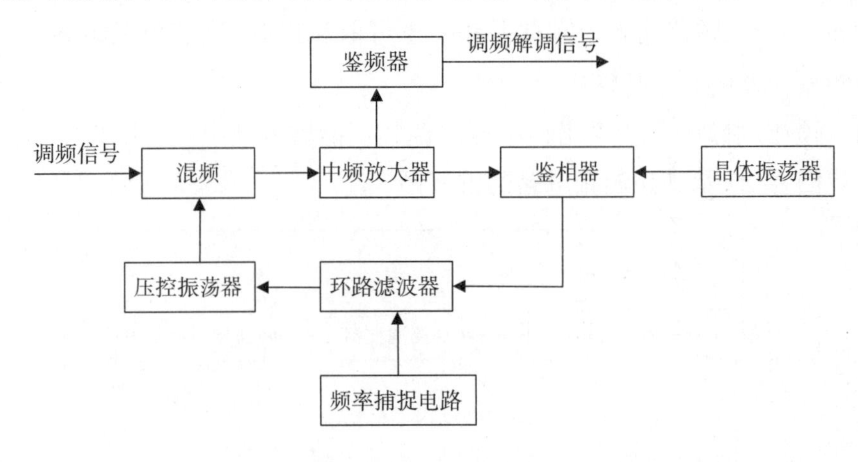

图 9–29　窄带跟踪接收机的简化方框图

一般锁相接收机的环路带宽都做得很窄，因而环路的捕捉带也很窄。对于中心频率在大范围内变化的输入信号，单靠环路自身进行捕捉往往是困难的。因此，锁相接收机都附有捕捉装置用来扩大环路的捕捉范围。例如，环路失锁时，频率捕捉装置送出一个锯齿波扫描电压，加到环路滤波器上产生控制电压，控制压控振荡器的频率在大范围内变化，一旦压控振荡器的振荡频率靠近输入信号频率，环路将扫描电压自动切断，环路进入正常工作状态。

习题 9

1. 自动频率控制电路达到平衡时回路有频率误差存在，而 PLL 在电路达到平衡时频率误差为零，这是为什么？ PLL 达到平衡时，存在什么误差？

2. 锁相环路稳频与自动频率微调在工作原理上有哪些异同点？为什么说锁相环路相当于一个窄带跟踪滤波器？

3. 有几种类型的频率合成器，各类频率合成器的特点是什么？频率合成器的主要性能指标有哪些？

4. 试从物理意义上解释为什么锁相环路传输函数 $H(s)$ 具有低通特性，而误差传输函数 $H_e(s)=1-H(s)$ 具有高通特性。

5. 试画出锁相环路的组成框图，并回答以下问题：

（1）环路锁定时压控振荡器的输出信号频率 ω_o 和输入参考信号频率 ω_i 是什么关系？

（2）在鉴相器中比较的是什么参量？

（3）当输入信号为调频波时，从环路的哪一部分取出解调信号？

6. 为什么在鉴相器后面一定要加入环路滤波器？

7. 已知一阶锁相环路鉴相器的最大输出电压 $u_d=2$ V，压控振荡器的 $A_o=10^4$ Hz/V，压控振荡器的振荡器角频率 $\omega=2\pi\times10^6$ rad/s。问：当输入信号角频率为 $2\pi\times1015\times10^3$ rad/s 时，环路能否锁定？若能，稳态相差等于多少？此时控制电压等于多少？

参考文献

[1] 张肃文 . 高频电子线路 [M]. 5 版 . 北京：高等教育出版社，2009.
[2] 王卫东 . 高频电子电路 [M]. 4 版 . 北京：电子工业出版社，2020.
[3] 谢嘉奎，宣月清，冯军 . 电子线路：非线性部分 [M]. 4 版 . 北京：高等教育出版社，2000.
[4] 高吉祥，高广珠，陈和 . 高频电子线路 [M]. 4 版 . 北京：电子工业出版社，2016.
[5] 阳昌汉 . 高频电子线路 [M]. 3 版 . 哈尔滨：哈尔滨工程大学出版社，2012.
[6] 耿苏燕，周正，胡宴如，等 . 模拟电子技术基础 [M]. 3 版 . 北京：高等教育出版社，2019.
[7] 林春方，彭俊珍，方庆山 . 高频电子线路 [M]. 3 版 . 北京：电子工业出版社，2010.
[8] 曾兴雯，刘乃安，陈健，等 . 高频电子线路 [M]. 3 版 . 北京：高等教育出版社，2016.
[9] 童诗白，华成英 . 模拟电子技术基础 [M]. 5 版 . 北京：高等教育出版社，2015.
[10] 樊昌信，曹丽娜 . 通信原理 [M]. 6 版 . 北京：国防工业出版社，2006.